21世纪高等学校计算机类课程创新规划教材 · 微课版

单片机原理及应用

（C语言版）

◎ 杨居义 编著

清华大学出版社
北京

内容简介

本书根据本科应用型人才和高职高专技能型人才培养的指导思想，严格按照课程标准和“十三五”规划教材要求而编写。全书分为7个模块，着重介绍单片微型计算机、80C51单片机的结构分析及应用、C51程序设计及应用、80C51单片机定时器/计数器分析及应用、80C51单片机中断系统分析及应用、80C51单片机串行通信技术分析及应用和80C51单片机接口技术分析及应用等知识。

本书是“校-企”合作共同编写的，书中的项目大部分来自行业、企业，具有可操作性和实用性，并提供了Proteus ISIS软件仿真，有助于学生动手能力的培养和锻炼。

全书在内容编排上，按照“项目—任务—知识点—能力提升—课后练习题”编写。

本书内容丰富而精练，文字通俗易懂，讲解深入浅出，适合作为应用型本科、高职院校单片机应用课程的教材，也适合作为单片机爱好人员的参考用书。

本书配有82个微视频，学生通过手机或平板移动设备，扫描书中的二维码，就可以观看微视频。

图书在版编目(CIP)数据

单片机原理及应用：C语言版/杨居义编著.—北京：清华大学出版社，2018(2023.8 重印)
(21世纪高等学校计算机类课程创新规划教材：微课版)
ISBN 978-7-302-48827-9

Ⅰ.①单… Ⅱ.①杨… Ⅲ.①单片微型计算机—C语言—程序设计—高等学校—教材
Ⅳ.①TP368.1 ②TP312.8

中国版本图书馆CIP数据核字(2017)第273106号

责任编辑：刘向威 常建丽
封面设计：刘 键
责任校对：李建庄
责任印制：朱雨萌

出版发行：清华大学出版社
网 址：http://www.tup.com.cn，http://www.wqbook.com
地 址：北京清华大学学研大厦A座 **邮 编**：100084
社 总 机：010-83470000 **邮 购**：010-62786544
投稿与读者服务：010-62776969，c-service@tup.tsinghua.edu.cn
质量反馈：010-62772015，zhiliang@tup.tsinghua.edu.cn
课件下载：http://www.tup.com.cn，010-83470236
印 装 者：三河市东方印刷有限公司
经 销：全国新华书店
开 本：185mm×260mm **印 张**：17.5 **字 数**：427千字
版 次：2018年1月第1版 **印 次**：2023年8月第11次印刷
印 数：19201～21200
定 价：49.00元

产品编号：077480-01

前　　言

市场经济的发展要求本科、高职院校培养更多的动手能力强、综合素质高、符合用人单位需要的应用型和技能型人才。应用型和技能型人才培养应强调以知识为基础，以能力为重点，知识、能力素质协调发展。本书重点放在“基础＋项目（任务）实训＋项目开发过程”上（基础是指课程的基础知识和重点知识，以及在项目（任务）中会应用到的知识。基础为项目（任务）服务，项目（任务）是基础的综合应用。项目（任务）开发过程是指从接收到项目，如何去组织、如何去读项目要求、如何去分工、如何去开发、如何去管理、如何去考核、如何去配合，等等，是基于工作过程的全新的教学模式。本书具有如下特色。

1. 以能力培养为本位

在编写中，力求体现目前倡导的“以就业为导向，以能力为本位”的精神，注重学生技能的培养，精心整合课程内容，合理安排知识点、技能点，注重实训教学，突出对学生实际操作能力和解决问题能力的培养。教材的编写突出应用型本科、高等职业教育的特点，强调理论够用，加强实训，突出技能训练，充分体现以学生为主体，教师为主导的作用。

2. 以项目开发为目标

书中“项目—任务—知识点—能力提升（书中带有 * 的项目为能力提升项目）”是与企业工程师们，共同确定的基于工作过程的、从典型项目中提炼并分解得到的。“知识—能力”符合学生认知过程，通过“知识—能力”学习，使学生达到双赢的目的。通过“能力提升”的实现，学生可提高掌握、应用单片机解决工程应用问题的能力。

3. 结构合理，易教易学

全书按照“理论实践一体化”的教学方式编写，在内容编排上，按照“项目—任务—知识点—能力提升—课后练习题”编写，可将班级分组教学，利用“互联网＋教学”平台（如雨课堂、蓝墨云班课堂）；在教学组织上可以采用对分课堂、翻转课堂，边解讲、边思考、边小组讨论、角色扮演、边训练、边考核的基于工作过程的以学生为中心的全新教学模式，便于激发学生的学习兴趣和素质的提高；在教学方法上采用“教（引导教学）、学（合作探究）、做（任务驱动）、思（能力提升）、考（过程考核）”；在教学手段上采用“课前—课中—课后”。

4. 项目丰富，紧贴行业应用

本书精心组织了与行业应用紧密结合的典型“项目”，且“项目”丰富，让教师在授课过程中有更多的演示环节，让学生在学习过程中有更多的动手实践机会，以巩固所学知识，迅速将所学内容应用于实际工作和全国单片机大赛中。

5. 多点创新

（1）微课多，学习资源丰富，促进教与学方式的深度变革

书中提供微视频 82 个和电子资源 386 个，其中课程级资源 7 个，模块级资源 377 个，书

中的知识点、技能点实现了微课全覆盖。

在现如今这个碎片化微学习的时代里,学生们只会抽出睡觉前的5min、等车等人时的5min等碎片时段,打开手机、平板等移动学习终端,观看一个短小的微课。这种利用碎片化的时间、按自己的意愿选择一个对其有价值的内容,并按照自己的方式进行自主学习就是一种深刻的教学变革。微课将对课程选择的决定权,从授课者(教师)移交到了学习者(学生)手中。如果我们提供的微课数量丰富、类型多样、内容齐全、体系完整,并且是免费开放,那么我们教学就可以真正做到"有教无类",若再根据不同学生的学习层次制作不同类型的微课,则可以达到个性化学习和因材施教的目标。

(2) 采用"1+4"新资源结构

一个有价值的微课,绝不仅限于微视频,它的基本资源构成应该是"1+4"。

"1"是微课的最核心资源:一个精彩的教学或学习视频。"4"是要提供4个与微课教学视频相配套的密切相关的教与学辅助资源,即微教案、微练习、微学习任务单、微工作任务单。这些资源以一定的结构关系和网页的呈现方式"营造"了一个半开放的相对完整的交互性良好的微型教与学应用生态环境。

(3) 学生、教师、教学模式发生新变化

学生——设计精美,随扫随学,自学中享受过程;

教师——素材丰富,资源立体,备课中不断创新;

教学模式——线上线下,平台支撑,教学中实现翻转。

6. 教学资料完备,适合作教材

精心设置教材内容和结构,面向"理实一体化"教学全过程设置完整的教学环节,将讲解知识、训练技能、提高能力有机结合;打破传统的"先理论学习,后上机练习"的教学模式,将知识讲解和技能训练放在同一教学模块和教学地点完成,融"教、学、练、思、考"于一体。每一个项目的讲解都是先提出功能要求,然后历经多次教师演示——学生模仿的循环,让学生掌握项目的完成过程,体现了"边做边学、学以致用"的教学理念。本书采用理实一体化教学模式,总学时为50~70学时。

本书可作为应用型本科院校、高职院校、成人高校的自动化、电子信息、机电、通信、仪器仪表、物联网、计算机及相关专业的教材。

参与书中项目编写的企业专家有黄华高级工程师、王祥高级工程师、谢平高级工程师、魏卫卫高级工程师和天一学院的夏敏老师。

本书由杨居义编著,在编写过程中参考了书中所列的文献资料,在此谨向其作者表示感谢。

由于编者水平有限,书中难免有错误和不妥之处,恳请读者批评指正。选用本书作为教材的老师可向清华大学出版社(http://www.tup.com.cn)索取授课教学资源、电子课件和书中项目仿真。

编　者

2017年10月

目　录

模块1　单片微型计算机

技能目标

（1）了解任务1-1：认识单片机。
（2）了解任务2-1：了解单片机应用。
（3）掌握任务3-1：Proteus ISIS的上机步骤。
（4）掌握任务4：Keil C51的上机步骤。

知识目标

学习目的：
（1）了解单片机的发展过程及产品近况。
（2）了解单片机的特点及应用领域。
（3）掌握微型计算机的组成及应用形态。
（4）掌握80C51单片机性能指标。
（5）掌握Proteus ISIS的上机步骤。
（6）掌握Keil C51的上机步骤。
学习重点和难点：
（1）微型计算机的组成及应用形态。
（2）80C51单片机性能指标。
（3）Proteus ISIS的上机步骤。
（4）Keil C51的上机步骤。

概要资源

1-1 学习要求
1-2 重点与难点
1-3 学习指导
1-4 学习情境设计
1-5 教学设计
1-6 评价考核
1-7 PPT

项目1：认识单片微型计算机

● 技能目标

了解任务1-1：认识单片机。

● 知识目标

学习目的：

(1) 了解单片机内部结构。

(2) 了解单片机应用系统的组成。

(3) 掌握80C51单片机分类。

(4) 了解芯片中“C”和“S”的含义。

(5) 了解80C51与AT89C51的区别。

(6) 了解AT89C51与AT89S51的区别。

学习重点和难点：

(1) 80C51单片机系列。

(2) 芯片中“C”和“S”的含义。

(3) AT89C51与AT89S51的区别。

任务1-1：认识单片机

1. 任务要求

(1) 了解微型计算机组成。

(2) 了解单片机。

2. 任务描述

1) 微型计算机

将微处理器CPU、存储器(RAM、ROM)、基本输入/输出(I/O)接口电路和总线接口等组装在一块主机板(即微机主板)上。各种适配板(卡)插在主机板的扩展槽上，并与电源、软/硬盘驱动器和光驱等装在同一机箱内，再配上系统软件，就构成了一台完整的微型计算机系统。微型计算机硬件组成如图1-1所示。

图1-1　微型计算机硬件组成

2）单片机

在一片大规模集成电路芯片上集成微处理器(CPU)、存储器(RAM、ROM)、I/O 接口电路,从而构成了单芯片微型计算机,简称单片机。AT89C5X 单片机如图 1-2 所示。单片机主要应用于智能仪表、智能传感器、智能家电、智能办公设备、汽车及军事电子设备等应用系统。

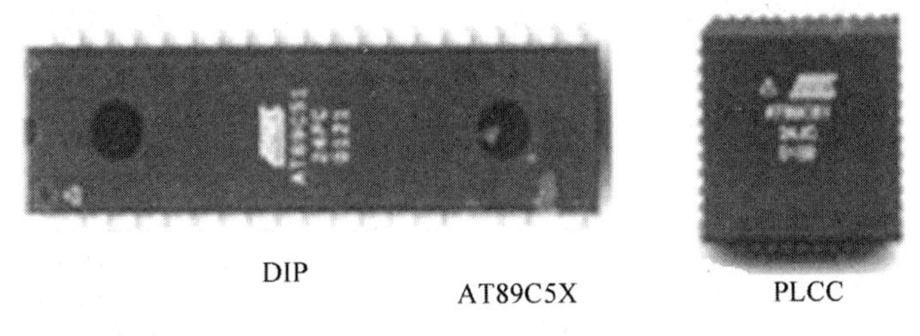

图 1-2　AT89C5X 单片机

单片机体积小,价格低,可靠性高,其非凡的嵌入式应用形态对于满足嵌入式应用需求具有独特的优势。

任务 1-2：相关知识

微课 1-1

1. 单片机内部结构及应用系统

1）单片机内部结构

单片机内部结构示意图如图 1-3 所示。它由微处理器(CPU)、随机存取存储器(RAM)、只读存储器(ROM)、串行 I/O 接口、并行 I/O 接口、定时器/计数器和中断系统等部件组成,并把它们制作在一块大规模集成电路芯片上,就构成一个完整的单片微型计算机。

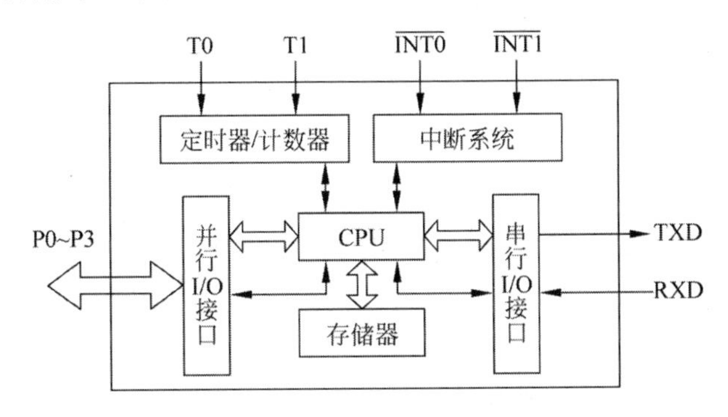

图 1-3　单片机内部结构示意图

2）单片机应用系统的组成

单片机应用系统的组成如图 1-4 所示。单片机应用系统以单片机为核心,再加上接口电路及外设等硬件电路和软件,就构成了单片机应用系统。因此,单片机应用系统的设计人员必须从硬件和软件角度来研究单片机,这样才能研究和开发出单片机应用系统和产品。

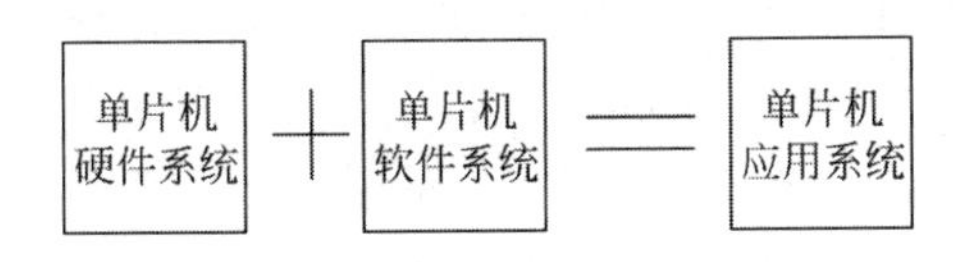

图 1-4　单片机应用系统的组成

2. 80C51 单片机系列

微课 1-2

Intel 公司生产的 MCS 系列单片机，尽管其型号很多，但从目前来看，使用最为广泛的应该是 MCS-51 单片机。本书主要研究 MCS-51 系列 8 位单片机 80C51。

80C51 系列单片机分类表见表 1-1。表 1-1 中列出了 80C51 单片机系列的芯片型号及主要技术指标，由此可对 80C51 单片机系列有一个全面的了解。下面在表 1-1 的基础上进一步对 80C51 系列单片机作一些说明。

表 1-1　80C51 系列单片机分类表

分类		芯片型号	存储器类型及字节数/B		片内其他功能单元数量			
			ROM	RAM	并行 I/O 接口	串行 I/O 接口	定时器/计数器	中断源
总线型	基本型	80C31	—	128	4 个	1 个	2 个	5 个
		80C51	4K 掩膜	128	4 个	1 个	2 个	5 个
		87C51	4K	128	4 个	1 个	2 个	5 个
		★89C51	4K Flash	128	4 个	1 个	2 个	5 个
		89S51	4K ISP	128	4 个	1 个	2 个	5 个
	增强型	80C32	—	256	4 个	1 个	3 个	6 个
		80C52	8K 掩膜	256	4 个	1 个	3 个	6 个
		87C52	8K	256	4 个	1 个	3 个	6 个
		★89C52	8K	256	4 个	1 个	3 个	6 个
		89S52	8K ISP	256	4 个	1 个	3 个	6 个
非总线型		89C2051	2K Flash	128	2 个	1 个	2 个	5 个
		★89C4051	4K Flash		2 个	1 个	2 个	5 个

注意：① 表中加★的被 Atmel 公司的 AT89S51/89S52 新产品所取代，新产品具有 ISP(在线系统编程)功能，使用非常方便，实际应用时应首选。

② 89C51 已停产。

1）基本型和增强型

80C51 系列又分为基本型(51 子系列)和增强型(52 子系列)两个子系列，并以芯片型号的最末位数字是 1，还是 2 来区别。从表 1-1 所列内容中可以看出增强型的增强功能具体如下所示。

(1) 片内 ROM 从 4KB 增加到 8KB。

(2) 片内 RAM 从 128B 增加到 256B。

(3) 定时/计数器从 2 个增加到 3 个。

(4) 中断源从 5 个增加到 6 个。

2）芯片型号中“C”和“S”的含义

MCS-51 系列单片机采用两种半导体工艺生产。一种是采用高速度、高密度和短沟道 HMOS 工艺；另外一种是采用高速度、高密度和低功耗的互补金属氧化物的 CHMOS 工艺。表 1-1 中芯片型号中带字母“C”的，为 CHMOS 芯片，不带“C”的为一般的 HMOS 芯片。

带“C”的芯片除具有低功耗(例如 8051 的功耗为 630mW，而 80C51 的功耗只有 120mW)的特点之外，还具有各 I/O 接口电平既与 TTL 电平兼容也与 CMOS 电平兼容的特点。

AT89S51/89S52 带“S”系列产品最大的特点是具有在线系统可编程功能。用户只要连接好下载电路，就可以在不拔下 51 芯片的情况下，直接在系统中进行编程。编程期间系统是不能运行程序的。

3) 片内 ROM 程序存储器配置形式

80C51 单片机片内程序存储器有 4 种配置形式，即掩膜 ROM、EPROM、FlashROM 和无 ROM。这 4 种配置形式对应 4 种不同的单片机芯片。它们各有特点，也各有其适用场合，使用时应根据需要进行选择。具体说明如下：

(1) 无 ROM(ROMLess)型，即 80C31 单片机片内无程序存储器，应用时要在片外扩展程序存储器。

(2) 掩膜 ROM(MaskROM)型，只能一次性由芯片生产厂商写入，用户无法写入。

(3) EPROM 型，通过紫外光照射擦除，用户通过写入装置写入程序。

(4) FlashROM 型，程序可以用电写入或电擦除(当前常用方式)。

4) 单片机环境温度问题

单片机应用中的环境温度问题，是指单片机应用中的抗干扰特性和温度特性。由于单片机的应用是面向工业现场，因此，它应具有很强的抗干扰能力，这是其他计算机无法相比的。单片机的温度特性与其他集成电路芯片一样，按所能适应的环境温度，可分为 3 个等级：民用级(0～+70℃)，工业级(－40～+85℃)，军用级(－65～+125℃)。因此，在工业应用中应根据现场环境温度来选择单片机芯片。

5) 80C51 与 AT89C51 的区别

Intel 公司在 1980 年推出 80C51 系列单片机，由于 80C51 单片机应用早，影响面很大，已经成为工业标准。后来很多著名厂商如 Atmel、Philips 等公司申请了版权，生产了各种与 80C51 兼容的单片机系列。虽然制造工艺在不断地改进，但内核却没有变化，指令系统完全兼容，而且大多数引脚也兼容。因此，称这些与 80C51 内核相同的单片机为 80C51 系列单片机或 51 系列单片机。

由于 80C51 单片机是早期产品，用户无法将自己编写的应用程序烧写到单片机内的存储器，只能将程序交由芯片厂商代为烧写，并且是一次性的。8751 单片机的内部存储器有了改进，用户可以将自己编写的程序写入单片机的内部存储器中，但需要用紫外线灯照射 25min 以上再烧写，烧写次数和电压也是有一定限制的。

AT89C51 单片机是 Atmel 公司 1989 年生产的产品，Atmel 率先把 80C51 内核与 Flash 技术相结合，推出了轰动业界的 AT89 系列单片机。AT89C51 单片机指令系统、引脚完全与 80C51 兼容。

6) AT89C51 与 AT89S51 的区别

AT89S51 单片机对 AT89C51 单片机进行了很多改进，新增加了很多功能，性能有了较大提升，价格基本不变，甚至比 AT89C51 更低，使用上与 80C51 单片机完全兼容。

AT89S51 相对于 AT89C51 增加的新功能主要有：ISP 功能，最高工作频率提升为 33MHz，具有双工 UART 串行通道、内部集成看门狗计时器、双数据指示器、电源关闭标识、全新的加密算法，程序的保密性大大加强等。

向 AT89C51 单片机写入程序与向 AT89S51 单片机写入程序的方法有所不同,所以,购买的编程器,必须具有写入 AT89S51 单片机的功能,以适应产品的更新。Atmel 公司现已停止生产 AT89C51 型号的单片机,被 AT89S51 型号的单片机所代替。

项目 2:认识单片机应用

● 技能目标

了解任务 2-1:了解单片机应用。

● 知识目标

学习目的:

(1) 了解单片机的发展过程。

(2) 了解单片机产品近况。

(3) 掌握单片机的特点。

(4) 了解单片机的发展趋势。

学习重点和难点:

(1) 单片机的特点。

(2) 单片机的发展趋势。

任务 2-1:了解单片机应用

1. 任务要求

(1) 了解本市单片机市场的规模。

(2) 了解单片机有多少种型号。

(3) 了解单片机的价格情况。

(4) 了解单片机应用领域。

(5) 写出家里单片机的应用。

2. 任务描述

单片机应用技术已经渗透到人们生活的各个方面,特别是嵌入式应用已经成为计算机应用的主流。据统计显示,全世界的大规模集成电路有 80%用于嵌入式应用中。目前,单片机主要应用领域为:

(1) 家用电器。家用电器是单片机的重要应用领域之一,前景广阔,如微波炉、电视机、电饭煲、空调器、电冰箱、洗衣机等。

(2) 交通领域,如交通灯、汽车、火车、飞机等均有单片机的广泛应用。

(3) 智能仪器仪表,如各种智能电气测量仪表、智能传感器等。

(4) 机电一体化产品,如医疗设备(B 超)、机器人、数控机床、自动包装机、打印机、复印机等。

(5) 实时工业控制,如温度控制、电动机转速控制、生产线控制等。

任务 2-2：相关知识

1. 单片机的发展过程

单片机技术的发展过程可分为如下 3 个主要阶段。

第一阶段(1947—1978 年)为初级单片机形成阶段。其典型产品是 Intel 公司推出的 MCS-48 系列单片机，该单片机具有 8 位 CPU、1KB ROM、64B RAM、27 根 I/O 线和 1 个 8 位定时器/计数器。该阶段的特点是：存储器容量较小，寻址范围小(不大于 4KB)，无串行接口，指令系统功能不强。

第二阶段(1978—1983 年)为高性能单片机阶段。其典型产品是 Intel 公司推出的 MCS-51 系列单片机，该单片机具有 8 位 CPU、4KB ROM、128B RAM、4 个 8 位并行口、1 个全双工串行口、2 个 16 位定时/计数器、寻址范围为 64KB，并有控制功能较强的布尔处理器。该阶段的特点是：结构体系完善，性能已大大提高，面向控制的特点进一步突出。现在 MCS-51 已成为公认的单片机经典机种。

第三阶段(1983 年以后)微控制器化阶段。其典型产品是 Intel 推出的 MCS-96 系列单片机。该单片机具有 16 位 CPU、8KB ROM、232B RAM、5 个 8 位并行口、1 个全双工串行口、2 个 16 位定时/计数器、寻址范围为 64KB，片上还有 8 路 10 位 ADC、1 路 PWM 输出及高速 I/O 部件等。该阶段的特点是：片内面向测控系统外围电路增强，使单片机可以方便、灵活地用于复杂的自动测控系统及设备。

2. 单片机产品近况

单片机产品已达 60 多个系列，600 多个品种。近年来推出的与 80C51 兼容的主要产品如下：

(1) Atmel 公司生产的 EEPROM、Flash 存储器技术的 AT89S51/89S52 系列单片机。

(2) Philips 公司生产的 80C51、80C550、80C552 系列单片机。

(3) Motorola 公司生产的 M68HC05 系列单片机。

(4) Microchip 公司生产的 PIC 系列单片机。

(5) SST 公司生产的 ST89XXXX 系列单片机。

(6) ADI 公司生产的 ADμC8XX 高精度 ADC 系列单片机。

(7) LG 公司生产的 GMS90/97 低压高速系列单片机。

(8) Maxim 公司生产的 DS89C420 高速(50MIPS)系列单片机。

(9) Cygnal 公司生产的 C8051F 系列高速 SOC 单片机。

(10) Siemens 公司生产的 SAB80 系列单片机。

其中，SST 公司的 ST89XXXX 系列单片机具有 IAP(在线应用编程)功能。IAP 比 ISP 又更进了一步。IAP 型的单片机允许应用程序在运行时通过自己的程序代码对自己进行编程，一般是达到更新程序的目的。

Cygnal 公司的 C8051F 系列高速 SOC 单片机具有 JTAG 功能。JTAG 技术是先进的调试和编程技术。

3. 单片机的特点

单片机芯片的集成度非常高，它将微型计算机的主要部件都集成在一块芯片上，因此，具有如下特点：

(1) 体积小、重量轻、价格低、耗电少、易于产品化。

(2) 实时控制功能强、运行速度快。因为CPU可以对I/O端口直接进行指令操作,而且位指令操作能力更是其他计算机无法比拟的。

(3) 可靠性高。由于CPU、存储器及I/O接口集成在同一芯片内,各部件间的连接紧凑,数据在传送时受干扰的影响较小,且不易受环境条件的影响,所以单片机的可靠性非常高。

4. 单片机的发展趋势

20世纪80年代以来,单片机有了新的发展,各半导体器件厂商也纷纷推出自己的系列产品。根据市场的需求,未来单片机的发展趋势有如下几个方面:

(1) 单片机的字长由4位、8位、16位发展到32位,甚至64位。目前8位的单片机仍然占主流地位,只有在精度要求特别高的场合,如图像处理等,才采用16位或32位,甚至64位的单片机,用户可以根据需要进行字长的选择。

(2) 运行速度不断提高。单片机的使用最高频率由6MHz、12MHz、24MHz、33MHz发展到40MHz,甚至更高,用户可以根据产品的需要进行速度的选择。

(3) 单片机内的RAM、ROM存储容量越来越大。单片机内的RAM、ROM存储容量由1KB、2KB、4KB、8KB、16KB、32KB、64KB发展到128KB等,用户可以根据程序和数据量的大小来选择。

(4) 单片机程序存储器ROM的编程越来越方便。单片机程序存储器有ROM型(掩膜型)、OTP型(一次性编程)、EPROM(紫外线擦除编程)、EPROM(电擦除编程)及FLASH(闪速编程)。编程方式越来越方便,目前有脱机编程、在线系统编程(ISP)、在线应用编程(IAP)等,可供用户选择。

(5) 输入/输出端口多功能化。单片机内除集成有并行接口、串行接口外,还集成有A/D、D/A、LED/LCD显示驱动、DMA控制、PWM(脉宽调制)、PLC(锁相环)控制、PCA(可编程逻辑阵列)、WDT(看门狗)等。用户可以根据需要进行选择。

(6) 功耗低、电压范围宽。采用CHMOS制作工艺使单片机的功耗降低,设立空闲和掉电两种工作方式;电压范围从2.6~6V,变得更宽,用户选择更广。

(7) 嵌入式的处理器。结合专用集成电路(ASIC)、精简指令集计算机(RISC)技术,使单片机发展成为嵌入式的处理器,深入到数字信号处理、图像处理、人工智能、机器人等领域。

(8) 工作温度范围广,可靠性高,抗干扰能力强,内部资源丰富。

项目3:认识仿真软件Proteus的使用

● 技能目标

掌握任务3-1:Proteus ISIS的上机步骤。

● 知识目标

学习目的:

(1) 掌握从元件库中选取元器件。

(2) 掌握元器件放置与编辑操作。

(3) 掌握网格单位设置、放置电源和地。

(4) 掌握画总线和电路图布线。

(5) 掌握添加网络标号、电气规则检查和仿真运行。

学习重点和难点：

(1) 从元件库中选取元器件。

(2) 元器件放置与编辑操作。

(3) 放置电源和地。

(4) 画总线和电路图布线。

(5) 添加网络标号、电气规则检查和仿真运行。

任务 3-1：Proteus ISIS 的上机步骤

微课 1-3

1. 任务要求

(1) 掌握新建设计文件。

(2) 掌握从元件库中选取元器件。

(3) 掌握元器件放置与编辑操作。

(4) 掌握网格单位设置及放置电源和地。

(5) 掌握画总线和电路图布线。

(6) 掌握添加网络标号及电气规则检查。

2. 任务描述

用 Proteus ISIS7.8 软件绘制如图 1-5 所示的仿真原理图，将编译好的“XM3-1.hex”文件加载到 AT89C51 里，然后启动仿真，就会同时点亮 LED1～LED8 灯，其效果图如图 1-5 所示。表 1-2 列出了所需添加的元器件。

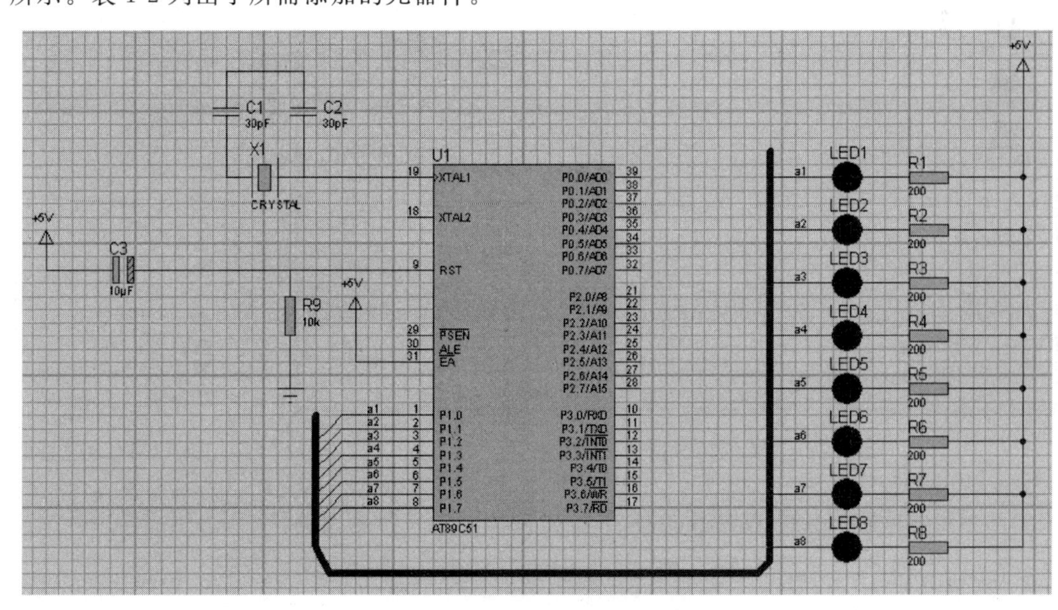

图 1-5　用单片机 P1 口点亮 LED1～LED8 灯仿真效果图

表 1-2　元器件清单

元　器　件	名　　称	说　　明
单片机 U1	AT89C51	8 位 CPU
电阻 8 只	Resistors	200R(0.6W)
电阻 R1	Resistors	10k(0.6W)
发光二极管	Led-red (红色)	
电容 C1、C2	Capacitors	33pF(50V)
电容 C3	Capacitors	10μF50V(电解电容)
晶振	Crystal	

3. 任务实现：Proteus ISIS 的上机步骤

Step1：新建设计文件。

打开 Proteus ISIS 工作界面，执行"文件"→"新建设计"命令，弹出选择模板窗口，从中选择新建文件夹模板，单击 OK 按钮，然后单击"保存"按钮，弹出如图 1-6 所示的"保存 ISIS 设计文件"对话框。设置好保存路径，在文件名框中输入 XM3-1 后，单击"保存"按钮，完成新建设计文件的保存，文件自动保存为 XM3-1.DSN。

Step2：从元件库中选取元器件。

从工具箱中选择图标，单击图 1-7 所示元器件上的 P 按钮，弹出"Pick Devices"对话框，如图 1-8 所示。

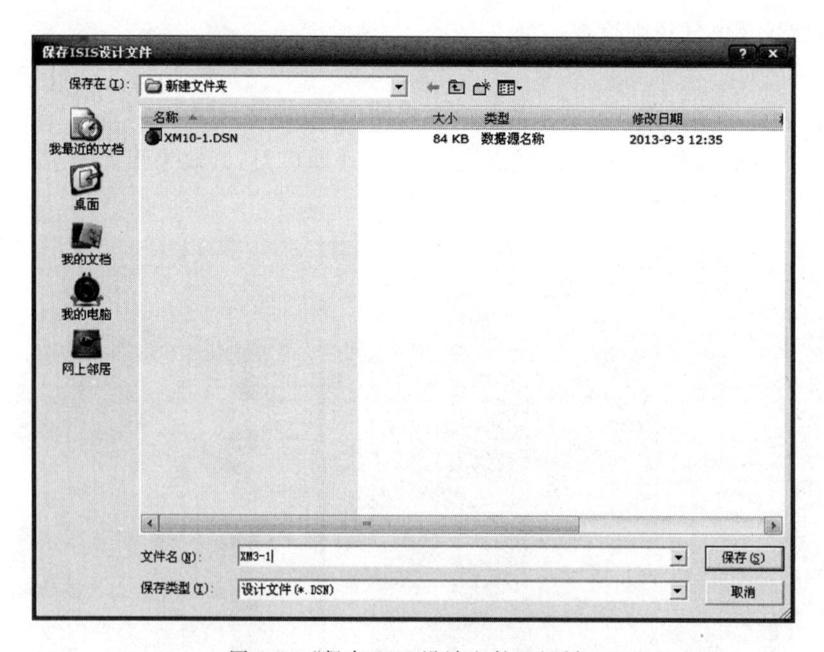

图 1-6　"保存 ISIS 设计文件"对话框

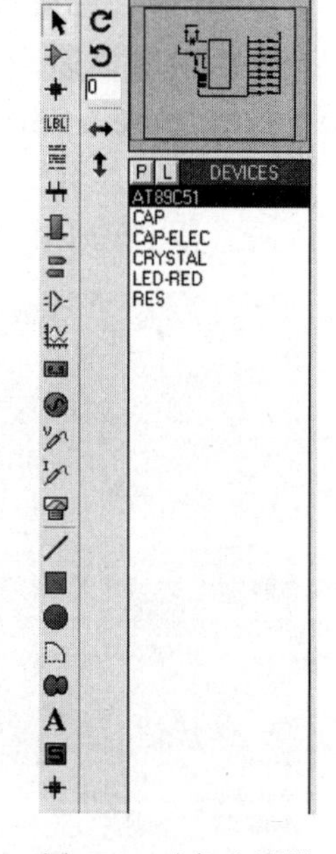

图 1-7　对象选择器

图 1-8 中导航工具目录(category)下拉列表各参数的含义如下：

Analog ICs	模拟集成电路库
Capacitors	电容库
CMOS 4000 Series	COMS4000 系列库

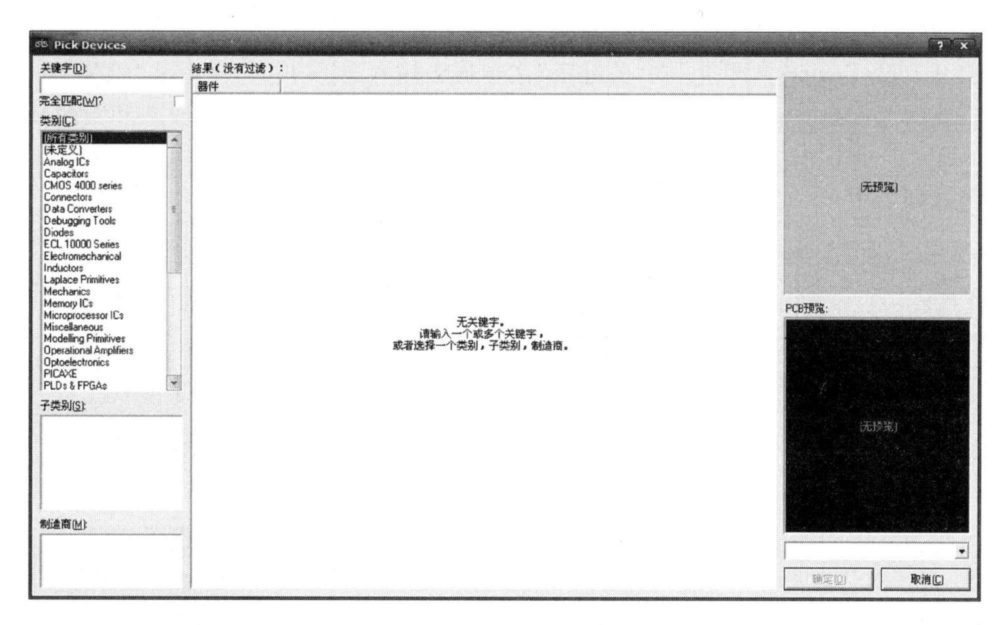

图 1-8　Pick Devices 对话框

Connectors	连接器、插头插座库
Data Converters	数据转换库(ADC、DAC)
Debugging Tools	调试工具库
Diodes	二极管库
ECL 10000 Series	ECL10000 系列库
Electromechanical	电动机库
Inductors	电感库
Microprocessor ICs	微处理器库
Memory ICs	存储器库
Miscellaneous	其他混合类库
Operational Amplifiers	运算放大器库
Optoelectronics	光器件库
PLDs & FPGAs	可编程逻辑器件
Resistors	电阻
Simulator Primitives	简单模拟器件库
Speakers & Sounders	扬声器和音像器件
Switches & Relays	开关和继电器
Switching & Device	开关器件(可控硅)
Transistors	晶体管
TTL 74 Series	TTL 74 系列器件
TTL 74LS Series	TTL 74LS 系列器件

注意：

① 在关键字(Keyword)中键入一个或多个关键字，或使用导航工具目录和子目录(subcategory)，可以滤掉不期望出现的元件的同时定位期望的库元件。

② 在结果列表中双击元件，即可将该元件添加到设计中。

③ 当完成元件的提取时，单击 OK 按钮关闭对话框，并返回 ISIS。

1）添加 AT89C51 单片机

打开 Pick Devices 对话框，在“关键字”文本框中输入 AT89C51，然后从“结果”列表中选择需要的型号。此时在元器件预览窗口中分别显示出元器件的原理图和封装图，如图 1-9 所示。单击“确定”按钮，或者直接双击“结果”列表中的 AT89C51 均可将元器件添加到对象选择器中。

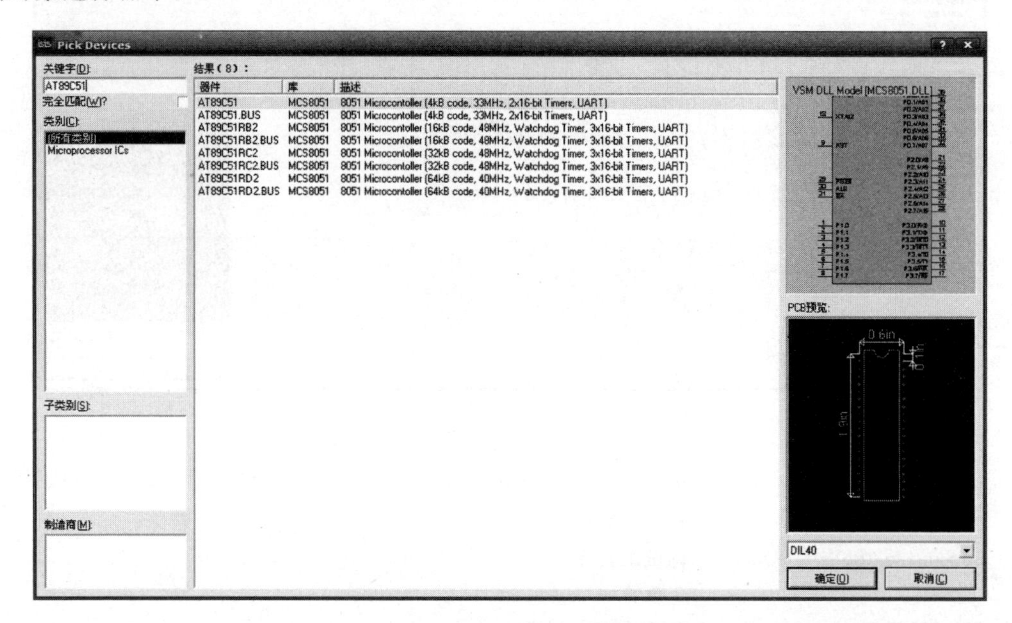

图 1-9　添加 AT89C51 单片机

2）添加电阻

打开 Pick Devices 对话框，在“关键字”文本框中输入 Resistors 470r，然后“结果”列表中显示各种功率的 470Ω 电阻。选择需要的“470Ω 0.6W”电阻，单击“确定”按钮，可将元器件添加到对象选择器中。

课堂练习：可以用同样的方法添加电阻 10kΩ 0.6W 到对象选择器中。

3）添加发光二极管

打开 Pick Devices 对话框，在“关键字”文本框中输入 Led-red(红色)，在“结果”列表中只有一种红色发光二极管，双击该元器件，将其添加到对象选择器中。

4）添加晶振

打开 Pick Devices 对话框，在“关键字”文本框中输入 Crystal，在“结果”列表中只有一种晶振，双击该元器件，将其添加到对象选择器中。

5）添加电容

① 添加 30pF 电容

打开 Pick Devices 对话框，在“关键字”文本框中输入 Capacitors，“结果”列表中则显示各种类型的电容，在“关键字”文本框中再输入 30pF，则显示各种型号的 30pF 电容，任选一个 50V 电容，双击该元器件，将其添加到对象选择器中。

② 添加 10μF 电容

打开 Pick Devices 对话框，在“关键字”文本框中输入 Capacitors 10μ，“结果”列表中则显示各种型号的 10μF 电容，选择 50V Radial Electrolytic 圆柱形电解电容，双击该元器件，将其添加到对象选择器中。

到目前元器件已经添加完毕，对象选择器中的所有元器件如图 1-10 所示。

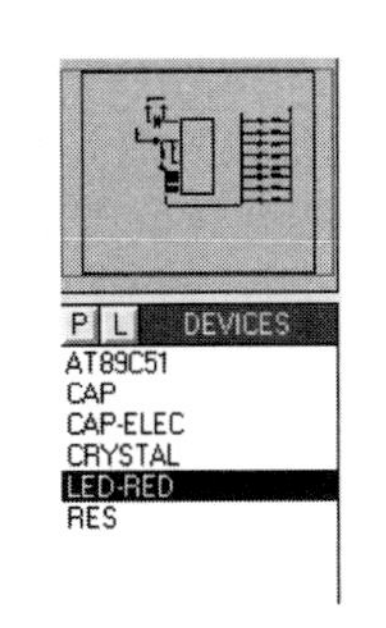

图 1-10　对象选择器中的所有元器件

Step3：元器件放置与编辑操作。

1）元器件放置

在元器件列表中选择 AT89C51 单片机，然后将光标移动到原理图编辑区，在任意位置单击鼠标左键，就可以出现一个跟着光标浮动的元器件原理图符号，如图 1-11 所示。在编辑区适当位置单击鼠标左键，就可以完成该元器件的放置，如图 1-12 所示。

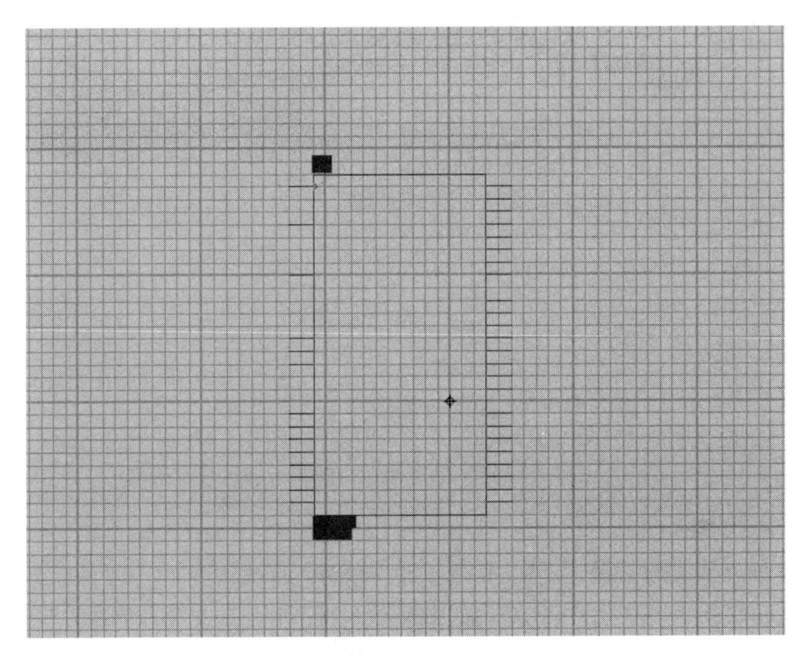

图 1-11　跟着光标浮动的单片机符号

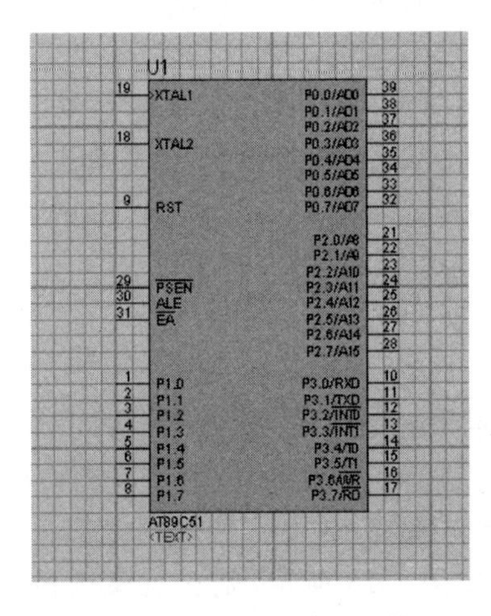

图 1-12　放置后的单片机符号

2）元器件编辑

① 元器件的移动和旋转

在编辑区中用鼠标右键单击 AT89C51，弹出如图 1-13 所示的快捷菜单。本任务不需要对单片机进行旋转操作。

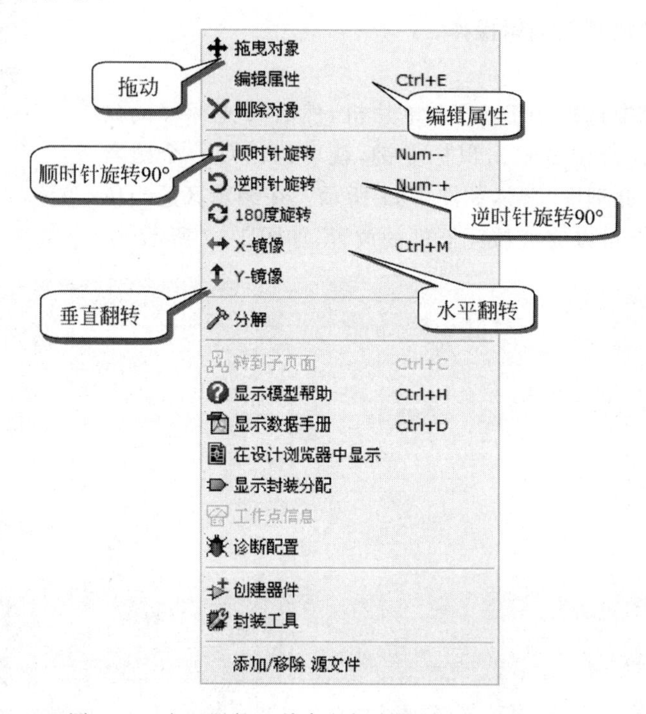

图 1-13　在元器件上单击鼠标右键弹出的快捷菜单

② 元器件的删除

用以下 3 种方法都可以将原理图上的元器件(单片机)删除：

(1) 将鼠标放到 AT89C51 单片机上，用鼠标右键双击，即可将其删除。

(2) 用鼠标左键框选 AT89C51 单片机，然后按下 Delete 键，即可将其删除。

(3) 用鼠标左键按住 AT89C51 单片机不放，同时按下 Delete 键，即可将其删除。

③ 元器件的属性设置

用鼠标右键单击 AT89C51 单片机，从弹出的快捷菜单中选择"编辑属性"命令，在弹出的"编辑元件"对话框中对单片机的属性进行设置，结果如图 1-14 所示。

课堂练习：用同样的方法放置和编辑 8 个电阻 200Ω(0.6W)和 10kΩ(0.6W)、8 个 LED-red、电容 30pF、电容 10μF 50V、CRYSTAL 元器件，放置后各元器件的位置如图 1-5 所示。

Step4：网格单位设置。

如图 1-15 所示，执行"查看"→Snap 0.1in 命令，即可将网格单位设置为 100th($1th=2.54\times10^{-5}m$)。若需要对元件进行更精确的移动，可将网格单位设置为 50th 或 10th。

Step5：电源和地终端放置与编辑。

单击工具箱的终端按钮，如图 1-16 所示，则在对象选择器中显出各种终端，从中选择"POWER"电源终端，可在预览窗口看到电源的符号。再将鼠标指针移到电路原理图编辑

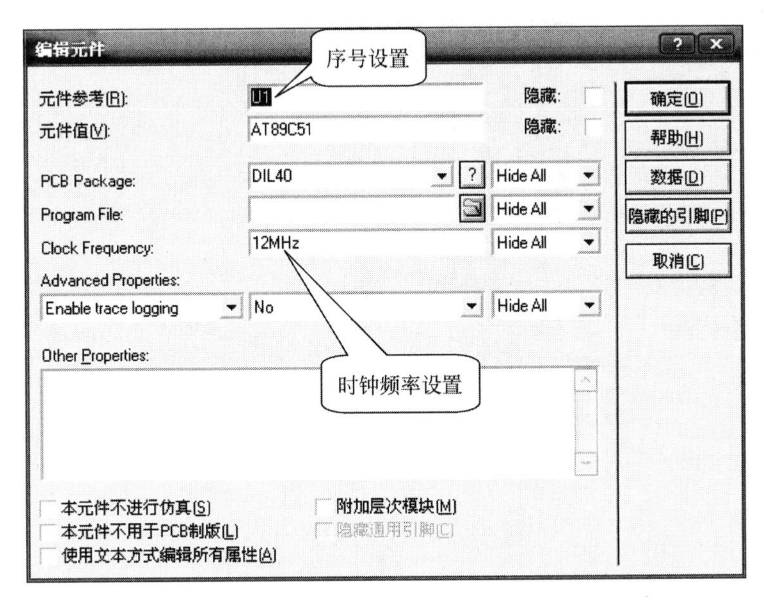

图 1-14　AT89C51 单片机的属性设置

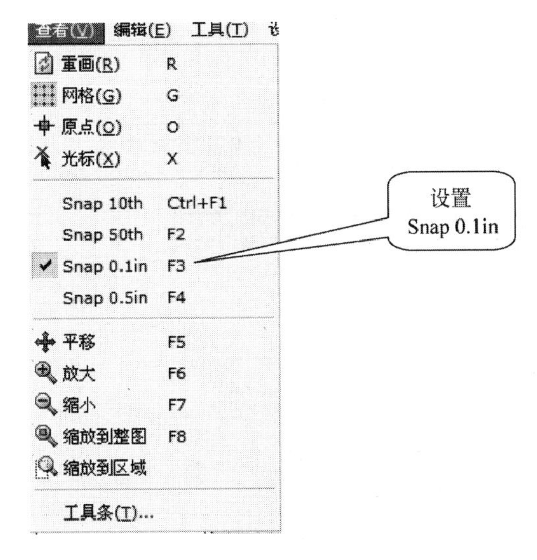

图 1-15　网格单元的设置

区，即可看到一个随光标浮动的电源终端符号，将光标移动到适当位置，单击鼠标左键即可将电源终端放置到电路原理图中。然后在电源终端符号上双击鼠标左键，如图 1-17 所示，在弹出的 Edit Terminal Label 对话框内的 String 文本框中输入电源符号 VCC，再单击 OK 按钮完成电源终端的放置。

课堂练习：用相同的方法可以放置“地”终端。

Step6：画 BUS(总线)。

单击模型选择工具栏中的总线按钮，可在原理图中放置总线，放置方法和放置位置如图 1-18 所示。

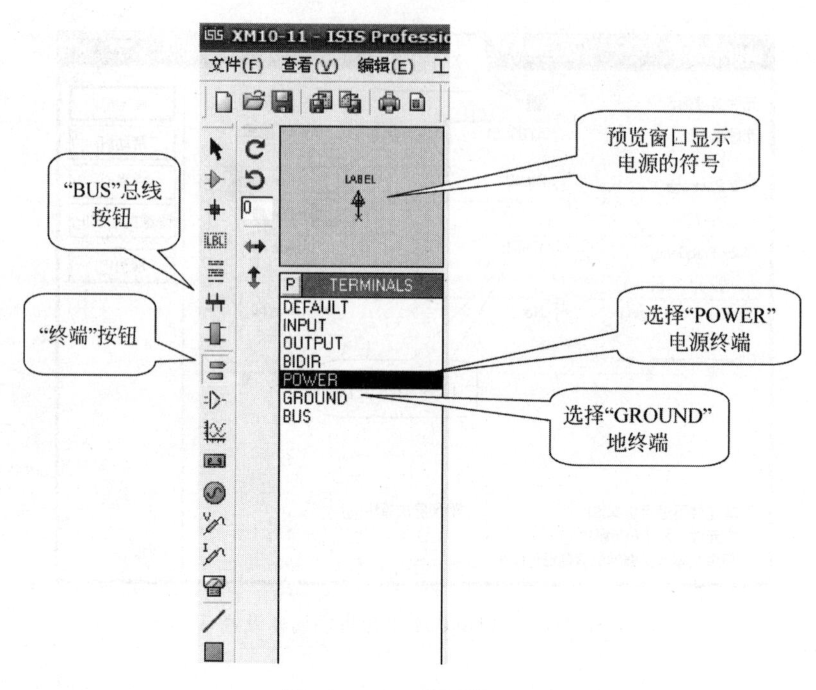

图 1-16　电源终端的放置

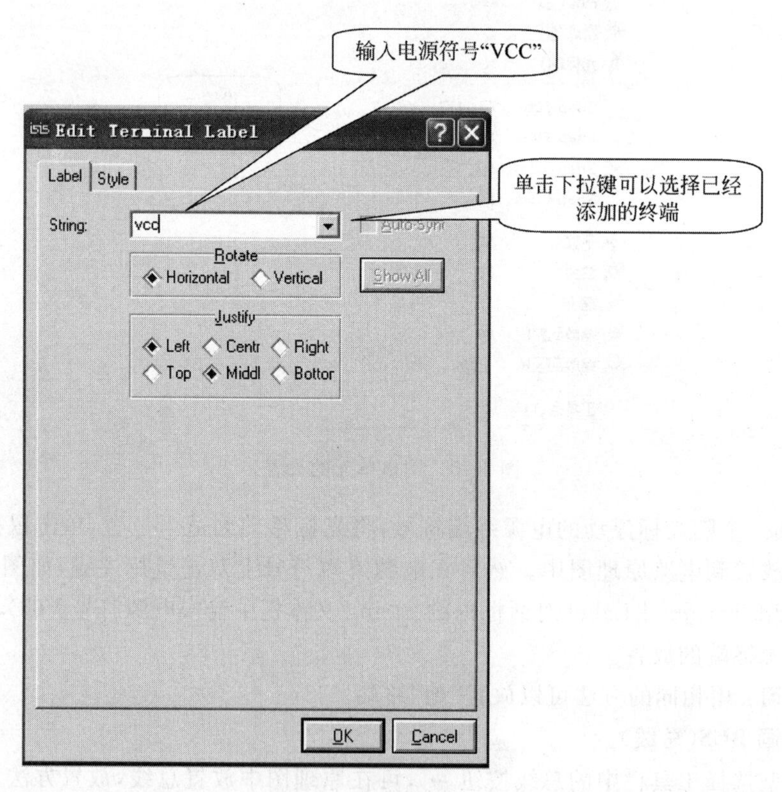

图 1-17　电源终端的编辑

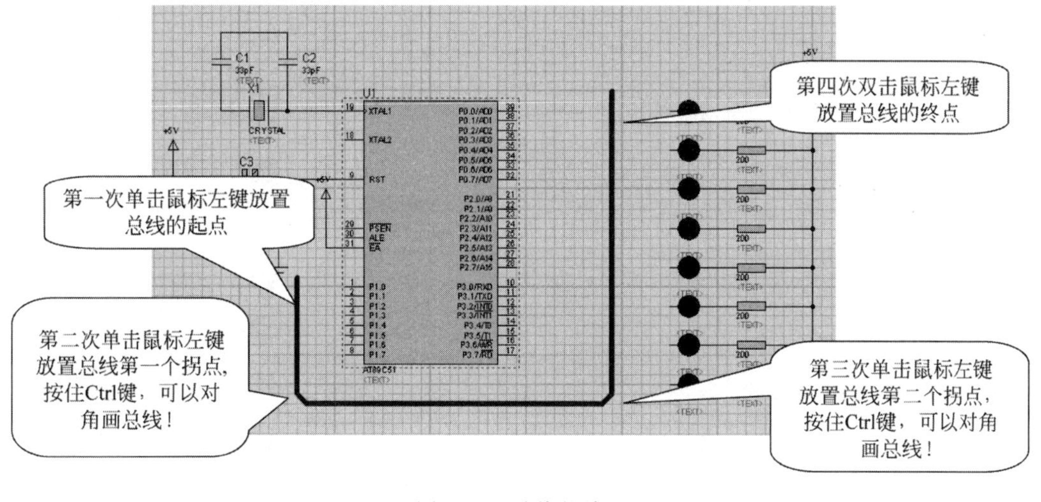

图 1-18　总线的放置

Step7：电路图连线。

Proteus ISIS 系统有自动捕捉功能，只需将光标放置在要连接的元器件引脚附近，系统就会自动捕捉到引脚，单击鼠标左键就会自动生成连线。当连线需要转弯时，只要单击鼠标左键即可转弯。电源和电阻之间连线如图 1-19 所示。

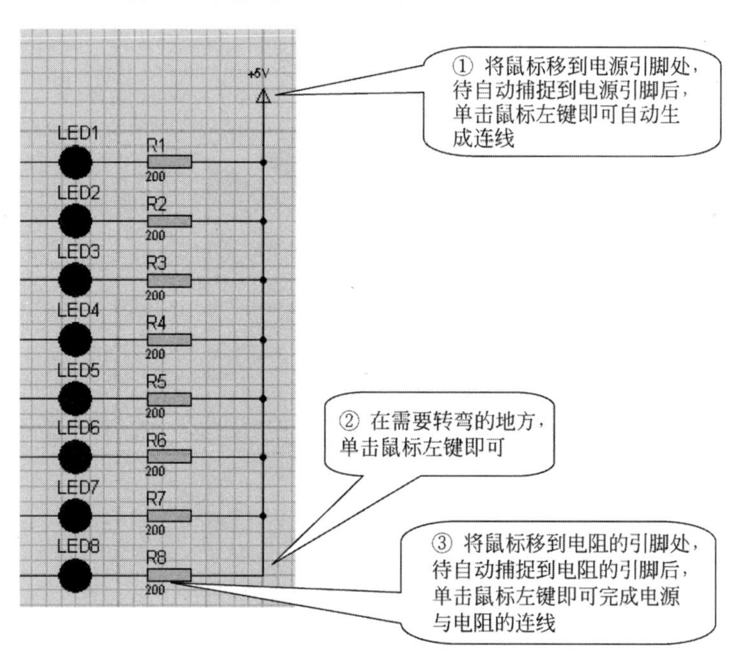

图 1-19　电源和电阻之间连线

课堂练习：用相同的方法完成其他元器件之间的连线，连线效果如图 1-20 所示。

Step8：添加网络标号。

各元器件引脚与单片机引脚通过总线的连接并不表示真正意义上的电气连接，需要添加网络标号。在 Proteus ISIS 仿真时，系统会认为网络标号相同的引脚是连接在一起的。

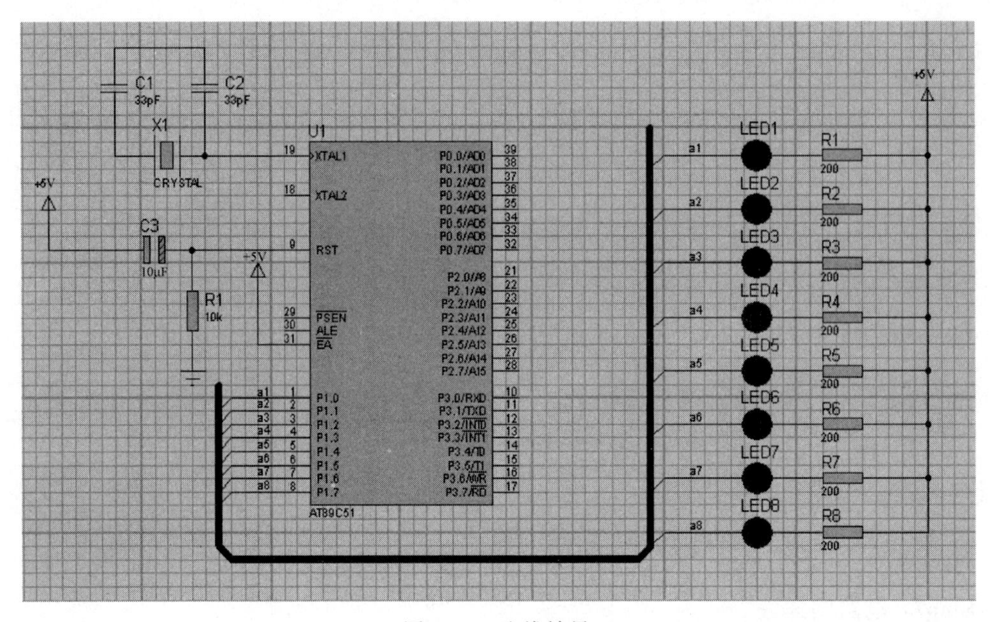

图 1-20　连线效果

单击模式选择工具栏中的 按钮,然后在需要放置网络端口的元器件引脚附近单击鼠标左键,弹出如图 1-21 所示的 Edit Wire Label 对话框。在 String 文本框中输入网络标号 P17,单击 OK 按钮即可完成网络标号的添加。

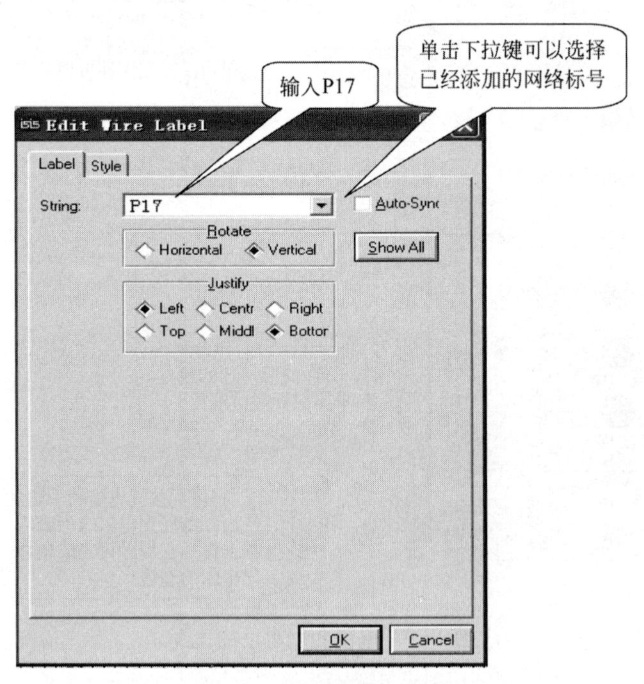

图 1-21　网络标号的添加

注意:

(1) 不可将线的标号放置在线以外的对象上。

(2) 一条线可放置多个线标号。

(3) ISIS将自动根据线或总线的走向调整“线标号”方位。“线标号”方位也可通过Edit Wire Label对话框进行调整。

(4) 在Edit Wire Label对话框中单击Label String中的文本,并按下Del键即可删除“线标号”。

(5) 在Edit Wire Label对话框中单击Style选项卡可改变“线标号”的风格。

课堂练习:用相同的方法完成其他元器件的网络标号的添加。

Step9:电气规则检查。

设计完电路图后,执行“工具”→“电气规则检查”命令,弹出如图1-22所示的ELECTRICAL RULES CHECK-ISIS Professional对话框。如果电气规则无误,则系统给出NO ERC errors found的信息。

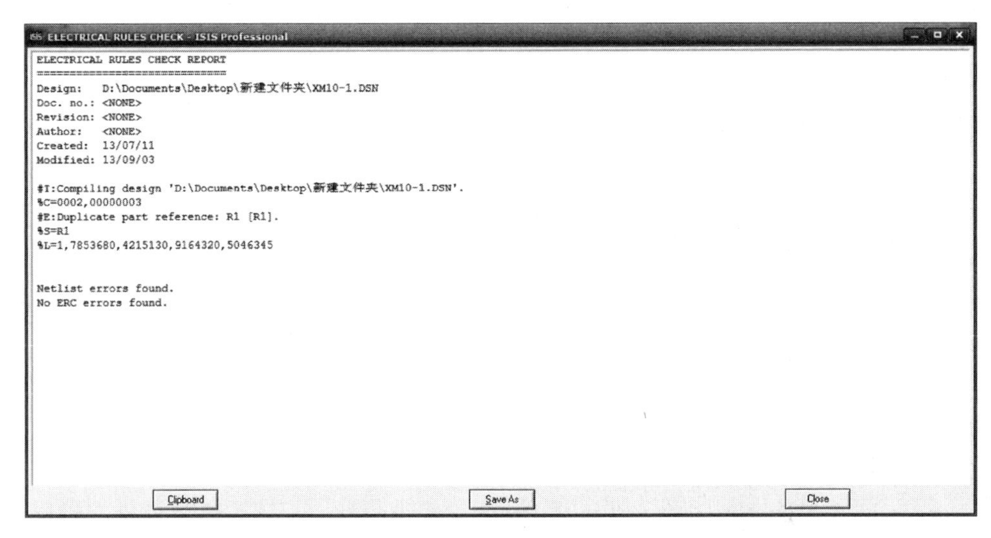

图1-22 ELECTRICAL RULES CHECK-ISIS Professional对话框

Step10:仿真运行。

用鼠标右键单击AT89C51单片机,弹出如图1-23所示的“编辑元件”对话框,单击Program File文本框旁边的按键,选择编译好的XM3-1.HEX文件加载到AT89C51里;再将其时钟频率设置为12MHz;最后单击仿真运行按钮,这时系统会启动仿真,就可以看到同时点亮LED1~LED8灯,效果图如图1-5所示。

任务3-2:相关知识

Proteus ISIS软件能对单片机应用系统进行软件和硬件的仿真,为单片机应用系统的开发提供一个非常方便的平台。

1. Proteus ISIS的主要功能特点

本书采用Proteus ISIS7.8中文版,其特点如下:

(1) 实现了单片机仿真和SPICE电路仿真相结合。Proteus ISIS具有模拟电路仿真、数字电路仿真、单片机及其外围电路组成的系统的仿真、RS-232动态仿真、I2C调试器、SPI调试器、键盘和LCD系统仿真的功能,还有各种虚拟仪器,如示波器、逻辑分析仪、信号发生器等。

(2) 支持主流单片机系统的仿真。目前支持的单片机类型有68000系列、8051系列、

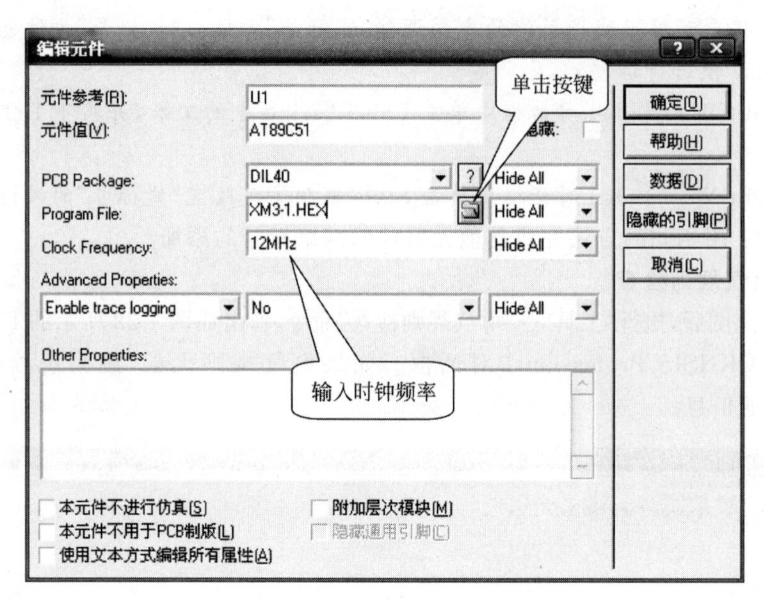

图 1-23 “编辑元件”对话框

AVR 系列、PIC12 系列、PIC16 系列、PIC18 系列、Z80 系列、HC11 系列，以及各种外围芯片。

(3) 提供软件调试功能。Proteus ISIS 仿真系统具有全速、单步、设置断点等调试功能，同时可以观察各个变量、寄存器的当前状态。还支持第三方的软件编译和调试环境，如 Keil C51。

(4) 具有强大的电路原理图绘制功能。在 Proteus ISIS 仿真系统中可以快速、方便地绘制出单片机应用系统的电路原理图。

2. Proteus ISIS 软件的界面与操作

Proteus ISIS 智能原理图输入系统是 Proteus 系统的核心。该编辑软件具有较好的人机交互界面，并且设计功能强大，使用方便，易于掌握。本书只介绍 Proteus ISIS 基本操作。

单击“开始”→“程序”→Proteus7 Professional→ISIS 7 Professional，或双击桌面快捷图标，即可进入图 1-24 所示的 Proteus ISIS 的工作界面。它是一种标准的 Windows 界面，下面分 5 个部分来简单介绍。

1) 电路原理图编辑窗口

电路原理图编辑窗口用来绘制电路原理图。它是各种电路、单片机系统的 Proteus ISIS 仿真平台。元器件要放到编辑区。

注意：电路原理图编辑窗口没有滚动条，可通过预览窗口改变电路原理图的可视范围。

2) 预览窗口

预览窗口可显示两个内容：一个是在元器件列表中选择一个元器件时，显示该元器件的预览图；另一个是鼠标指针落在电路原理图编辑窗口时，显示整张电路原理图的缩略图，并会显示一个绿色的方框，绿色方框里面的内容就是当前电路原理图窗口中显示的内容。通过改变绿色方框的位置，可以改变电路原理图的可视范围。

3) 对象选择器

图 1-25 是对象选择器，用来选择元器件、终端、图表、信号发生器和虚拟仪器等。对象选择器上方有一个条形标签，表明当前所处的模式及其下列的对象类型。当前模式为“选择

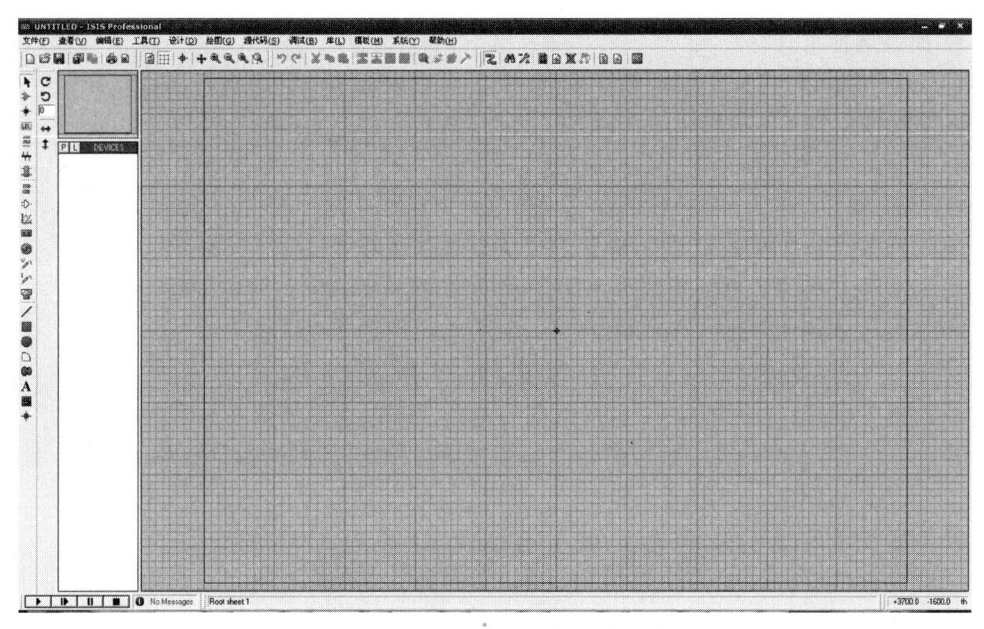

图 1-24　Proteus ISIS 的工作界面

元器件模式”，选中的元器件为 SOUNDER，该元器件会出现在预览窗口。单击 P 按钮，可将选中的元器件放置到电路原理图编辑区。

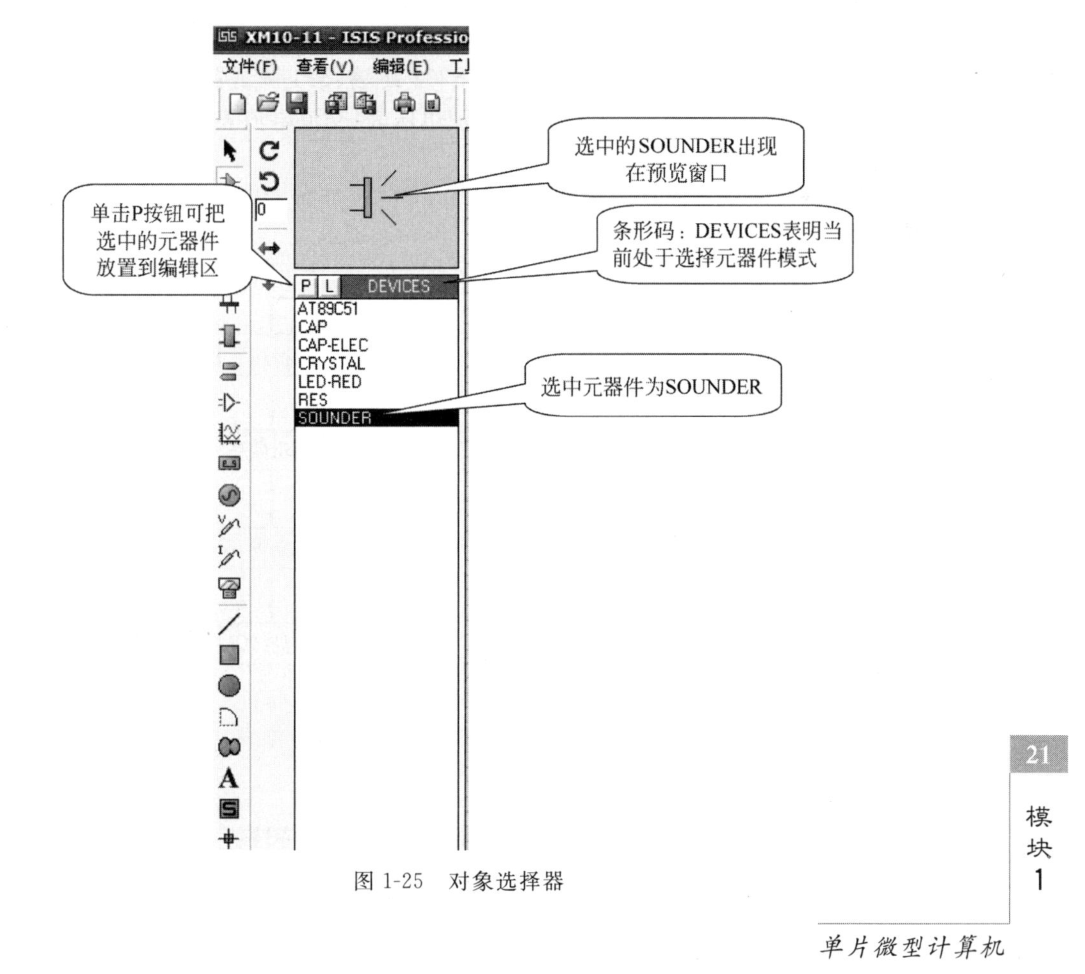

图 1-25　对象选择器

4）模型选择工具栏

模型选择工具栏包括主模式选择按钮、小工具箱按钮和2D绘图按钮。这里只介绍主模式选择按钮和小工具箱按钮的功能。

① 主模式选择按钮

放置器件：从工具箱中选中器件，在编辑窗口移动鼠标，单击左键放置器件。

放置节点：当两连线交叉，放置一个节点表示连通。

放置网络标号：电路连线可用网络标号替换，具有相同标号的线是连通的。

放置文本说明：此内容是对电路的说明，与电路的仿真无关。

放置总线：当多线并行时，为了简化连线，可用总线表示。

放置子电路：当图纸较小时，可将部分电路以子电路形式画在另一张图上。

移动鼠标：单击此键后，取消左键的放置功能，但仍可以编辑对象。

② 小工具箱按钮

放置图纸内部终端：有普通、输入、输出、双向、电源、接地、总线。

放置器件引脚：有普通、反相、正时钟、负时钟、短引脚、总线。

放置分析图：有模拟、数字、混合、频率特性、传输特性、噪声分析。

放置录音机：可以将声音记录成文件，可以回放声音文件。

放置电源、信号源：有直流电源、正弦信号源、脉冲信号源、数据文件等。

放置电压探针：在仿真时显示网络线上的电压，是图形分析的信号输入点。

放置电流探针：串联在指定的网络上，显示电流的大小。

放置虚拟设备：有示波器、计数器、RS232终端、SPI调试器、I2C调试器、信号发生器、图形发生器、直流电压表、直流电流表、交流电压表、交流电流表。

5）电路图的绘制流程

电路设计的第一步是原理图的输入。Proteus ISIS原理图输入流程如图1-26所示。

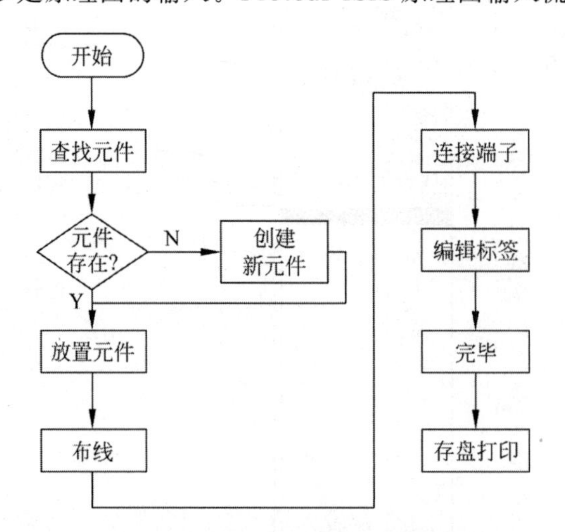

图1-26　Proteus ISIS原理图输入流程

6）Proteus操作特性

下面列出了Proteus不同于其他Windows软件的操作特性：

(1) 在元件列表中选择元器件后，可对其进行放置操作。

(2) 用鼠标右键选择元件后，弹出快捷菜单。
(3) 双击鼠标右键可删除元件。
(4) 先单击鼠标右键，后单击鼠标左键，可以编辑元件的属性。
(5) 连线用鼠标左键，可通过双击鼠标右键删除画错的连线。
(6) 改连接线走线方式，可先单击鼠标右键连接，再单击鼠标左键拖动。
(7) 滚动鼠标中键可放缩原理图。

项目 4：了解 Keil C51 的使用

● 技能目标

掌握 Keil C51 的上机步骤。

● 知识目标

学习目的：
(1) 掌握 Keil C51 的上机步骤。
(2) 掌握新建项目和源程序文件。
(3) 掌握将新建的源程序文件加载到项目管理器。
(4) 掌握编译程序。
(5) 掌握用 Proteus 软件仿真。
学习重点和难点：
(1) 新建项目和源程序文件。
(2) 将新建的源程序文件加载到项目管理器。
(3) 编译程序。

任务 4-1：Keil C51 的上机步骤

微课 1-4

1. 任务要求

(1) 掌握 Keil C51 的上机步骤。
(2) 掌握新建项目和源程序文件。
(3) 掌握将新建的源程序文件加载到项目管理器。
(4) 掌握编译程序。
(5) 掌握用 Proteus 软件仿真。

2. 任务描述

用 Keil C51 编写点亮 8 只 LED 发光二极管，并用 Proteus 软件仿真。程序如下：

```
#include <reg51.h>        //包含 51 单片机寄存器定义的头文件
        void main(void)  //两个 void 的意思分别为无须返回值，没有参数传递
        {
            P2 = 0x00;   //P2 = 0000 0000B，即 P2 口输出低电平
        }
```

3. 任务实现——Keil C51 的上机步骤

Keil C51 软件安装完成后，双击桌面上的“Keil μVision4”，进入“μVision4”编辑窗口。

Step1：新建项目。

执行 Project→New μVision Project 菜单命令，弹出如图 1-27 所示的 New μVision Project 对话框，指定好保存路径后，在“文件名”文本框中输入 XM4-1，单击“保存”按钮即完成新工程的创建(系统默认扩展名为“. * uvproj”)。此时，弹出如图 1-28 所示的 Select Device for Target ‘Target 1’对话框，展开 Atmel 系列单片机，选择 89C51，单击 OK 按钮完成设备的选择。

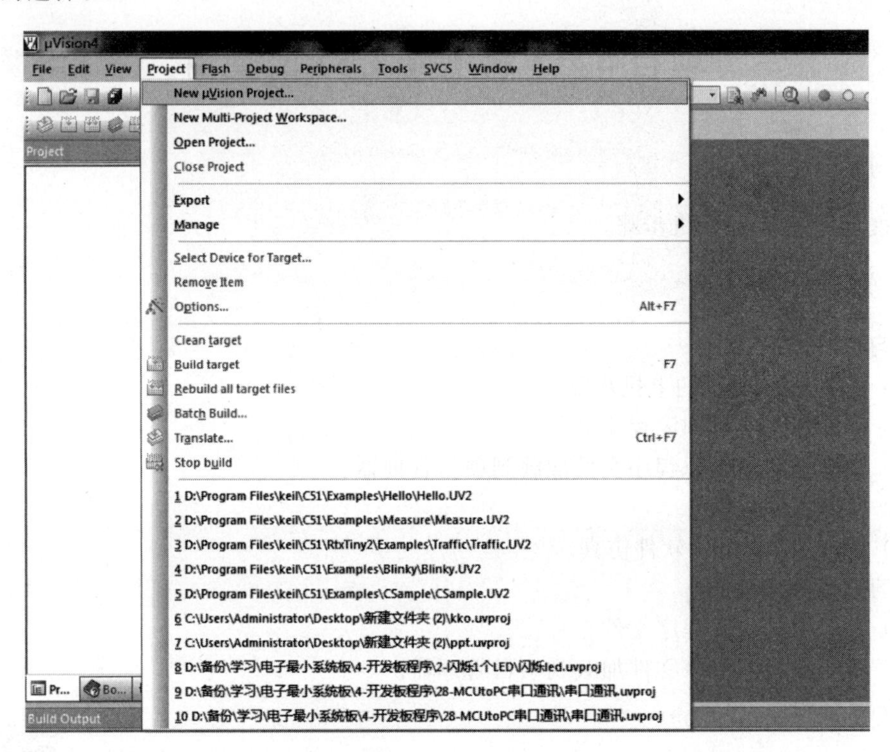

图 1-27　New μVision Project 对话框

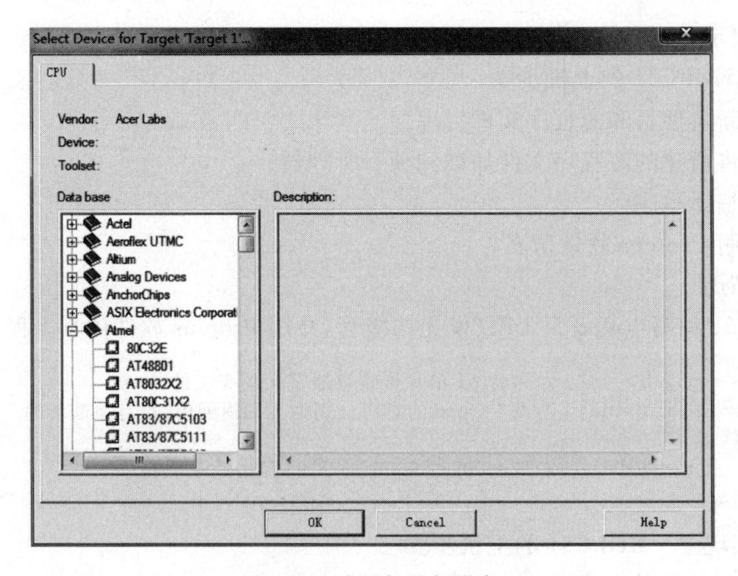

图 1-28　为目标选择设备

设备选择结束后，μVision4 工作界面左边的项目管理器中新增加了一个 Target1 文件夹，如图 1-29 所示。

图 1-29　项目管理器中新增了 Target 1 文件夹

Step2：新建源程序文件。

执行 File→New 菜单命令，新建一个默认名为 Text 1 的空白文档，输入如下 C 语言源程序，结果如图 1-30 所示。

```
#include<reg51.h>        //包含 51 单片机寄存器定义的头文件
        void main(void)  //两个 void 的意思分别为无须返回值，没有参数传递
        {
            P2 = 0x00;   //P2 = 0000 0000B，即 P2 口输出低电平
        }
```

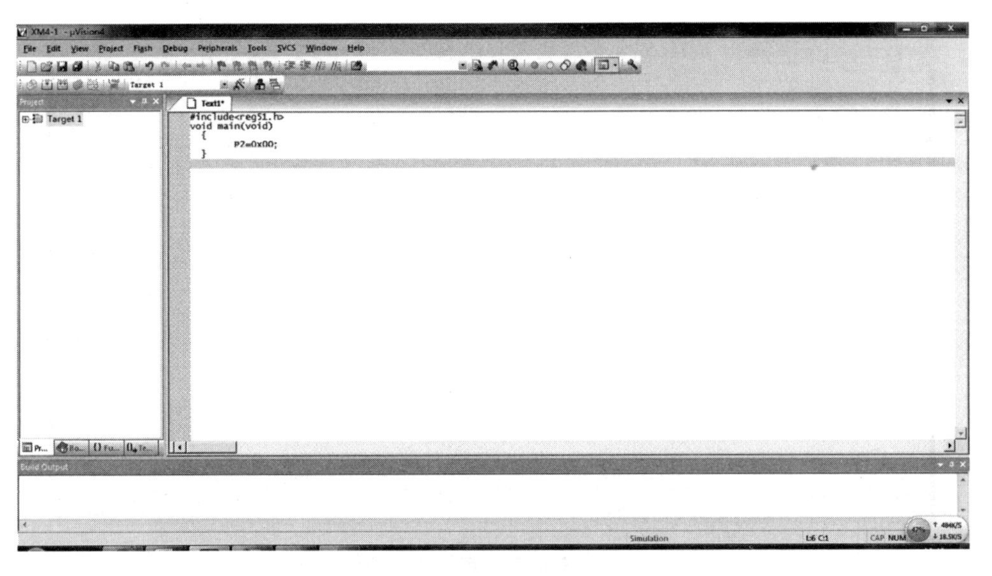

图 1-30　新建源程序文件

程序输入完毕后,执行File→Save菜单命令,将其保存为XM4-1.c文件。

注意:源程序后缀“.c”必须手工输入,表示为C语言程序,让Keil C51采用对应C语言的方式来编译源程序。

Step3:将新建的源程序文件加载到项目管理器。

单击项目管理器中Target 1文件夹旁的“+”按钮,展开后在Source Group 1文件夹上单击鼠标右键,弹出快捷菜单,如图1-31所示。选择Add Files to Group ‘Source Group 1’,弹出如图1-32所示的加载文件对话框。在该对话框中选择文件类型为C Source file,找到新建的XM4-1.c文件,然后单击Add按钮,XM4-1.c文件即被加入到项目中,此时对话框并不会消失,可以继续加载其他文件。单击“关闭”按钮,可以将该对话框关闭。此时,在Keil软件项目管理器的Source Group 1文件夹中可以看到新加载的XM4-1.c文件,如图1-33所示。

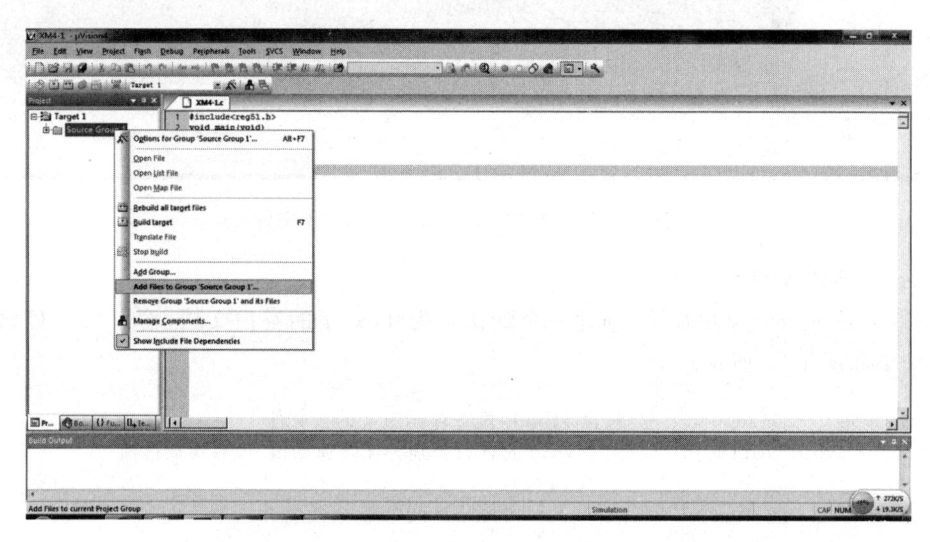

图1-31 在快捷菜单中选择加载源程序文件的命令

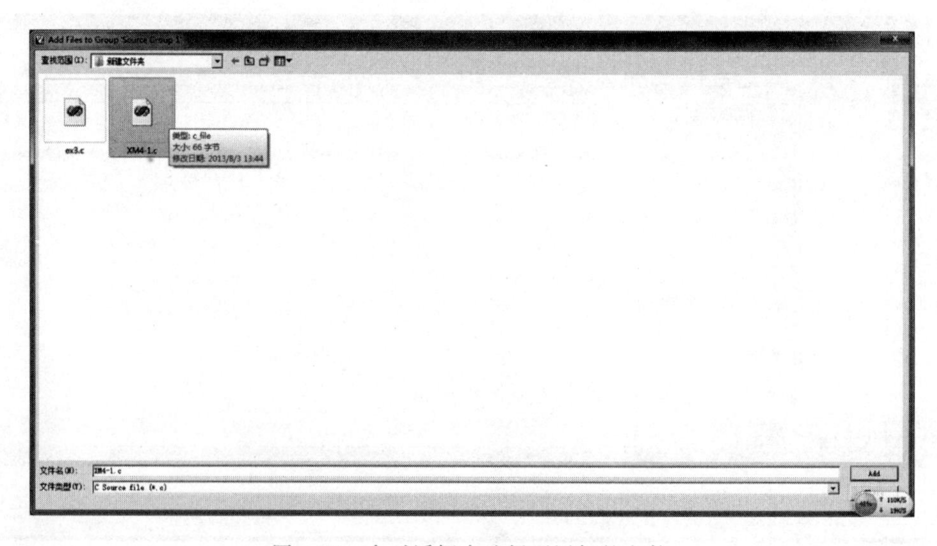

图1-32 在对话框中选择要添加的文件

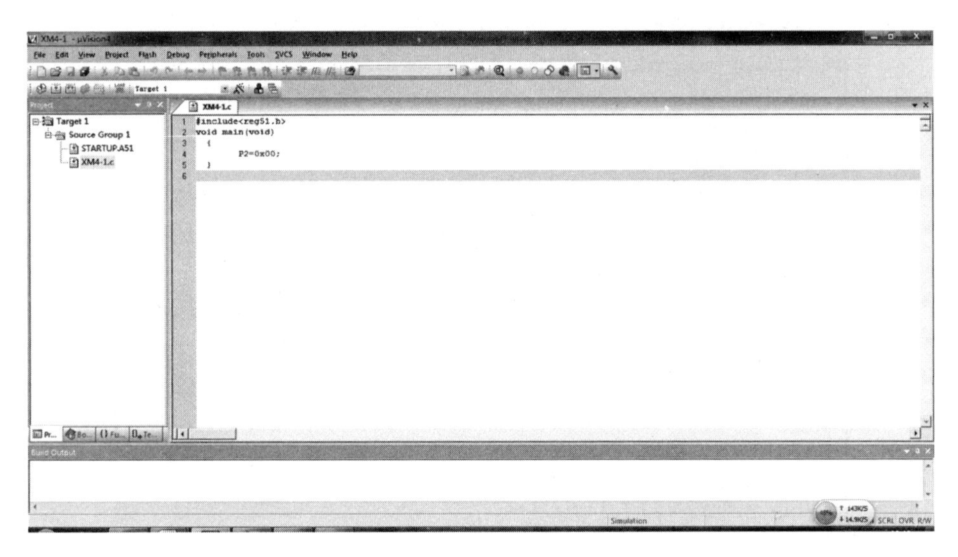

图 1-33　Source Group 1 文件夹下出现加载的文件

Step4：编译程序。

单片机不能处理 C 语言程序，必须将 C 程序转换成二进制或十六进制代码，这个转换过程称为汇编或编译。Keil C51 软件本身带有 C51 编译器，可将 C 程序转换成十六进制代码，即 *.hex 文件。用鼠标右键单击 Target 1 文件夹，从弹出的快捷键菜单中选择“目标 Target 1 属性”命令，则弹出如图 1-34 所示的 Options for Target ‘Target 1’对话框。该对话框有 11 个选项卡，其中 Target 和 Output 选项卡较为常用，默认打开的是 Target 选项卡。只需在 Output 选项卡中选中 Creat HEX File 复选框即可，结果如图 1-35 所示。最后单击 OK 按钮完成所需设置。设置完成后单击 按钮，或执行“工程”→“重新构造所有目标”菜单命令，软件就开始对源程序 XM4-1. c 进行编译，如图 1-36 所示。

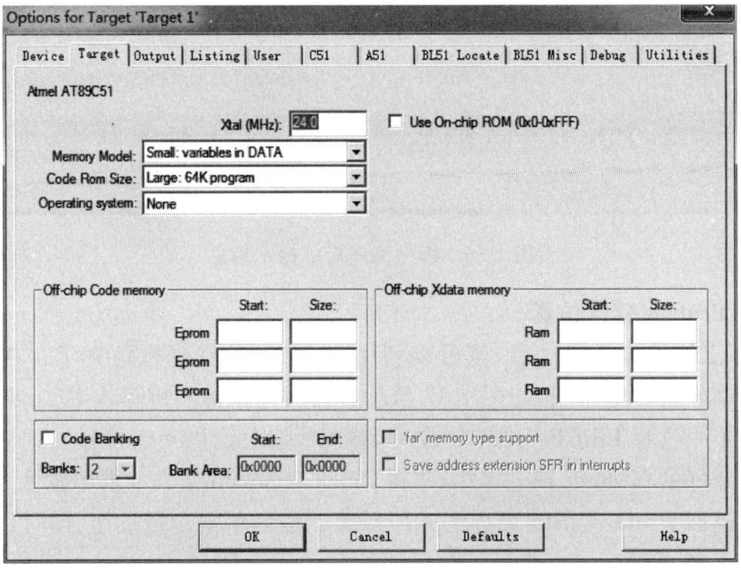

图 1-34　Options for Target ‘Target 1’对话框

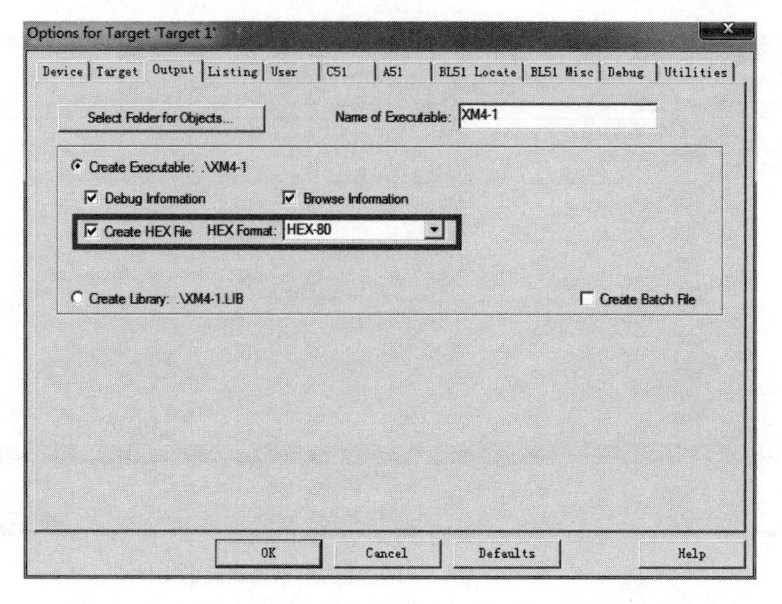

图 1-35　编译时生成十六进制文件.hex 的设置

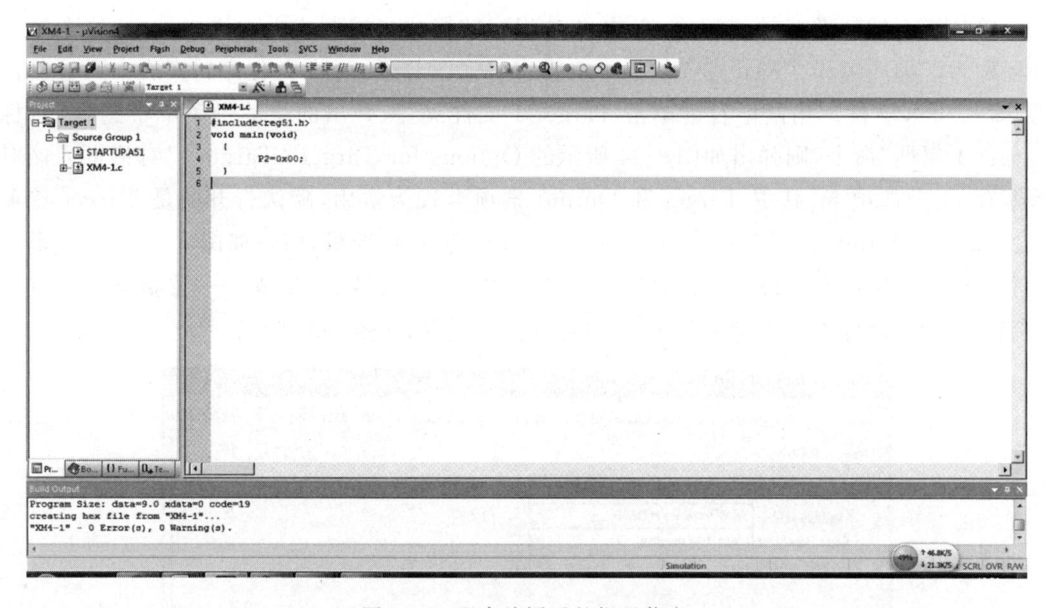

图 1-36　程序编译后的提示信息

Step5：用 Proteus 软件仿真。

程序经 Keil 软件编译通过后，就可以利用 Proteus 软件进行仿真了。在 Proteus ISIS 编辑环境中绘制好仿真电路图，如图 1-37 所示。然后用鼠标右键单击 AT89C51 单片机，从弹出的快捷菜单中选择 Edit Properties 命令，弹出“编辑元件”对话框。在 Programe File 文本框中载入编译好的 XM4-1. hex 文件，并在 Clock Frequency 文本框中输入 11. 0592MHz，单击 OK 按钮返回 Proteus ISIS 原理图工作界面。最后单击运行按钮，即可进行功能仿真。仿真效果如图 1-37 所示。

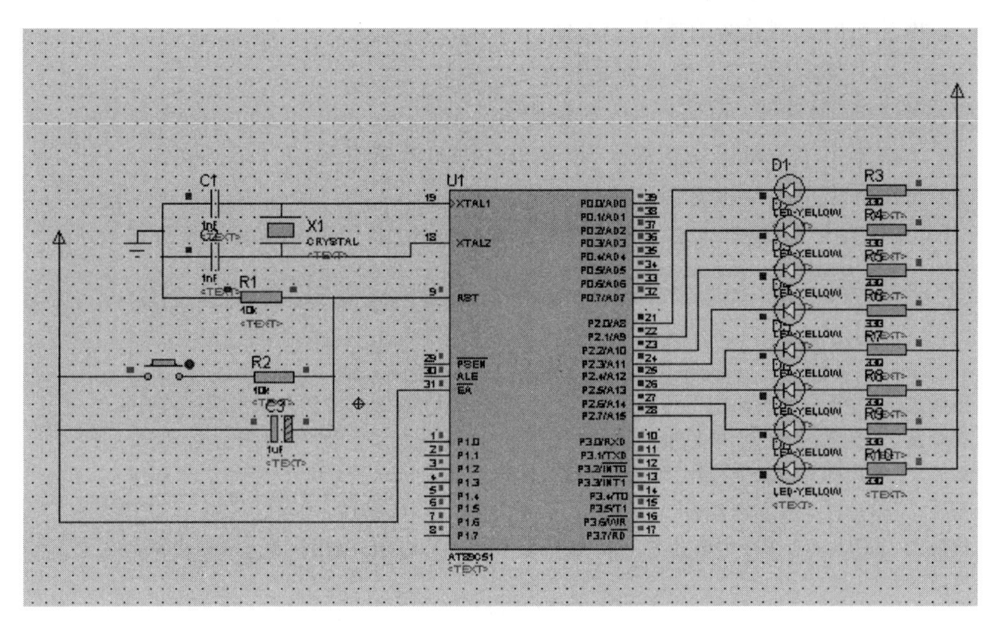

图 1-37　点亮 8 只发光二极管的仿真效果

模 块 小 结

(1) 微型计算机由硬件系统和软件系统两大部分组成。硬件主要由 CPU、存储器、I/O 接口和 I/O 设备组成，采用总线结构形式。软件包括系统软件和应用软件两大类，程序设计语言分为 3 级，分别是机器语言、汇编语言和高级语言。

(2) 单片机是将 CPU、RAM、ROM、I/O 接口电路、定时器/计数器和中断系统等部件制作在一块大规模集成电路芯片上。

(3) 单片机应用系统由单片机、接口电路及外设等硬件电路和软件构成。

(4) 80C51 单片机技术指标为 4KB ROM、128B RAM、4 个并行口、1 个串行口、定时/计数器 2 个、5 个中断源。

(5) 介绍了 Proteus ISIS 编辑环境，包括图纸、格点及系统参数的设置。

(6) 介绍了电路绘制工具的使用方法、电路原理图的绘制。

(7) 介绍了 80C51 系列单片机的设计与仿真方法，其中包括源代码的编辑、目标代码的生成、在 Proteus 加载目标码。

(8) 介绍了 Proteus 和 Keil 软件联调的要点、步骤。

课后练习题

(1) 什么叫单片机？其主要特点有哪些？

(2) 微型计算机有哪些应用形式？各适用于什么场合？

(3) 80C51 单片机的主要技术指标有哪些？

(4) 简述单片机应用系统。

(5) 单片机的发展趋势有哪几个方面?

(6) 80C51与AT89C51的区别是什么?

(7) AT89C51与AT89S51的区别是什么?

(8) 了解本市单片机市场的规模,以及单片机的价格情况。

(9) 写出你家里单片机方面的应用。

(10) 用Keil C51编写点亮8只LED发光二极管,并用Proteus软件仿真。

参考文献

[1] 杨居义.单片机原理及应用项目教程(基于C语言)[M].北京:清华大学出版社,2014.

[2] 王东锋,王会良,董冠强.单片机C语言应用100例[M].北京:电子工业出版社,2009.

[3] 杨居义.单片机案例教程[M].北京:清华大学出版社,2015.

[4] 杨居义.单片机课程实例教程[M].北京:清华大学出版社,2010.

[5] 徐爱钧.Keil Cx51 V7.0单片机高级语言编程与μVision2应用实践[M].北京:电子工业出版社,2004.

[6] 刘守义.单片机应用技术[M].2版.西安:西安电子科技大学出版社,2007.

[7] 李全利,仲伟峰,徐军.单片机原理及应用[M].北京:清华大学出版社,2006.

模块2 80C51单片机的结构分析及应用

技能目标

(1) 掌握任务5-1:用单片机P1口点亮LED1～LED8灯。

(2) 掌握任务6-1:用单片机P3.5控制LED5灯亮。

(3) 掌握项目7:用单片机的P1.0控制LED1灯闪烁。

(4) 掌握项目8:将P0.0引脚的状态分别送给P1.0、P2.0和P3.0口。

知识目标

学习目的:

(1) 了解80C51的内部结构。

(2) 掌握80C51引脚信号功能定义。

(3) 掌握80C51的存储器空间分配及各I/O口的特点。

(4) 掌握80C51的复位电路、时钟电路及指令时序。

学习重点和难点:

(1) 80C51的结构特点。

(2) 80C51存储器配置与空间的分布。

(3) 80C51程序状态寄存器(PSW)。

(4) 80C51的指令时序。

概要资源

1-1 学习要求

1-2 重点与难点

1-3 学习指导

1-4 学习情境设计

1-5 教学设计

1-6 评价考核

1-7 PPT

项目5：认识80C51单片机内部结构

● 技能目标

掌握任务5-1：用单片机P1口点亮LED1～LED8灯。

● 知识目标

学习目的：

(1) 了解80C51的内部结构。

(2) 掌握80C51引脚信号功能定义。

(3) 掌握80C51的存储器空间分配。

学习重点和难点：

(1) 80C51引脚信号功能定义。

(2) 80C51的存储器空间分配。

任务5-1：用单片机P1口来点亮LED1～LED8灯

微课2-1

1. 任务要求

(1) 了解单片机内部结构。

(2) 了解80C51单片机引脚信号功能。

(3) 了解C51编程。

(4) 掌握如何建立一个C51工程项目。

(5) 掌握用Keil C51调试程序。

(6) 掌握仿真软件Proteus的使用。

2. 任务描述

设计用单片机P1口点亮8只发光二极管。P1输出低电平时，8只发光二极管LED1～LED8正向偏置，就会同时点亮LED1～LED8灯，电路如图2-1所示。

3. 任务实现

1) 程序设计

先建立文件夹XM5-1，然后建立XM5-1工程项目，最后建立源程序文件XM5-1.c，输入如下源程序：

```
#include <reg51.h>          //包含51单片机寄存器定义的头文件
void main(void)             //两个void的意思分别为无须返回值,没有参数传递
{
  P1 = 0x00;                //P1 = 0000 0000B,即P1口输出低电平,点亮LED1～LED8灯
}
```

2) 用Proteus软件仿真

经过Keil软件编译通过后，在Proteus ISIS编辑环境中绘制仿真电路图，将编译好的XM5-1.hex文件加载到AT89C51里，然后启动仿真，就会同时点亮LED1～LED8灯，效果

图如图 2-1 所示。

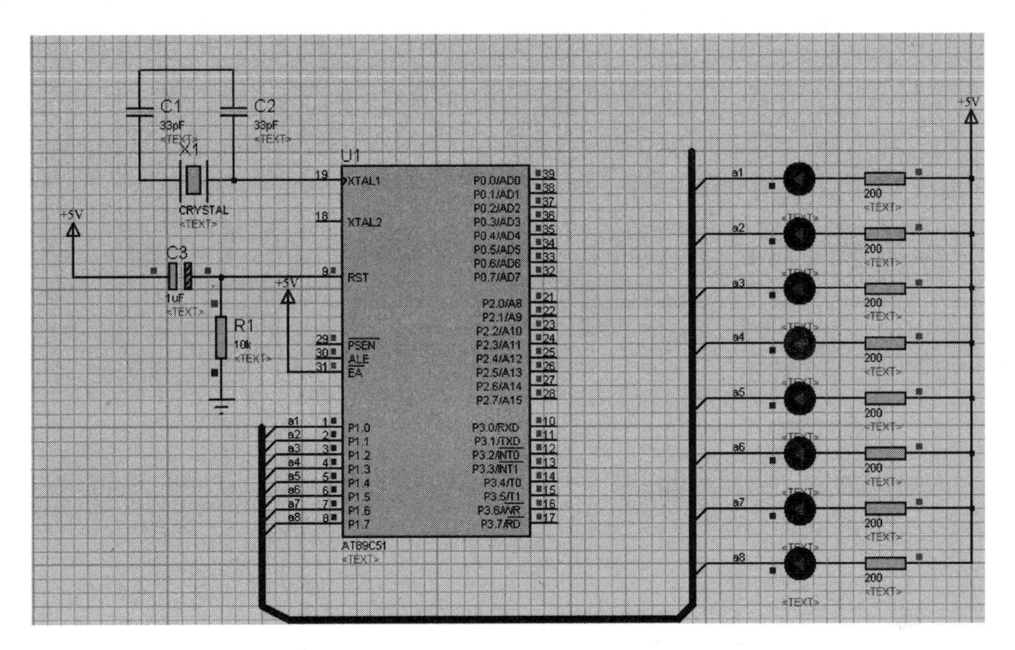

图 2-1　用单片机 P1 口点亮 LED1～LED8 灯仿真效果图

任务 5-2：相关知识

微课 2-2

1. 80C51 单片机的结构

80C51 单片机的结构框图如图 2-2 所示。可以看出，在一块芯片上集成了一个微型计算机的主要部件，它包括以下几部分：

(1) 1 个 8 位 CPU。

(2) 时钟电路(振荡器和时序 OSC)。

(3) 4KB 程序存储器(ROM/EPROM/Flash)，可外扩展到 64KB。

(4) 128B 数据存储器 RAM，可外扩展到 64KB。

(5) 两个 16 位定时/计数器。

(6) 64KB 总线扩展控制器。

(7) 4 个 8 位并行 I/O 接口 P0～P3。

(8) 1 个全双工异步串行 I/O 接口。

(9) 中断系统：5 个中断源，其中包括两个优先级嵌套中断。

2. 80C51 单片机的内部结构

80C51 单片机的内部结构如图 2-3 所示，由 CPU、存储器、I/O 口及 SFR(特殊功能寄存器)等组成。具体说明如下。

1) 80C51 CPU

80C51 CPU 是一个 8 位 CPU，是单片机的核心部件，是计算机的控制指挥中心。同微型计算机 CPU 类似，80C51 内部 CPU 由运算器和控制器两部分组成。

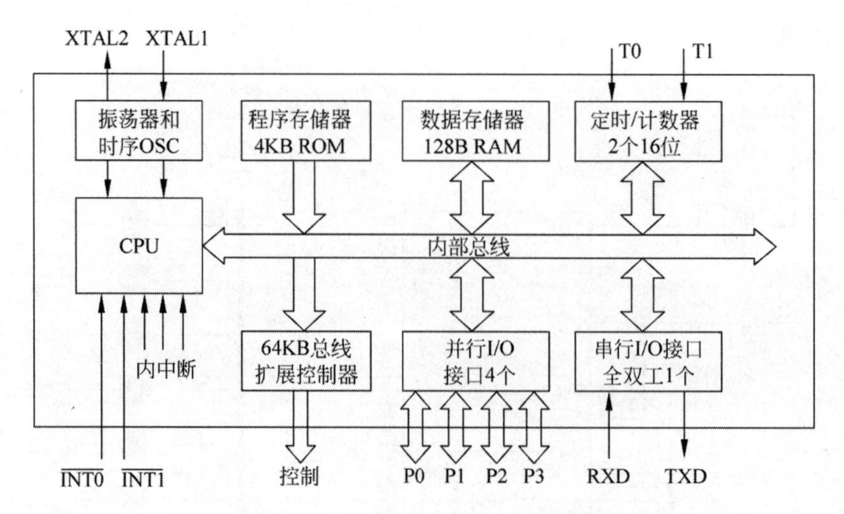

图 2-2　80C51 单片机的结构框图

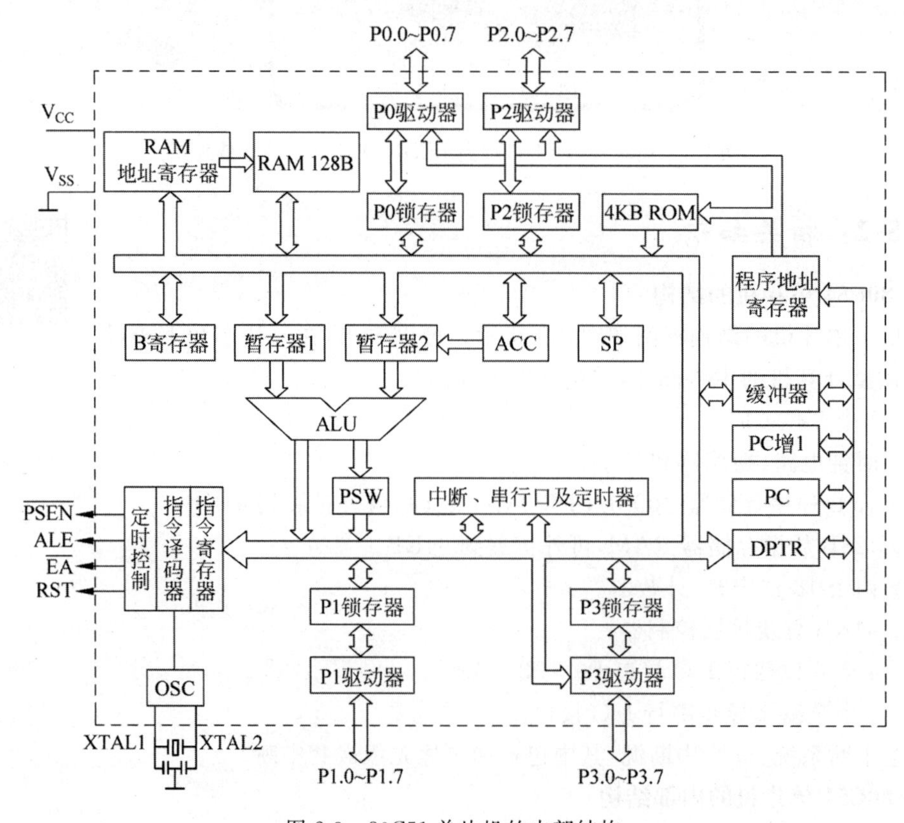

图 2-3　80C51 单片机的内部结构

① 运算器

运算器以算术/逻辑运算单元(Arithmetic Logic Unit，ALU)为核心，由暂存器 1、暂存器 2、累加器 ACC(Accumulator)、寄存器 B 及程序状态寄存器(Program Status Word，PSW)组成。它的主要任务是完成算术运算、逻辑运算、位运算和数据传送等操作，运算结果的状态由程序状态寄存器保存。

② 控制器

控制器由程序计数器(PC)、PC 增 1 寄存器、指令寄存器(IR)、指令译码器(ID)、数据指针(DPTR)、堆栈指针(SP)、缓冲器及定时控制电路等组成。它的主要任务是完成指挥控制工作,协调单片机各部分正常工作。

2) 80C51 的片内存储器

80C51 的片内存储器与一般微机的存储器的配置不同。一般微机的 ROM 和 RAM 安排在同一空间的不同范围(称为普林斯顿结构);而 80C51 单片机的存储器在物理上设计成程序存储器和数据存储器两个独立的空间(称为哈佛结构)。

微课 2-3

3. 80C51 单片机的引脚及功能

80C51 单片机的封装采用的是双列直插式(DIP)封装,引脚图如图 2-4(a)所示、示意图如图 2-4(b)所示。80C51 的 40 个引脚及功能描述如下所示。

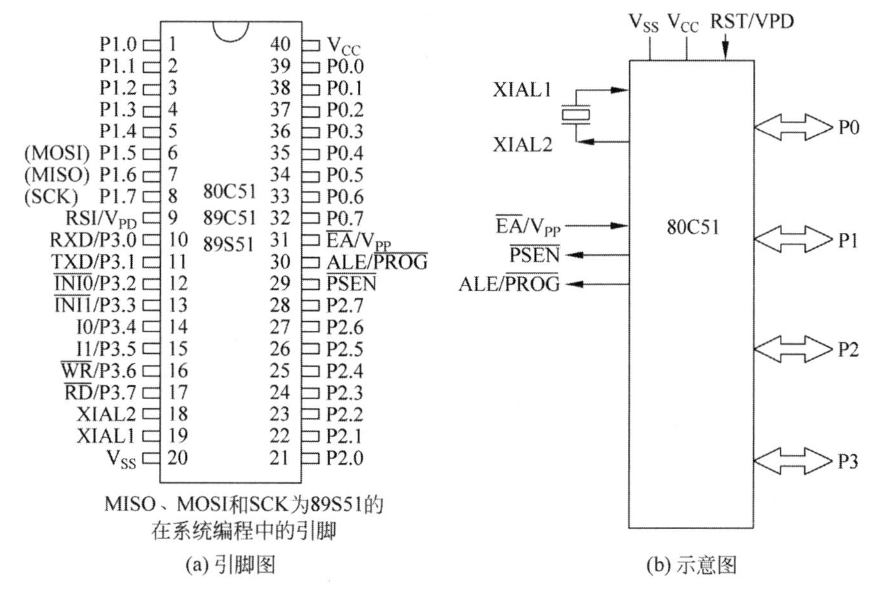

(a) 引脚图　　(b) 示意图

图 2-4　引脚图、示意图

1) 电源引脚

(1) V_{CC}(40 脚):电源端,接+5V 电源。

(2) V_{SS}(20 脚):接地端。

2) 时钟引脚

(1) XTAL1(19 脚):晶体振荡器接入的一个引脚。采用外部时钟电路时,此引脚应接地。

(2) XTAL2(18 脚):晶体振荡器接入的另一个引脚。使用外部时钟时,此引脚应接外部时钟的输入端。

3) 控制引脚

(1) RST/V_{PD}(9 脚):复位信号输入引脚/备用电源输入引脚。当 RST 引脚保持两个机器周期的高电平后,就可以使 80C51 完成复位操作。该引脚的第二功能是 V_{PD},即备用电源的输入端,具有掉电保护功能。若在该引脚接+5V 备用电源,在使用中若主电源 V_{CC} 掉电,可保护片内 RAM 中的信息不丢失。

(2) ALE/$\overline{\text{PROG}}$(30脚)：地址锁存允许信号输出引脚/编程脉冲输入引脚。在系统扩展时,ALE用于控制把P0口输出的低8位地址锁存起来,以实现低位地址和数据的隔离。此外,由于ALE是以晶振$f_{OSC}/6$的固定频率输出的正脉冲(f_{OSC}代表振荡器的频率),因此可作为外部时钟或外部定时脉冲使用。

该引脚的第二功能$\overline{\text{PROG}}$是对8751内部4KB EPROM编程写入时,作为编程脉冲的输入端。

(3) $\overline{\text{EA}}$/V_{PP}(31脚)：外部程序存储器地址允许输入信号引脚/编程电压输入信号引脚。当$\overline{\text{EA}}$接高电平时,CPU执行片内ROM指令,当PC值超过0FFFH时,将自动转去执行片外ROM指令；当$\overline{\text{EA}}$接低电平时,CPU只执行片外ROM指令。

该引脚的第二功能V_{PP}是对8751片内EPROM编程写入时,作为21V编程电压的输入端。

(4) $\overline{\text{PSEN}}$(29脚)：片外ROM读选通信号。在读片外ROM时,$\overline{\text{PSEN}}$为低电平(有效),以实现对片外ROM的读操作。

4) 并行I/O引脚

(1) P0.0～P0.7(39～32脚)：一般8位双向I/O口引脚或数据/地址总线低8位复用引脚。P0口既可作数据/地址总线使用,又可作一般的I/O口使用。当CPU访问片外存储器时,P0口分时先作低8位地址总线,后作双向数据总线,此时,P0口就不能再作一般I/O口使用。

(2) P1.0～P1.7(1～8脚)：P1口作为一般的8位准双向I/O口使用。

(3) P2.0～P2.7(21～28脚)：一般8位准双向I/O口引脚或高8位地址总线引脚。P2口既可作为一般的I/O口使用,也可作为片外存储器的高8位地址总线,与P0口配合,组成16位片外存储器单元地址,可访问2^{16}=64KB的存储空间。

(4) P3.0～P3.7(10～17脚)：一般8位准双向I/O口引脚或第二功能引脚。P3口除了作为一般的I/O口使用之外,每个引脚还具有第二功能,P3口的8个引脚都定义有第二功能,详见表2-1。

表2-1 P3口各引脚与第二功能表

引　脚	第二功能	信号名称
P3.0	RXD	串行数据接收
P3.1	TXD	串行数据发送
P3.2	$\overline{\text{INT0}}$	外部中断0申请
P3.3	$\overline{\text{INT1}}$	外部中断1申请
P3.4	T0	定时器/计数器0的外部输入
P3.5	T1	定时器/计数器1的外部输入
P3.6	$\overline{\text{WR}}$	外部RAM写选通
P3.7	$\overline{\text{RD}}$	外部RAM读选通

4. 80C51单片机的存储器组织

微课2-4

80C51的存储器的物理结构为哈佛结构,它将程序存储器和数据存储器分开。从物理地址空间看,80C51单片机有4个存储器地址空间,即片内数据存储器(简称片内RAM)、片内程序存储器(片内ROM)、片外数据存储器

(片外 RAM)和片外程序存储器(片外 ROM)。但从使用的角度来看,80C51 的存储器又分为 3 个逻辑空间,如图 2-5 所示。

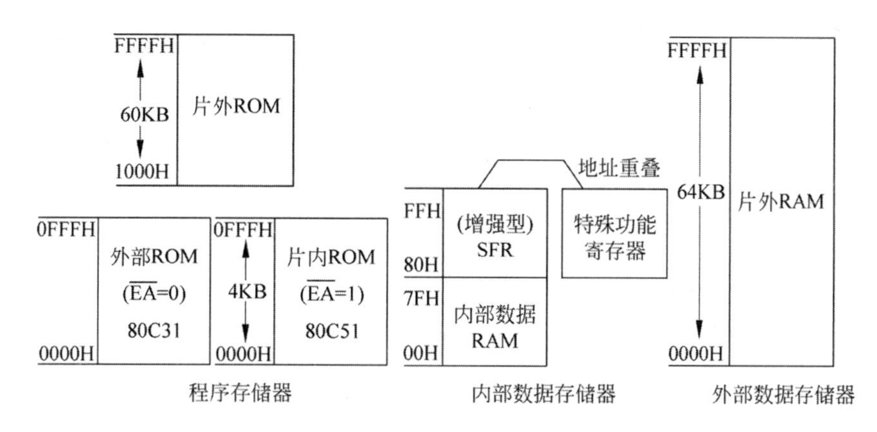

图 2-5　80C51 存储器逻辑结构

(1) 片内外统一寻址的 64KB 程序存储器空间,地址范围为 0000H～FFFFH。

(2) 80C51 的内部数据存储器 RAM 只有 128B,地址范围为 00H～7FH;80C52 的片内数据存储器 RAM 为 256B,地址范围为 00H～FFH。

(3) 64KB 的外部数据存储器空间,地址范围为 0000H～FFFFH。

1) 80C51 单片机的程序存储器 ROM

80C51 单片机的程序存储器 ROM 主要用来存放程序、常数或表格等。80C51 内部有 4KB 的掩膜 ROM,87C51 内部有 4KB 的 EPROM,AT89S51 内部有 4KB 的 Flash EEROM,并具有 ISP 功能,而 80C31 内部没有程序存储器。80C51 的片外最多能扩展 64KB 程序存储器,片内外的 ROM 是统一编址的。

80C51 单片机的程序存储器 ROM 空间地址分布图如图 2-6(a)所示。80C51 的$\overline{EA}$引脚为选择内部或外部 ROM 控制端,当$\overline{EA}$接高电平时,80C51 的程序计数器(PC)在 0000H～0FFFH 地址范围内(即前 4KB 地址)是执行片内 ROM 中的程序,当 PC 值超过 0FFFH 时,PC 将自动转去执行片外 1000H～FFFFH 地址范围 ROM 中的程序;当$\overline{EA}$接低电平时,只能寻址外部 ROM 程序存储器,片外存储器可以从 0000H 开始编址。对图 2-6(a)所示 ROM 空间地址分布图作如下说明:

(1) 80C51 片内有 4KB 的 ROM 存储单元,地址为 0000H～0FFFH。

(2) 80C51 片外最多可扩展 60KB 的 ROM,地址为 1000H～FFFFH。

2) 80C51 ROM 低地址特殊单元

80C51 的程序存储器低地址单元中有 6 个单元具有特殊功能,如图 2-6(b)所示,使用时应注意其含义,具体说明如下:

(1) 0000H～0002H:单片机复位后的程序入口地址(3 个单元)。

(2) 0003H～000AH:外部中断 0($\overline{INT0}$)的中断服务程序入口地址(8 个单元)。

(3) 000BH～0012H:定时器 0(T0)的中断服务程序入口地址(8 个单元)。

(4) 0013H～001AH:外部中断 1($\overline{INT1}$)的中断服务程序入口地址(8 个单元)。

(5) 001BH～0022H:定时器 1(T1)的中断服务程序入口地址(8 个单元)。

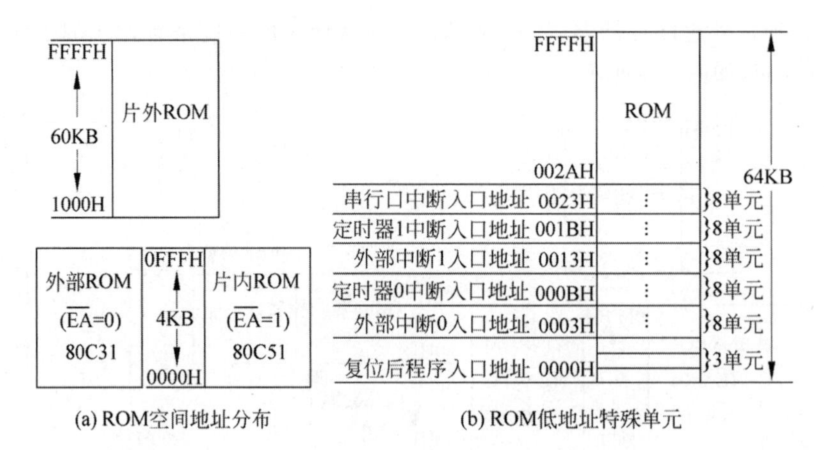

(a) ROM空间地址分布　　(b) ROM低地址特殊单元

图 2-6　80C51 程序存储器 ROM 空间地址分布

(6) 0023H～002AH：串行口的中断服务程序入口地址(8 个单元)。

第一组特殊单元是 0000H～0002H，3 个单元不可能安排长程序，因此，系统复位后，(PC)＝0000H，80C51 单片机从 0000H 单元开始取指令执行程序。如果程序不从 0000H 单元开始，应在这 3 个单元中存放一条无条件转移指令(LJMP)，以便直接转去执行指定的程序。第二组特殊单元是 0003H～002AH，共 40 个单元。这 40 个单元被均匀地分为 5 段，作为 5 个中断源的中断地址区。中断响应后，按中断种类，自动转到各中断区的首地址去执行程序，因此，在中断地址区中应存放中断服务程序。但通常情况下，8 个单元难以存下一个完整的中断服务程序，因此通常也是从中断地址区首地址开始存放一条无条件转移指令，以便中断响应后，通过中断地址区，再转到中断服务程序的实际入口地址。

3) 80C51 单片机的数据存储器 RAM

80C51 数据存储器 RAM 主要用来存放运算的中间结果和数据等。80C51 单片机数据存储器 RAM 分为片内 RAM 和片外 RAM 两大部分，如图 2-7 所示。80C51 的片内数据存储器 RAM 只有 128B，地址范围为 00H～7FH；80C52 的片内数据存储器 RAM 为 256B，地址范围为 00H～FFH。片外数据存储器 RAM 最多可扩至 64KB 存储单元，地址范围为 0000H～FFFFH。

如图 2-7 所示，80C52 的片内 RAM 地址空间共有 256B，又分为两个部分：低 128B (00H～7FH)RAM 区，与 80C51 的 RAM 区相同(访问时采用直接或间接寻址方式均可)；高 128B(80H～FFH)RAM 区，访问这个区只能用寄存器间接寻址。需要注意的是，高 128B RAM 区的地址与特殊功能寄存器(SFR)区重叠，区别是访问特殊功能寄存器区采用直接寻址方式。

在 80C51 单片机中，尽管片内 RAM 的容量不大，但它的功能多，使用灵活。下面分别对低 128B RAM 区和高 128B 特殊功能寄存器(SFR)区进行讨论。

① 内部数据存储器低 128 单元

内部数据存储器低 128 单元是指地址为 00H～7FH 的单元，如表 2-2 所示。低 128 单元是单片机的真正 RAM 存储器，按其用途划分为工作寄存器区、位寻址区和用户 RAM 区 3 个区域。

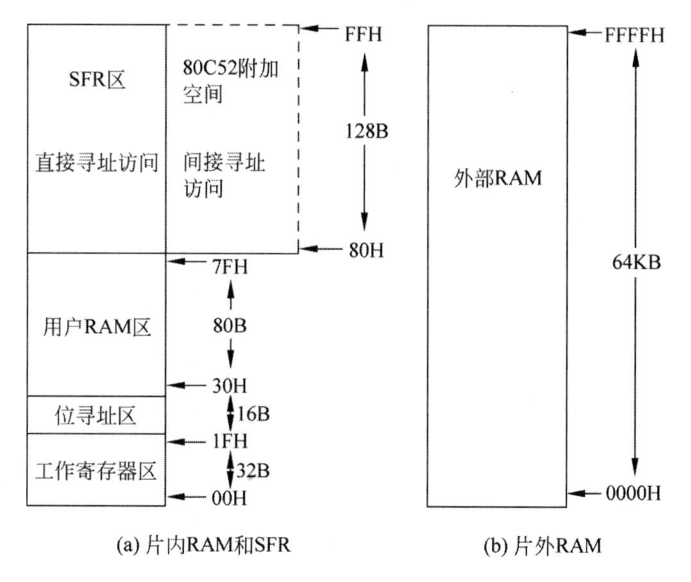

(a) 片内RAM和SFR　　(b) 片外RAM

图 2-7　80C51 数据存储器 RAM 空间分布

表 2-2　80C51 片内 RAM 的配置

30H～7FH	用户 RAM 区
20H～2FH	位寻址区(00H～7FH)
18H～1FH	工作寄存器 3 区(R0～R7)
10H～17H	工作寄存器 2 区(R0～R7)
08H～0FH	工作寄存器 1 区(R0～R7)
00H～07H	工作寄存器 0 区(R0～R7)

(1) 工作寄存器区。80C51 单片机内部 RAM 的 00H～1FH 地址单元，共 32B，分成 4 组工作寄存器，每组 8 个工作寄存单元。

寄存器 0 组：地址 00H～07H(R0～R7)。

寄存器 1 组：地址 08H～0FH(R0～R7)。

寄存器 2 组：地址 10H～17H(R0～R7)。

寄存器 3 组：地址 18H～1FH(R0～R7)。

各组都以 R0～R7 作为工作寄存单元编号。由于它们的功能及使用不作预先规定，因此称之为通用寄存器。4 组通用寄存器在任一时刻，CPU 只能使用其中的一组工作寄存器，并且把正在使用的那组寄存器称为当前寄存器组。到底是哪一组，由程序状态字(PSW)寄存器中 RS1、RS0 位的状态组合来决定。

(2) 位寻址区。内部 RAM 的 20H～2FH 地址单元，既可作为一般 RAM 单元使用，进行字节操作，也可以对单元中的每一位进行位操作，因此把该区称为位寻址区。位寻址区共有 16 个 RAM 单元，计 128 位，地址为 00H～7FH，如表 2-3 所示。程序设计时，常将程序状态标志、位控制变量设在位寻址区内。这种位寻址能力是 80C51 的一个重要特点。

(3) 用户 RAM 区。地址为 30H～7FH，共 80B，这就是供用户使用的一般 RAM 区。这个区域的操作指令非常丰富，数据处理方便、灵活。对用户 RAM 区的使用没有任何规定或限制，但一般应用中常把堆栈设置在此区中。

表 2-3　片内 RAM 及位寻址区的位地址表

BYTE(MSB)								(LSB)		
7FH 2FH	7F	7E	7D	7C	7B	7A	79	78		通用存储区
2EH	77	76	75	74	73	72	71	70	可寻址区	
2DH	6F	6E	6D	6C	6B	6A	69	68		
2CH	67	66	65	64	63	62	61	60		
2BH	5F	5E	5D	5C	5B	5A	59	58		
2AH	57	56	55	54	53	52	51	50		
29H	4F	4E	4D	4C	4B	4A	49	48		
28H	47	46	45	44	43	42	41	40		
27H	3F	3E	3D	3C	3B	3A	39	38		
26H	37	36	35	34	33	32	31	30		
25H	2F	2E	2D	2C	2B	2A	29	28		
24H	27	26	25	24	23	22	21	20		
23H	1F	1E	1D	1C	1B	1A	19	18		
22H	17	16	15	14	13	12	11	10		
21H	0F	0E	0D	0C	0B	0A	09	08		
20H	07	06	05	04	03	02	01	00		
1FH 18H	寄存器 3 组								通用寄存器	
17H 10H	寄存器 2 组									
0FH 08H	寄存器 1 组									
07H 00H	寄存器 0 组									

② 内部数据存储器 RAM 高 128 单元

在 80C51 内部 RAM 的高 128 单元是供给专用寄存器使用的，它们分布在其单元地址为 80H～FFH 的空间。因这些寄存器的功能已作专门规定，故称之为专用寄存器(Special Function Register)，也可称为特殊功能寄存器(SFR)。访问 SFR，只允许使用直接寻址方式。

5. SFR 简介

高 128 单元是 SFR 区，80C51 共有 21 个 SFR，其中的 11 个 SFR 还具有位寻址功能，它们的字节地址能被 8 整除，即十六进制的地址码尾数为 0 或 8，见表 2-4 中用“ * ”表示的寄存器名。

微课 2-5

表 2-4　80C51 SFR 中位地址分布表

D7			位地址				D0	字节地址	SFR	寄存器名
P0.7 87	P0.6 86	P0.5 85	P0.4 84	P0.3 83	P0.2 82	P0.1 81	P0.0 80	80	P0	* P0 端口
								81	SP	堆栈指针
								82	DPL	数据指针
								83	DPH	
SMOD								87	PCON	电源控制

续表

D7			位地址				D0	字节地址	SFR	寄存器名
TF1	TR1	TF0	TR0	IE1	IT1	IE0	IT0	88	TCON	* 定时器控制
8F	8E	8D	8C	8B	8A	89	88			
GATE	C/$\overline{T}$	M1	M0	GATE	C/$\overline{T}$	M1	M0	89	TMOD	定时器模式
								8A	TL0	T0 低字节
								8B	TL1	T1 低字节
								8C	TL0	T0 高字节
								8D	TL1	T1 高字节
P1.7	P1.6	P1.5	P1.4	P1.3	P1.2	P1.1	P1.0	90	P1	* P1 端口
97	96	95	94	93	92	91	90			
SM0	SM1	SM2	REN	TB8	RB8	TI	RI	98	SCON	* 串行口控制
9F	9E	9D	9C	9B	9A	99	98			
								99	SBUF	串行口数据
P2.7	P2.6	P2.5	P2.4	P2.3	P2.2	P2.1	P2.0	A0	P2	* P2 端口
A7	A6	A5	A4	A3	A2	A1	A0			
EA			ES	ET1	EX1	ET0	EX0	A8	IE	* 中断允许
AF	--	--	AC	AB	AA	A9	A8			
P3.7	P3.6	P3.5	P3.4	P3.3	P3.2	P3.1	P3.0	B0	P3	* P3 端口
B7	B6	B5	B4	B3	B2	B1	B0			
			PS	PT1	PX1	PT0	PX0	B8	IP	* 中断优先权
--	--	--	BC	BB	BA	B9	B8			
CY	AC	F0	RS1	RS0	0V	—	P	D0	PSW	* 程序状态字
D7	D6	D5	D4	D3	D2	D1	D0			
								E0	A	* A 累加器
E7	E6	E5	E4	E3	E2	E1	E0			
								F0	B	* 寄存器
F7	F6	F5	F4	F3	F2	F1	F0			

1）运算器有关的特殊功能寄存器

① 累加器 ACC(Accumulator)

累加器为 8 位寄存器，是最常用的专用寄存器，用于向 ALU 提供操作，因此，功能较多，地位重要。它既可用于存放操作数，也可用来存放运算的中间结果。80C51 单片机中大部分单操作数指令的操作数就取自累加器，许多双操作数指令中的一个操作数也取自累加器。

② 寄存器 B

寄存器 B 是一个 8 位寄存器，主要用于乘、除运算，也可以作为 RAM 的一个单元使用。

③ 程序状态字

程序状态字(Program Status Word，PSW)是一个 8 位寄存器，用于存放程序运行中的各种状态信息，作为程序查询或判断的条件。PSW 有些位的状态是根据程序执行结果，由硬件自动设置的，而有些位的状态则使用软件方法设定。PSW 的各位状态可以用专门指令进行测试，也可以用指令读出。80C51 PSW 的各位定义见表 2-5，各位的定义及使用说明如下：

表 2-5　80C51 PSW 的各位定义表

PSW 位地址	PSW.7	PSW.6	PSW.5	PSW.4	PSW.3	PSW.2	PSW.1	PSW.0
位标志	CY	AC	F0	RS1	RS0	OV	F1	P

(1) 进位(借位)标志位：CY(PSW.7)。其功能有二：一是存放算术运算的进位(借位)标志,在作加法(减法)运算时,如果操作结果的最高位有进位(借位)时,CY 由硬件置“1”,否则清“0”；二是进行位操作时,CY 作为累加器 C 使用,可进行位传送、位与位的逻辑运算等位操作,会影响该标志位。

(2) 辅助进位标志位：AC(PSW.6)。在进行加法(减法)运算中,当低 4 位向高 4 位进位(借位)时,AC 由硬件置“1”,否则 AC 位被清“0”。AC 位常用于调整 BCD 码运算结果。

(3) 用户标志位：F0(PSW.5)。这是一个留给用户自己定义的标志位,可以根据自己的需要通过软件方法置位或复位 F0 位,用以控制程序的转向。

(4) 工作寄存器组选择位：RS1 和 RS0(PSW.4,PSW.3)。工作寄存器共有 4 组,对应关系如表 2-6 所示。RS1 和 RS0 这两位的状态是由软件置“1”或清“0”来设置的,被选中的工作寄存器组为当前工作寄存器组。

表 2-6　工作寄存器组选择表

RS1　RS0	寄存器组	片内 RAM 地址
0　0	第 0 组	00H～07H
0　1	第 1 组	08H～0FH
1　0	第 2 组	10H～17H
1　1	第 3 组	18H～1FH

当单片机上电或复位后,RS1 RS0＝00,选中第 0 组。

(5) 溢出标志位：OV(PSW.2)。在带符号数的算术运算时,如果运算结果超出了 8 位二进制数所能表示的符号数有效范围(－128～＋127),就产生了溢出,OV＝1,表示运算结果是错误的；否则,OV＝0 即无溢出产生,表示运算结果正确。

(6) 保留未用：F1(PSW.1)。

(7) 奇偶标志位：P(PSW.0)。表明运算结果累加器 A 中内容的奇偶性。如果 A 中有奇数个“1”,则 P 置“1”,否则置“0”。凡是改变累加器 A 中内容的指令,均会影响 P 标志位。P 标志位对串行通信中的数据传输有重要的意义。在串行通信中常采用奇偶校验的办法来校验数据传输的可靠性。

2) 指针有关的特殊功能寄存器

① 数据指针(DPTR)

数据指针为 16 位寄存器,用来存放 16 位地址。DPTR 既可以按 16 位寄存器使用,也可以按两个 8 位寄存器分开使用,即：

DPH——DPTR 高 8 位字节。

DPL——DPTR 低 8 位字节。

DPTR 通常在访问片外 RAM 或 ROM 存储器时作地址指针使用,用间接寻址或变址寻址可对片外的 64KB 范围的 RAM 或 ROM 数据进行操作。

② 堆栈指针

堆栈指针(Stack Pointer,SP)是一个8位寄存器,它总是指向栈顶。80C51单片机在编程序时常将堆栈设在内部RAM30H～7FH中。堆栈是一个特殊的存储区,用来暂存数据和地址,它是按“先进后出”的原则存取数据的。堆栈共有两种操作：进栈和出栈。80C51单片机系统复位后,SP的内容为07H,从而复位后堆栈实际上是从08H单元开始的。但08H～1FH单元分别属于工作寄存器1～3组,如程序要用到这些区,最好把SP值改为1FH或更大的值。一般在内部RAM的30H～7FH单元中开辟堆栈。SP的内容一经确定,堆栈的位置也就跟着确定下来,由于SP可设置为不同值,因此堆栈位置是浮动的。

③ 程序计数器

程序计数器(Program Counter,PC)是一个16位的计数器,其作用是控制程序的执行顺序；其内容为将要执行指令的地址,寻址范围达64KB。PC有自动加1功能,从而实现程序的顺序执行。PC没有地址,是不可寻址的,因此用户无法对它进行读写,但可以通过转移、调用、返回等指令改变其内容,以实现程序的转移。因地址不在SFR(专用寄存器)之内,一般不计作专用寄存器。

3) 接口有关的特殊功能寄存器

(1) 并行I/O口P0、P1、P2、P3(4个),均为8位；可实现数据在接口输入/输出。

(2) 串行口数据缓冲器SBUF(详见模块6的任务28-2：相关知识)。

(3) 串行口控制寄存器SCON(详见模块6的任务28-2：相关知识)。

(4) 串行通信波特率倍增寄存器PCON(详见模块6的任务28-2：相关知识)。

4) 中断相关的寄存器

(1) 中断允许控制寄存器IE(详见模块5的任务23-3：相关知识)。

(2) 中断优先级控制寄存器IP(详见模块5的任务23-3：相关知识)。

5) 定时器/计数器相关的寄存器

(1) 定时/计数器T0的两个8位计数初值寄存器TH0、TL0,它们可以构成16位的计数器,TH0存放高8位,TL0存放低8位(详见模块4的任务18-2：相关知识)。

(2) 定时/计数器T1的两个8位计数初值寄存器TH1、TL1,它们可以构成16位的计数器,TH1存放高8位,TL1存放低8位(详见模块4的任务18-2：相关知识)。

(3) 定时/计数器的工作方式寄存器TMOD(详见模块4的任务18-2：相关知识)。

(4) 定时/计数器的控制寄存器TCON(详见模块4的任务18-2：相关知识)。

项目6：认识单片机端口应用

● 技能目标

掌握任务6-1：用单片机P3.5控制LED5灯亮。

● 知识目标

学习目的：

(1) 了解80C51的并行I/O端口结构。

(2) 掌握 80C51 的端口 P 口带负载能力及注意事项。

(3) 掌握 80C51 时钟电路与时序。

(4) 掌握 80C51 复位电路。

(5) 掌握 80C51 单片机复位后的状态。

学习重点和难点:

(1) 80C51 的并行 I/O 端口结构。

(2) 80C51 时钟电路与时序。

(3) 80C51 复位电路。

(4) 80C51 单片机复位后的状态。

任务 6-1:用单片机 P3.5 控制 LED5 灯亮

微课 2-6

1. 任务要求

(1) 了解单片机 C 语言程序设计结构。

(2) 了解单片机 P3 口的应用。

(3) 掌握用 Keil C51 调试程序。

(4) 掌握 Proteus 的使用。

2. 任务描述

设计用单片机 P3 口来点亮一个发光二极管。P3.5 输出低电平时,使发光二极管 LED5 正向偏置,就会点亮 LED5 灯,其电路如图 2-8 所示。

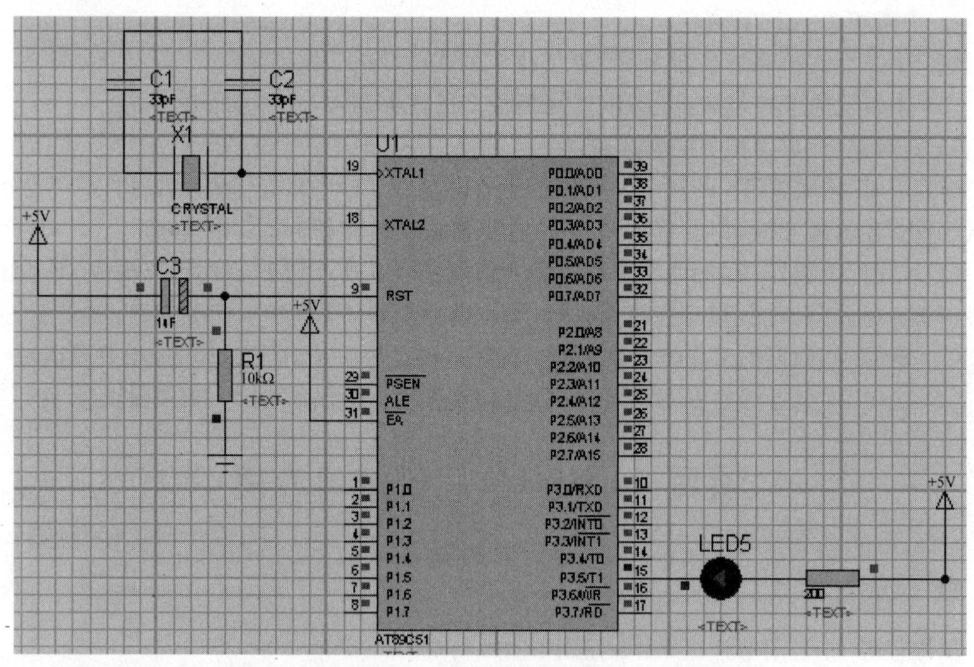

图 2-8 单片机 P3.5 引脚控制 LED5 灯亮仿真效果图

3. 任务实现

1) 程序设计

先建立文件夹 XM6-1,然后建立 XM6-1 工程项目,最后建立源程序文件 XM6-1.c,输入如下源程序：

方法一：

```
#include<reg51.h>        //包含 51 单片机寄存器定义的头文件
void main(void)
  {
    P3 = 0xdf;           //P3 = 1101 1111B,即 P3.5 输出低电平
  }
```

方法二：用位操作

```
#include<reg51.h>        //包含 51 单片机寄存器定义的头文件
sbit D1 = P3^5;          //位操作
void main(void)
  {
    D1 = 0;              //P3.5 = 0,即 P3.5 输出低电平
  }
```

2）用 Proteus 软件仿真

经过 Keil 软件编译通过后，在 Proteus ISIS 编辑环境中绘制仿真电路图，将编译好的 XM6-1.hex 文件加载到 AT89C51 里，然后启动仿真，就可以看到 P3.5 引脚控制 LED5 灯亮，其仿真效果图如图 2-8 所示。

任务 6-2：相关知识

微课 2-7

1. 80C51 的并行 I/O 端口结构与操作

80C51 单片机有 4 个 8 位并行 I/O 端口，称为 P0、P1、P2 和 P3 口，每个端口都各有 8 条 I/O 端口线，每条 I/O 端口线都能独立地用作输入或输出。每个端口都包含一个锁存器、一个输出驱动器和输入缓冲器。实际上，它们已被归入专用寄存器之列，并且具有字节寻址和位寻址功能。

1）P0 口

P0 口某一位的结构图如图 2-9 所示。由图可见，电路由一个输出锁存器（D 触发器）、两个三态输入缓冲器（1 和 2）、一个转换开关 MUX、一个输出驱动电路（T1 和 T2）、一个与门及一个反向器组成。

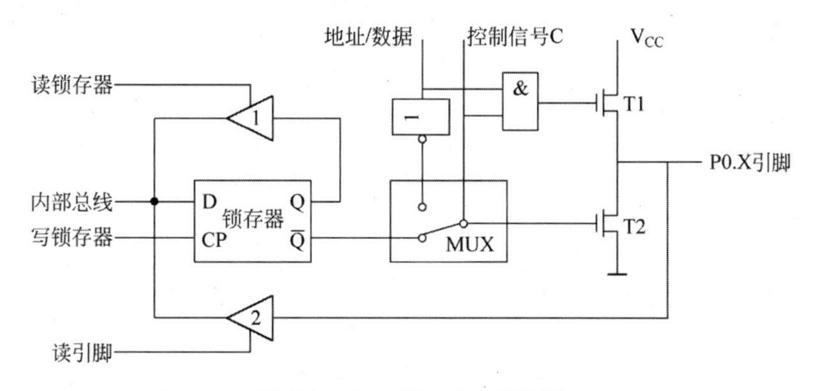

图 2-9　P0 口某一位的结构图

(1) P0 口用作通用 I/O 端口。

① 当系统不扩展片外的 ROM 和不扩展片外 RAM 时,P0 用作通用 I/O 端口。

② CPU 发控制电平“0”封锁与门,使上拉场效应管 T1 处于截止状态。因此,输出驱动级工作在需外接上拉电阻的漏极开路方式。

③ 同时使 MUX 开关同下面的触点接通,使锁存器的 $\overline{Q}$ 端与 T2 栅极接通。

(2) P0 口用作地址/数据总线。

当系统需要扩展片外的 ROM 或扩展片外 RAM 时,P0 口就作地址/数据总线用。CPU 及内部控制信号为“1”,使转换开关 MUX 打向上面的触点,使反相器的输出端和 T2 管栅极接通。若地址/数据线为 1,则 T1 导通,T2 截止,P0 口输出 1;反之,T1 截止,T2 导通,P0 口输出 0。当数据从 P0 口输入时,读引脚使三态缓冲器 2 打开,端口上的数据经缓冲器 2 送到内部总线。

P0 口作为地址/数据总线使用时是一个真正的双向口。

2) P1 口

P1 口某一位的结构图如图 2-10 所示。由图可见,电路由一个输出锁存器(D 触发器)、两个三态输入缓冲器(1 和 2)、一个输出驱动电路(T 和上拉电阻)组成。

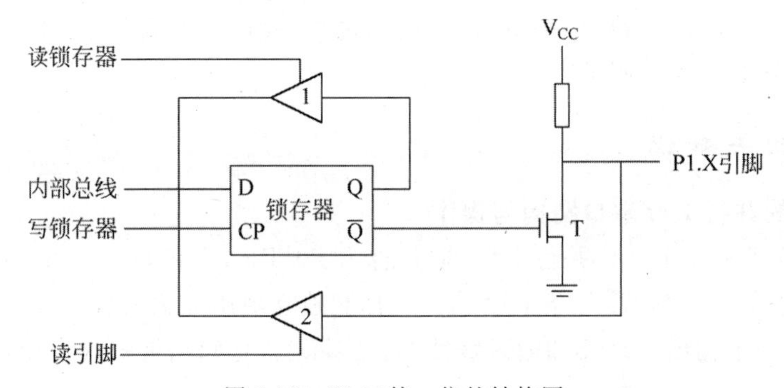

图 2-10 P1 口某一位的结构图

当 P1 口作通用 I/O 端口使用时,由于其输出端接有上拉电阻,故可以直接输出,而无须外接上拉电阻。当 P1 口作输入端口时,必须先向锁存器写“1”,使场效应管 T 截止。

3) P2 口

P2 口某一位的结构图如图 2-11 所示。由图可见,电路由一个输出锁存器(D 触发器)、两个三态输入缓冲器(1 和 2)、一个转换开关 MUX、一个反向器、一个输出驱动电路(T 和上拉电阻)组成。

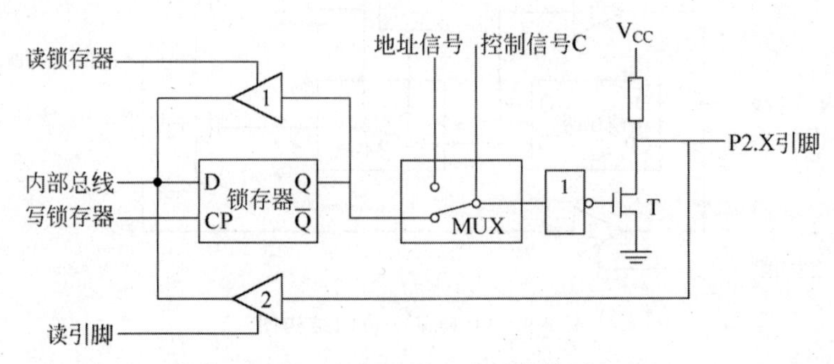

图 2-11 P2 口某一位的结构图

(1) P2 用作通用 I/O 端口。

当系统不在片外扩展程序存储器 ROM 时，只扩展 256B 的片外 RAM 时，仅用到了地址线的低 8 位，P2 口仍可以作为通用 I/O 端口使用。图 2-11 中的控制信号 C 决定转换开关 MUX 的位置：当 C=0 时，MUX 拨向下方，P0 口为通用 I/O 端口。P2 口作为通用 I/O 端口时，属于准双向口。

(2) P2 用作地址总线。

当系统需要在片外扩展程序存储器 ROM 或扩展 RAM 的容量超过 256B 时，单片机内硬件自动使控制 C=1，MUX 开关接向地址线，这时 P2. X 引脚的状态正好与地址线的信息相同。

在实际应用中，P2 口通常作为高 8 位地址总线使用。

4) P3 口

P3 口某一位的结构图如图 2-12 所示。由图可见，电路由一个输出锁存器(D 触发器)、3 个三态输入缓冲器(1、2 和 3)、一个与非门和一个输出驱动电路(T 和上拉电阻)组成。

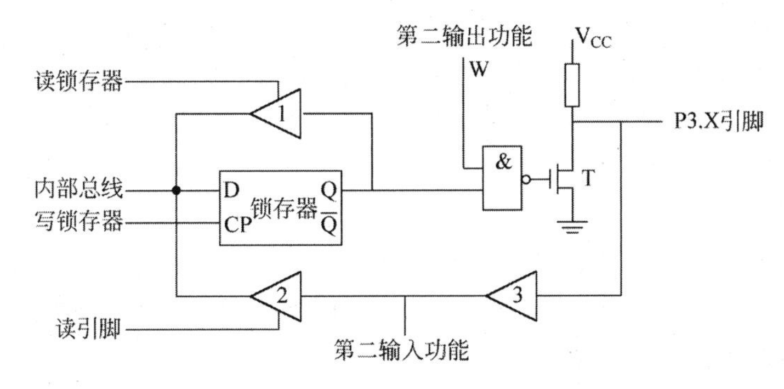

图 2-12　P3 口某一位的结构图

(1) P3 用作第一功能(通用 I/O 端口)使用。

P3 口用作通用 I/O 端口时，第二输出功能信号 W=1，P3 口的每一位都可定义为输入或输出，其工作原理同 P1 口类似。P3 口作为通用 I/O 端口时，属于准双向口。

(2) P3 用作第二功能使用。

当 CPU 不对 P3 口进行字节或位寻址时，内部硬件自动将口锁存器的 Q 端置 1。这时，P3 口作为第二功能使用。在真正的应用电路中，P3 口的第二功能显得更为重要。

5) P 口带负载能力及注意事项

(1) P 口带负载能力。

① P0、P1、P2、P3 口的电平与 CMOS 和 TTL 电平兼容。

② P0 口的每一位能驱动 8 个 LSTTL 负载。当作为通用 I/O 端口使用时，输出驱动电路是开漏的，所以，驱动集电极开路(OC 门)电路或漏级开路电路需外接上拉电阻。当作为地址/数据总线使用时(T1 可以提供上拉电平)，口线不是开漏的，无须外接上拉电阻。

③ P1～P3 口的每一位能驱动 4 个 LSTTL 负载。它们的输出驱动电路有上拉电阻，所以可以方便地由集电极开路(OC 门)电路或漏级开路电路驱动，而无须外接上拉电阻。

④ 对于 80C51 单片机(CHMOS)，端口只能提供几毫安的输出电流，故当作输出口去驱动一个普通晶体管的基极时，应在端口与晶体管基极间串联一个电阻，以限制高电平输出

时的电流。

(2) P0～P3口使用时应注意事项。

① 如果80C51单片机内部的程序存储器ROM够用,就不需要扩展外部存储器和I/O接口,80C51的4个口均可作I/O端口使用。

② 4个口在作输入口使用时,均应先对其写"1",以避免误读。

③ P0口作I/O端口使用时,应外接10kΩ的上拉电阻,其他口则可不必。

④ P2口某几根线作地址使用时,剩下的线不能作I/O端口线使用。

⑤ P3口的某些口线作第二功能时,剩下的口线可以单独作I/O端口线使用。

2. 80C51时钟电路与时序

1) 时钟电路

微课2-8

80C51单片机的时钟信号用来提供单片机内各种微操作时间基准。80C51单片机的时钟信号通常有两种电路形式:内部振荡方式和外部振荡方式。

(1) 内部振荡方式。

在引脚XTAL1和XTAL2上外接晶体振荡器(简称晶振),如图2-13所示。电容器C1、C2起稳定振荡频率、快速起振的作用。电容值一般为5～30pF(常用30pF)。晶振的振荡频率范围在1.2～12MHz(一般取12MHz或6MHz)。由于单片机内部有一个高增益运算放大器,当外接晶振后,就构成了自激振荡器,并产生振荡时钟脉冲。

(2) 外部振荡方式。

把已有的时钟信号引入单片机。这种方式适用于使单片机的时钟与外部信号保持一致。外部振荡方式如图2-14(a)、(b)所示。对于CHMOS的单片机(80C51),外部时钟信号由XTAL1引入;对于HMOS的单片机(8051),外部时钟信号由XTAL2引入。外部时钟信号为高电平,持续时间要大于20ns,且频率低于12MHz的方波。

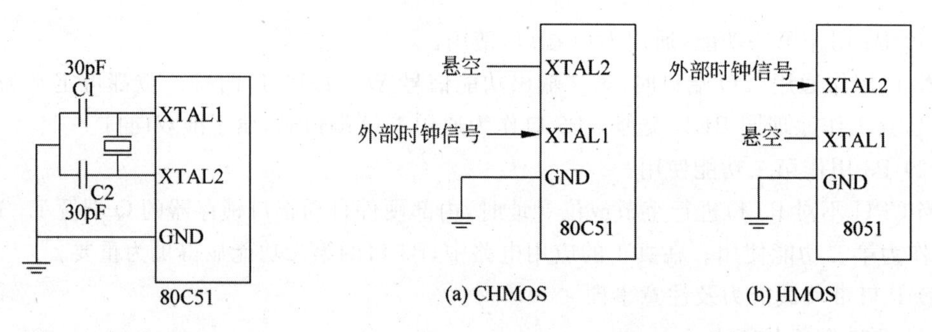

图2-13 内部振荡方式

图2-14 外部振荡方式

2) 时序

80C51的时序就是80C51在执行指令时所需控制信号的时间顺序。80C51单片机的时序定时单位从小到大依次为:节拍、状态周期、机器周期和指令周期。

(1) 节拍。

把晶振周期(振荡周期)定义为节拍(用P表示)。晶振周期二倍,就是单片机的状态周期(用S表示)。

这样,一个状态就包含两个节拍,前半周期对应的节拍叫节拍1(P1),后半周期对应的节拍叫节拍 2(P2)。

(2) 状态周期。

状态周期(或状态 S)是晶振周期的两倍,分为 P1 节拍和 P2 节拍。

(3) 机器周期。

80C51 采用定时控制方式,因此它有固定的机器周期。规定一个机器周期的宽度为 6 个状态,并依次表示为 S1～S6。由于一个状态又包括两个节拍,因此,一个机器周期总共有 12 个节拍,分别记作 S1P1,S1P2,…,S6P2。由于一个机器周期共有 12 个晶振周期,因此机器周期就是晶振脉冲的十二分频。当晶振脉冲频率为 12MHz 时,一个机器周期为 1μs;当晶振脉冲频率为 6MHz 时,一个机器周期为 2μs。

(4) 指令周期。

指令周期是最大的时序定时单位,执行一条指令所需要的时间称为指令周期。它一般由若干个机器周期组成。不同的指令,需要的机器周期数也不相同。通常,包含一个机器周期的指令称为单周期指令,包含两个机器周期的指令称为双周期指令。

指令的运算速度与指令所包含的机器周期有关,机器周期数越少的指令,执行速度越快。80C51 单片机通常可以分为单周期指令、双周期指令和四周期指令 3 种。四周期指令只有乘法和除法指令两条,其余均为单周期和双周期指令。

单片机执行任何一条指令时,都可以分为取指令阶段和执行指令阶段。80C51 的取指/执行时序如图 2-15 所示。

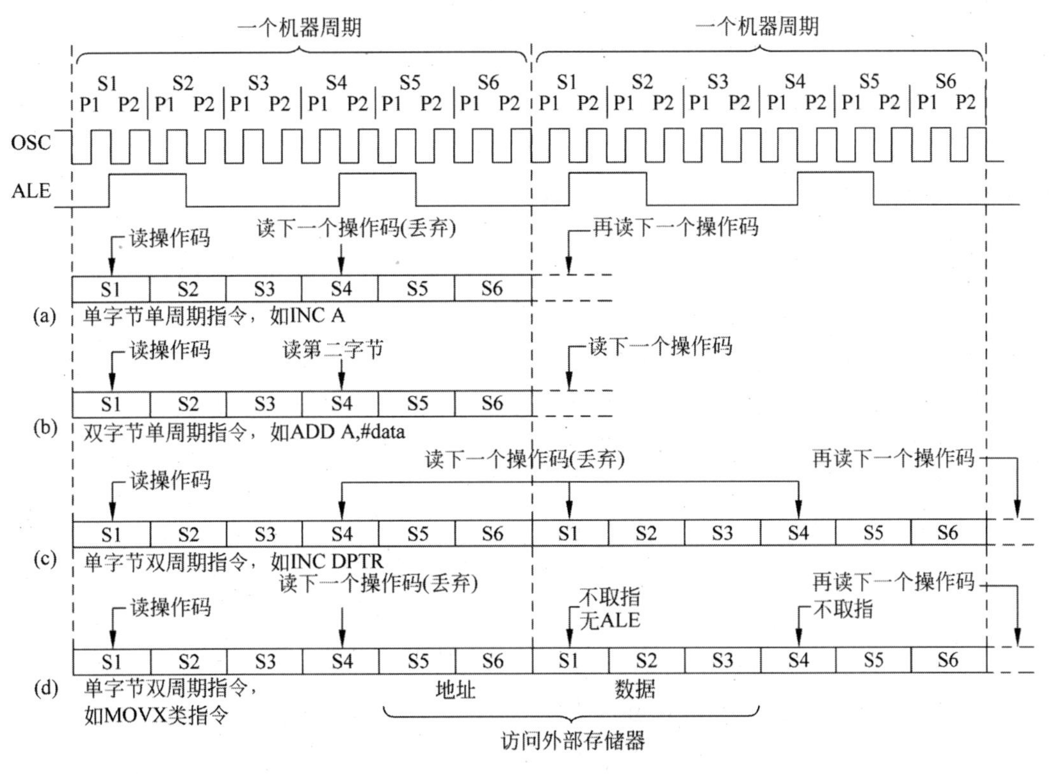

图 2-15 80C51 的取指/执行时序

由图2-15可见,ALE引脚上出现的信号是周期性的,在每个机器周期内出现两次高电平。第一次出现在S1P2和S2P1期间,第二次出现在S4P2和S5P1期间。ALE信号每出现一次,CPU就进行一次取指操作,但由于不同指令的字节数和机器周期数不同,因此取指令操作也随指令不同而有小的差异。

按照指令字节数和机器周期数,80C51的111条指令可分为6类,分别是:单字节单周期指令、单字节双周期指令、单字节四周期指令、双字节单周期指令、双字节双周期指令、三字节双周期指令。

图2-15(a)、(b)所示分别给出了单字节单周期和双字节单周期指令的时序。单周期指令的执行始于S1P2,这时操作码被锁存到指令寄存器内。若是双字节,则在同一机器周期的S4读第二字节。若是单字节指令,则在S4仍有读操作,但被读入的字节无效,且程序计数器(PC)并不增量。

图2-15(c)所示给出了单字节双周期指令的时序,两个机器周期内进行4次读操作码操作。因为是单字节指令,所以后3次读操作都是无效的。

小结:晶振周期(P)=振荡周期=晶振频率 f_{osc} 的倒数

1个机器周期=6个状态周期

1个机器周期=12个晶振周期

1个指令周期=1～4机器周期

例:单片机外接晶振频率12MHz时的各种时序换算如下所示。

$$T_{时} = 1/f_{osc} = 1/12\text{MHz} = 0.0833\mu s$$

$$T_{机器} = 12/f_{osc} = 12/12\text{MHz} = 1\mu s$$

指令周期=(1～4)机器周期=1～4μs。

课堂练习题:设 f_{osc}=12MHz,计算晶振周期、状态周期、机器周期、指令周期。

3. 80C51复位电路

80C51单片机复位的目的是使CPU和系统中的其他功能部件都处在一个确定的初始状态,并从这个状态开始工作。例如,复位后PC=0000H,使单片机从第一个单元取指令。

80C51单片机复位的条件是:必须使RST端(9脚)加上持续两个机器周期(即24个晶振周期)的高电平。例如,若时钟频率为12MHz,每机器周期为1μs,则只需2μs以上时间的高电平,在RST引脚出现高电平后的第二个机器周期执行复位。单片机常见的复位电路如图2-16(a)、(b)所示。

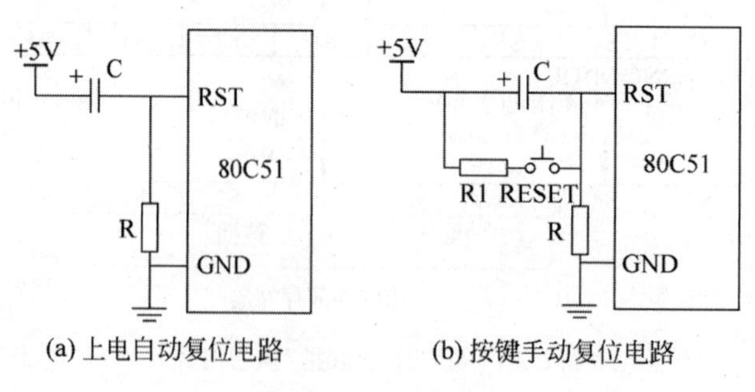

(a) 上电自动复位电路　　(b) 按键手动复位电路

图2-16　复位电路

图 2-16(a)所示为上电自动复位电路，它是利用电容充电来实现的。在接电瞬间，RST端的电位与 V_{CC} 相同，随着充电电流的减少，RST 的电位逐渐下降。只要保证 RST 为高电平的时间大于两个机器周期，便能正常复位。

图 2-16(b)所示为按键手动复位电路。该电路除具有上电自动复位功能外，若要复位，只需按图 2-16(b)中的 RESET 键，此时电源＋5V 经电阻 R1、R2 分压，在 RESET 端产生一个复位高电平。电路中通常选择：C＝10μF，R＝10kΩ，R1＝200Ω。

4. 80C51 单片机复位后的状态

80C51 单片机的复位功能是把 PC 初始化为 0000H，使 CPU 从 0000H 单元开始执行程序；复位操作同时使 SFR 进入初始化，但内部 RAM 的数据是不变的。主要特殊功能寄存器复位状态如表 2-7 所示。

表 2-7　主要特殊功能寄存器复位状态

SFR	复 位 状 态	SFR	复 位 状 态
A	00H	TMOD	00H
B	00H	TCON	00H
PSW	00H	TL0	00H
SP	07H	TH0	00H
DPL	00H	TL1	00H
DPH	00H	TH1	00H
P0～P3	FFH	SUBF	不定
IP	XXX00000B	SCON	00H
IE	0XX00000B	PCON	0XXX0000B

注：×表示无关位。

记住一些特殊功能寄存器复位后的主要状态，对于熟悉单片机操作，减短应用程序中的初始化部分是十分必要的。对个别特殊功能寄存器作如下说明：

(1) PC＝0000H，表明单片机复位后，程序从 0000H 地址单元开始执行。

(2) PSW＝00H，表明选寄存器 0 组为工作寄存器组。

(3) SP＝07H，表明堆栈指针指向片内 RAM07H 单元，当 80C51 单片机复位后，堆栈实际上第一个被压入的数据被写入 08H 单元中，但 08H～1FH 单元分别属于工作寄存器 1～3 组，如程序要用到这些区，最好把 SP 值改为 1FH 或更大的值。一般在内部 RAM 的 30H～7FH 单元中开辟堆栈。

(4) P0～P3 口用作输入口时，必须先写入"1"。单片机复位后，已使 P0～P3 口每一端线为"1"，为这些端线用作输入口做好了准备。

● 技能目标

(1) 掌握项目 7：用单片机的 P1.0 控制一个灯 LED0 闪烁。

(2) 掌握项目 8：将 P0.0 引脚的状态分别送给 P1.0、P2.0 和 P3.0 口。

*项目 7：用单片机的 P1.0 控制 LED1 灯闪烁

微课 2-9

1. 项目要求

(1) 掌握单片机端口的应用。

(2) 熟悉单片机 C51 编程方法。

(3) 掌握 C51 工程项目建立。

(4) 掌握建立源程序文件。

(5) 了解单片机工作频率。

2. 项目描述

设计用单片机 P1.0 来点亮一个发光二极管。P1.0 输出低电平时，使发光二极管 LED0 正向偏置，就会点亮 LED0 灯；P1.0 输出高电平时，使发光二极管 LED0 反向偏置，就会使 LED0 灯熄灭，如果使 P1.0 输出电平在高、低电平之间不停转换，并且延时一段时间，则 LED0 灯就会闪烁，其电路如图 2-17 所示。

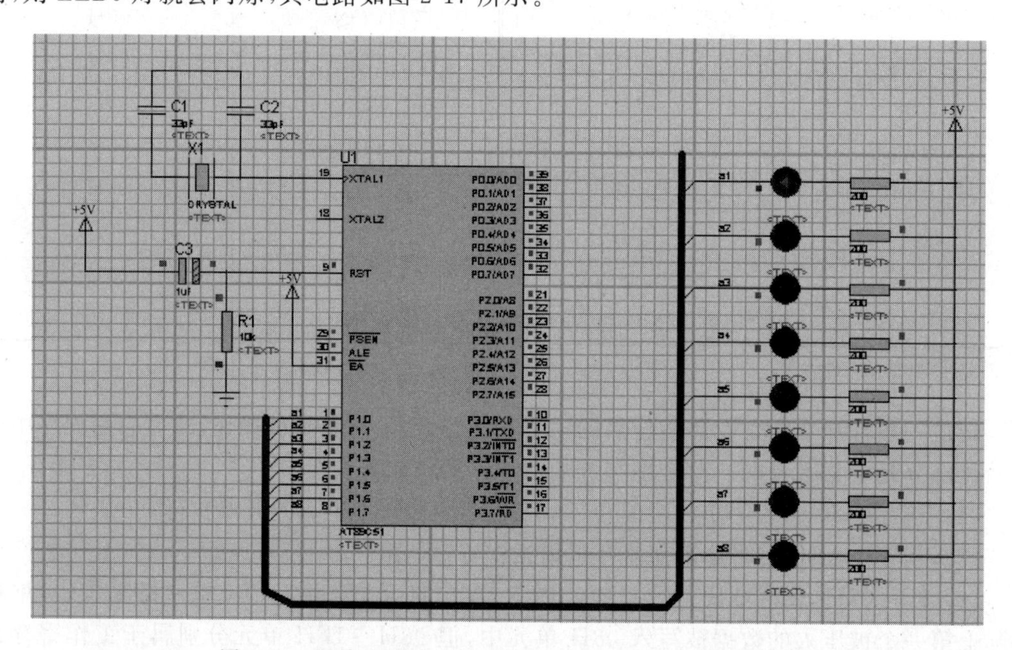

图 2-17 用单片机的 P1.0 控制一个灯 LED0 闪烁效果图

3. 项目实现

1) 程序设计

先建立文件夹 XM7，然后建立 XM7 工程项目，最后建立源程序文件 XM7.c，输入如下源程序：

```
#include<reg51.h>                //包含单片机寄存器的头文件
    /****************************************
    函数功能：延时一段时间
    ****************************************/
    void delay(void)             //两个 void 的意思分别为无须返回值，没有参数传递
```

```
{
unsigned int i;                    //定义无符号整数,最大取值范围为 65 535
  for(i = 0;i < 30000;i++)        //做 30000 次空循环
          ;                        //什么也不做,等待一个机器周期
}
/ *****************************************************
函数功能: 主函数(C 语言规定必须有 1 个主函数)
***************************************************** /
void main(void)
{
  while(1)                        //无限循环
 {
  P1 = 0xfe;                      //P1 = 1111 1110B,P1.0 输出低电平
  delay();                        //延时一段时间
  P1 = 0xff;                      //P1 = 1111 1111B,P1.0 输出高电平
  delay();                        //延时一段时间
 }
}
```

2) 用 Proteus 软件仿真

经过 Keil 软件编译通过后,在 Proteus ISIS 编辑环境中绘制仿真电路图,将编译好的 XM7.hex 文件加载到 AT89C51 里,然后启动仿真,就可以看到单片机的 P1.0 控制一个灯 LED0 闪烁,其效果图如图 2-17 所示。

课堂练习: 设计用 P1 口控制 8 只 LED 交叉闪烁,要求仿真实现 LED 亮灭的时间不一样。

*项目 8: 将 P0.0 引脚的状态分别送给 P1.0、P2.0 和 P3.0 口

1. 项目要求

微课 2-10

(1) 掌握单片机 P0、P1、P2 和 P3 口的特性。

(2) 掌握端口的带负载能力。

(3) 掌握 P0~P3 口使用时应注意事项。

(4) 掌握 P0~P3 口使用方法。

2. 项目描述

设计将单片机 P0.0 引脚的状态,分别送给 P1.0、P2.0 和 P3.0 口来点亮发光二极管 LED0、LED1 和 LED2。P0.0 接一个按键开关 S,当 S 按下,P0.0 引脚为低电平,把这个低电平分别送给 P1.0、P2.0 和 P3.0 口,发光二极管 LED0、LED1 和 LED2 被点亮; 当 S 断开,P0.0 引脚为高电平,把这个高电平分别送给 P1.0、P2.0 和 P3.0 口,发光二极管 LED0、LED1 和 LED2 熄灭,其电路如图 2-18 所示。

3. 项目实现

1) 程序设计

先建立文件夹"XM8",然后建立"XM8"工程项目,最后建立源程序文件"XM8.c",输入如下源程序:

```
#include<reg51.h>              //包含单片机寄存器的头文件
/*****************************************************
函数功能:主函数(C语言规定必须有也只能有1个主函数)
*****************************************************/
void main(void)
{
  while(1)                     //无限循环
     {
        P0 = 0xff;             //读开关前先写"1",即 P0 = 11111111B
        P1 = P0;               //将 P0 口状态送入 P1 口
        P2 = P0;               //将 P0 口状态送入 P2 口
        P3 = P0;               //将 P0 口状态送入 P3 口
  }
}
```

2) 用 Proteus 软件仿真

经过 Keil 软件编译通过后,在 Proteus ISIS 编辑环境中绘制仿真电路图,将编译好的 XM8.hex 文件加载到 AT89C51 里,然后启动仿真,就可以看到 P0.0 引脚的状态分别送给 P1.0、P2.0 和 P3.0 口,来点亮发光二极管 LED1.0、LED2.0 和 LED3.0,效果图如图 2-18 所示。

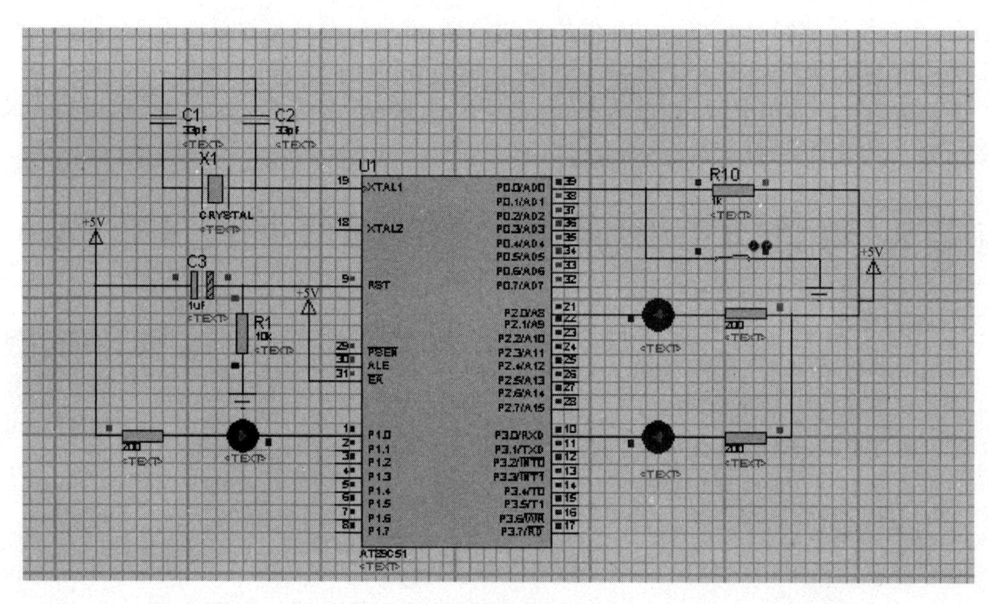

图 2-18 将 P0.0 引脚的状态分别送给 P1.0、P2.0 和 P3.0 口效果图

课堂练习:设计用 P3.7 引脚开关状态控制 P1 口的 8 只 LED 二极管交叉亮,要求仿真实现。

模块小结

(1) 80C51 单片机内部结构包括微处理器、程序存储器 ROM、数据存储器 RAM、并行 I/O 接口、定时器/计数器、时钟电路、中断系统、串行口。

（2）80C51 的程序存储器 ROM 和数据存储器 RAM 是各自独立的，在物理结构上可分为片内数据存储器 RAM、片内程序存储器 ROM、片外数据存储器 RAM 和片外程序存储器 ROM 4 个存储空间。

（3）片内 RAM 共 256B，分为两大功能区，低 128B 为真正的 RAM 区；高 128B 为特殊功能寄存器（SFR）区。低 128B RAM 又分为工作寄存器区、位寻址区和用户 RAM 区。

（4）80C51 单片机有 4 个 8 位并行 I/O 端口 P0、P1、P2 和 P3，每个端口各有 8 条 I/O 口线，每条 I/O 口线都能独立地用作输入或输出。

（5）时序就是 CPU 在执行指令时所需控制信号的时间顺序，其单位有振荡周期、时钟周期、机器周期和指令周期。时钟信号产生方式有内部振荡方式和外部时钟方式两种。

（6）复位是单片机的初始化操作，复位操作对 PC 和部分特殊功能寄存器有影响，但对内部 RAM 没有影响。

课后练习题

（1）80C51 单片机各引脚的作用是什么？

（2）80C51 程序计数器的符号是什么？程序计数器有几位？

（3）什么是程序状态字？它的符号是什么？它各位的含义是什么？

（4）什么是振荡周期、时钟周期、机器周期和指令周期？如采用 12MHz 晶振，它们的周期各是什么值？

（5）80C51 在功能、工艺、程序存储器的配置上有哪些种类？

（6）80C51 的存储器组织采用何种结构？存储器地址空间如何划分？各地址空间的地址范围和容量如何？在使用上有何特点？

（7）80C51 的 P0～P3 口在结构上有何不同？在使用上有何特点？

（8）80C51 复位后单片机的状态如何？复位方法有几种？

（9）如何选择 80C51 的片内、片外存储器？

（10）如何选择 80C51 的当前工作寄存器组？

（11）80C51 的控制总线信号有哪些？各信号的作用是什么？

（12）80C51 的程序存储器低端的几个特殊单元的用途是什么？

（13）设计用单片机的 P1 口来控制 8 个灯 LED1～LED8 闪烁的程序，用 Proteus 软件仿真。

（14）设计将 P1.0 引脚的状态分别送给 P0.0、P2.0 和 P3.0 口。

参 考 文 献

[1] 杨居义．单片机原理及应用项目教程（基于 C 语言）[M]．北京：清华大学出版社，2014.

[2] 王东锋，王会良，董冠强．单片机 C 语言应用 100 例[M]．北京：电子工业出版社，2009.

[3] 杨居义．单片机案例教程[M]．北京：清华大学出版社，2015.

[4] 杨居义，等．单片机原理与工程应用[M]．北京：清华大学出版社，2009.

[5] 杨居义．单片机课程实例教程[M]．北京：清华大学出版社，2010.

[6] 楼然苗．8051 系列单片机 C 程序设计[M]．北京：北京航空航天大学出版社，2007.

[7] 求是科技．单片机应用技术[M]．2 版．北京：人民邮电出版社，2008.

模块3 C51程序设计及应用

技能目标

(1) 掌握任务9-1：了解C51编程结构。

(2) 掌握任务10-1：用不同数据类型控制P2口的8位LED闪烁。

(3) 掌握任务11-1：分别用P2、P3口显示“加减”运算结果。

(4) 掌握任务11-2：用P1口显示逻辑“与或”运算结果。

(5) 掌握任务11-3：分别用P2、P3口显示位“与或”运算结果。

(6) 掌握任务11-4：用P1口显示“左右移”运算结果。

(7) 掌握任务12-1：用按键S控制P1口8只LED显示状态。

(8) 掌握任务12-2：用for语句实现蜂鸣器发出1kHz音频。

(9) 掌握任务12-3：用while语句实现P1口8只LED显示状态。

(10) 掌握任务12-4：用do…while语句实现P1口8只LED显示状态。

(11) 掌握任务13-1：用数组实现P1口8只LED显示状态。

(12) 掌握任务14-1：用指针数组实现P1口8只LED显示状态。

(13) 掌握任务14-2：用指针数组实现多状态显示。

(14) 掌握任务15-1：用带参数函数控制8位LED灯闪烁时间。

(15) 掌握任务15-2：用数组作为函数参数控制8位LED点亮状态。

(16) 掌握任务15-3：用指针作为函数参数控制8位LED点亮状态。

(17) 掌握任务15-4：用函数型指针控制8位LED点亮状态。

(18) 掌握项目16：用P2口控制8只LED左循环流水灯亮。

(19) 掌握项目17：用开关S控制实现蜂鸣器报警。

知识目标

学习目的：

(1) 理解C语言程序在结构上的特点和书写格式上的要求。

(2) 掌握数据类型的概念，了解C51语言能够处理的数据类型。

(3) 了解C51语言基本运算符及其特点，掌握运算符的优先级和结合性。

(4) 理解算术表达式、关系表达式、逻辑表达式的特点，能熟练计算表达式。

(5) 掌握if语句、switch语句的语法，能编写选择结构的程序；掌握for语句、while语句、do…while语句的使用语法及方法，能进行循环程序设计。

(6) 理解数组的概念，能定义、初始化一维数组、二维数组及字符数组，进行相关程序设计。

(7) 理解函数的概念，能根据需要定义一个函数，能正确调用一个函数；理解主调用函数和被调用函数参数传递过程，掌握函数形参传递数组元素的方法。

(8) 理解指针的概念，能区别指针变量和变量的指针。理解指针与数组的关系，熟练使用指针指向一维、二维数组，理解指针表达数组元素的几种表现形式。

学习重点和难点：

(1) C51 的数据类型、存储类型、C51 的运算符和表达式及其规则。

(2) 表达式语句、复合语句、条件语句、while 循环语句、do…while 循环语句、for 循环语句的语法及常用算法。

(3) 数组的定义、数组元素的表示方法、数组初始化方法、字符数组和字符串。

(4) 指针的定义格式、指针的赋值、指针的运算，使用指针表示数组的元素。

(5) 函数的定义格式、函数说明方法、函数的参数、函数的返回值；函数的调用方式。

概要资源

1-1 学习要求

1-2 重点与难点

1-3 学习指导

1-4 学习情境设计

1-5 教学设计

1-6 评价考核

1-7 PPT

项目 9：了解单片机 C 语言

● 技能目标

掌握任务 9-1：了解 C51 编程结构。

● 知识目标

学习目的：

(1) 了解 C51 程序开发概述。

(2) 掌握 C51 程序结构。

(3) 掌握标识符与关键字。

学习重点和难点：

(1) C51 程序结构。

(2) 标识符与关键字。

任务9-1：了解C51编程结构

1. 任务要求

(1) 掌握C51编程结构。

(2) 了解C51编程基本部分。

(3) 了解C51编程书写格式。

(4) 掌握程序结构特点。

2. 任务描述

下面通过一个程序来了解C51编程的结构、特点、基本部分和书写格式。

3. 任务实现——C51编程结构

```
#include<reg51.h> //C语言的预编译处理,包含51单片机寄存器定义的头文件
void main(void)    //主函数,第一个void表示无需返回值,第二个void表示没有参数传递
{                  //每个函数必须以花括号"{"开始
  P2 = 0x00;       //P2 = 0000 0000B,即赋值语句
}                  //每个函数必须以花括号"}"结束,而且花括号必须成对
```

4. 程序结构特点

1)"文件包含"处理

程序的第一行是一个"文件包含"处理,其含义是指一个文件内容将被另外一个文件全部包含。由于单片机不认识端口P1(或某些寄存器的名字,自己可以打开Keil的安装目录,在C51文件夹找到INC子文件夹,打开里面的reg51.h,也可以自己在里面定义),要想让单片机认识P1,必须给P1作一个定义。这种定义已经由Keil C51完成,无须用户再定义,但是编程时必须将这种定义"包含"进去,才能使单片机认识P1等各种寄存器的名字。

注意:

(1) 每个变量必须先说明后引用,变量名英文大小写是有差别的。

(2) 预处理指令是以#号开头的代码行。#号必须是该行除了任何空白字符外的第一个字符。#后是指令关键字,在关键字和#号之间允许存在任意个数的空白字符。整行语句构成了一条预处理指令,该指令将在编译器进行编译之前对源代码做某些转换。

2) 主函数main()

main()函数被称为主函数。每一个C语言程序必须有并且只能有一个主函数,函数后面一定要有一对花括号"{ }",程序就写到里面。

花括号必须成对,位置随意,可在紧挨函数名后,也可另起一行,多个花括号可以同行书写,也可逐行书写,为层次分明,增加可读性,同一层的花括号对齐,采用逐层缩进方式书写。

3) 语句结束标志

C语言程序一行可以书写多条语句,但每个语句必须以";"结尾,一个语句也可以多行书写。

4) 注释

C语言程序设计中的注释只是为了提高程序的可读性,编译时,注释内容不会被执行。C语言的注释有两种:一种是采用/*……*/表示;另一种是采用"//"表示。二者的区别

是：前一种可以注释多行内容，后一种只能注释一行内容。

任务 9-2：相关知识

1. C51 程序开发概述

单片机的 C 语言采用 C51 编译器（简称 C51）。由 C51 产生的目标代码短、运行速度高、所需存储空间小、符合 C 语言的 ANSI 标准，生成的代码遵循 Intel 目标文件格式，而且可与 A51 汇编语言或 PL/M51 语言目标代码混合使用。在众多的 C51 编译器中，Keil 公司的 C 语言编译/连接器 Keil μVision 软件最受欢迎。

1）采用 C51 的优点

采用 C51 进行单片机应用系统的程序设计，编译器能自动完成变量的存储单元的分配，编程者可以专注于应用软件的设计，可以对常用的接口芯片编制通用的驱动函数，对常用的功能模块和算法编制相应的函数，可以方便地进行信号处理算法和程序的移植，从而加快单片机应用系统的开发过程。

2）C51 程序的开发过程

C51 程序的开发过程如图 3-1 所示。

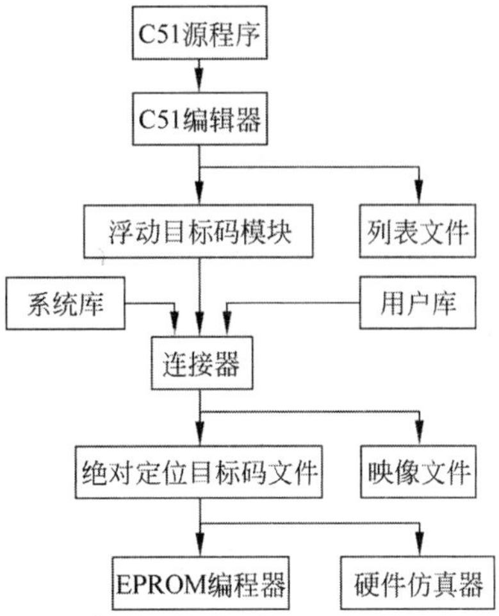

C51源程序
C51编辑器
浮动目标码模块
列表文件
系统库
用户库
连接器
绝对定位目标码文件
映像文件
EPROM编程器
硬件仿真器

图 3-1　C51 程序的开发过程

2. C51 程序结构

与普通的 C 语言程序类似，C51 程序由若干模块化的函数构成。函数是 C51 程序的基本模块，常说的“子程序”“过程”在 C51 中用“函数”这个术语。它们都含有以同样的方法重复去做某件事情的意思。主程序（main()）可以根据需要用来调用函数。当函数执行完毕时，就发出返回（return）指令，而主程序后面的指令来恢复主程序流的执行。同一个函数可以在不同的地方被调用，并且函数可以重复使用。

C 语言程序的扩展名为.c，如 XM4-1.c。

C 语言程序的组成结构如下（主函数可以放在功能子函数说明之后的任意位置）：

```
预处理命令 include <>
功能子函数 1 说明
      :
      :
功能子函数 n 说明
功能子函数 1 fun1 ()
       {
          函数体……
        }
      ……
功能子函数 n funn ()
        {
           函数体……
         }
main()
```

```
{
    函数体……
}
```


所有函数在定义时都是相互独立的,一个函数中不能再定义其他函数,即函数不能嵌套定义,但可以互相调用。函数调用的一般原则是:主函数可以调用其他普通函数;普通函数之间也可相互调用,但普通函数不能调用主函数。

一个C程序的执行总是从main()函数开始,调用其他函数后返回到main()中,最后在main()中结束整个C程序的运行。

3. 标识符与关键字

1) 标识符

标识符是一种单词,用来给变量、函数、符号常量、自定义类型等命名。用标识符给C语言程序中各种对象命名时,要用字母、下画线和数字组成的字符序列,并要求首字符是字母或下划线,不能是数字。例如,可以使用x、y作为变量的标识符,使用delay()作为函数的标识符。

字母的大小写是有区别的,如max和MAX是两个完全不同的标识符。

通常,下划线开头的标识符是编译系统专用的,因此编写C语言源程序时一般不使用以下划线开头的标识符,而将下划线用作分段符。C51编译器规定标识符最长可达255个字符,但只有前32个字符在编译时有效,因此,标识符的长度一般不超过32个字符。

2) 关键字

关键字是一种已被系统使用过的具有特定含义的标识符。用户不得再用关键字给变量等命名。C语言关键字分为以下3类。

(1) 类型说明符,用来定义变量、函数或其他数据结构的类型,如unsigned char、long等。

(2) 语句定义符,用来标识一个语句功能,如条件判断语句if、while等。

(3) 预处理命令字,表示预处理命令的关键字,如程序开头的include。

ANSI C标准一共规定了32个关键字,如表3-1所示。

表3-1 ANSI C语言的关键字

关键字	用途	说明
auto	存储种类说明	用以说明局部变量,默认值为此
break	程序语句	退出最内层循环
case	程序语句	Switch语句中的选择项
char	数据类型说明	单字节整型数或字符型数据
const	存储种类说明	在程序执行过程中不可更改的常量值
continue	程序语句	转向下一次循环
default	程序语句	Switch语句中的失败选择项
do	程序语句	构成do…while循环结构
double	数据类型说明	双精度浮点数
else	程序语句	构成if…else选择结构
enum	数据类型说明	枚举类型
extern	存储种类说明	在其他程序模块中说明了的全局变量
float	数据类型说明	单精度浮点数

续表

关 键 字	用 途	说 明
for	程序语句	构成 for 循环结构
goto	程序语句	构成 goto 转移结构
if	程序语句	构成 if…else 选择结构
int	数据类型说明	基本整型数
long	数据类型说明	长整型数
register	存储种类说明	使用 CPU 内部寄存器的变量
return	程序语句	函数返回
short	数据类型说明	短整型数
signed	数据类型说明	有符号数，二进制数据的最高位为符号位
sizeof	运算符	计算表达式或数据类型的字节数
static	存储种类说明	静态变量
struct	数据类型说明	结构类型数据
switch	程序语句	构成 Switch 选择结构
typedef	数据类型说明	重新进行数据类型定义
union	数据类型说明	联合类型数据
unsigned	数据类型说明	无符号型数据
void	数据类型说明	无类型数据
volatile	数据类型说明	该变量在程序执行中可被隐含地改变
while	程序语句	构成 while 和 do…while 循环结构

Keil C51 编译器除了有 ANSI C 标准的 32 个关键字外，还根据 51 单片机的特点扩展了相应的关键字。在 Keil C51 开发环境的文本编辑器中编写 C 程序，系统可以把保留字以不同的颜色显示，默认颜色为蓝色。表 3-2 为 Keil C51 编译器扩展的关键字。

表 3-2 Keil C51 编译器扩展的关键字

关 键 字	用 途	说 明
bit	位标量声明	声明一个位标量或位类型的函数
sbit	位变量声明	声明一个可位寻址变量
sfr	特殊功能寄存器声明	声明一个特殊功能寄存器(8 位)
sfr16	特殊功能寄存器声明	声明一个 16 位的特殊功能寄存器
data	存储器类型说明	直接寻址的 8051 内部数据存储器
bdata	存储器类型说明	可位寻址的 8051 内部数据存储器
idata	存储器类型说明	简洁寻址的 8051 内部数据存储器
pdata	存储器类型说明	“分页”寻址的 8051 外部数据存储器
xdata	存储器类型说明	8051 外部数据存储器
code	存储器类型说明	8051 程序存储器
interrupt	中断函数声明	定义一个中断函数
reentrant	再入函数声明	定义一个再入函数
using	寄存器组定义	定义 8051 的工作寄存器组

例如：

Sfr P1=0x90;/ * 定义地址为 0x90 的特殊功能寄存器名字为 P1，对 P1 的操作也就是

对地址为0x90的寄存器操作*/。(格式：Sfr特殊功能寄存器名=地址常数)

Sbit S=P2^0;//位定义S为P2.0(P2口的第0位)。(格式：Sbit位变量名=特殊功能寄存器名^位位置)。

项目10：认识C51的数据类型

● 技能目标

掌握任务10-1：用不同数据类型控制P2口的8位LED闪烁。

● 知识目标

学习目的：

(1) 掌握C语言的数据类型。

(2) 掌握C51数据的存储类型。

(3) 掌握80C51硬件结构的C51定义。

学习重点和难点：

(1) C语言的数据类型。

(2) C51数据的存储类型。

(3) 80C51硬件结构的C51定义。

任务10-1：用不同数据类型控制P2口的8位LED闪烁

微课3-1

1. 任务要求

(1) 了解字符型数据类型应用。

(2) 了解整型数据类型应用。

(3) 掌握延时程序编写。

(4) 掌握主函数调用延时程序工作原理。

(5) 了解单片机工作频率。

2. 任务描述

用不同数据类型控制P2口的8位LED闪烁。使用无符号字符型数据和无符号整型数据设计两个不同的延时时间，来控制LED1～LED4和LED5～LED8闪烁，可以看出两组灯闪烁时间是不一样的。

3. 任务实现

1) 程序设计

先建立文件夹XM10-1，然后建立XM10-1工程项目，最后建立源程序文件XM10-1.c，输入如下源程序：

```
#include<reg51.h>              //包含单片机寄存器的头文件
/*****************************************************
函数功能：用字符型数据延时一段短时间
*****************************************************/
```

```
void delay60(void)
{
     unsigned char i,j;
     for(i = 0;i < 200;i++)
     for(j = 0;j < 100;j++)
        ;
}
/ ****************************************
函数功能: 用整型数据延时一段长时间
**************************************** /
void delay150(void)              //两个 void 的意思分别为无须返回值,没有参数传递
{
 unsigned int i;                 //定义无符号整数,最大取值范围为 65535
for(i = 0;i < 50000;i++)         //做 50000 次空循环
            ;                    //什么也不做,等待一个机器周期
}
/ ****************************************************
函数功能: 主函数(C 语言规定必须有 1 个主函数)
**************************************************** /
void main(void)
{
 while(1)                        //无限循环
{
    P2 = 0xf0;                   //P2 = 1111 0000B,LED1～LED4 灯亮
    delay60();                   //延时一段短时间
        P2 = 0xff;               //P2 = 1111 1111B,LED1～LED4 灯灭
    delay60();                   //延时一段短时间
    P2 = 0x0f;                   //P2 = 0000 1111B,LED5～LED8 灯亮
    delay150();                  //延时一段长时间
        P2 = 0xff;               //P2 = 1111 1111B,LED5～LED8 灯灭
    delay150();                  //延时一段长时间
 }
}
```

2）用 Proteus 软件仿真

经过 Keil 软件编译通过后，在 Proteus ISIS 编辑环境中绘制仿真电路图，将编译好的 XM10-1. hex 文件加载到 AT89C51 里，然后启动仿真，就可以看出两组灯闪烁时间是不一样的，其效果图如图 3-2 所示。

任务 10-2：相关知识

1. 数据类型

数据是计算机的操作对象。不管使用哪种语言、哪种算法进行程序设计，最终在计算机中运行的只有数据流。

数据的不同格式称数据类型。C 语言中常用的数据类型有整型、字符型、实型、指针型和空类型。根据变量在程序执行中是否发生变化，还可将数据类型分为常量和变量两种。在程序中，常量可以不经说明而直接引用，变量则必须定义类型后才能使用。

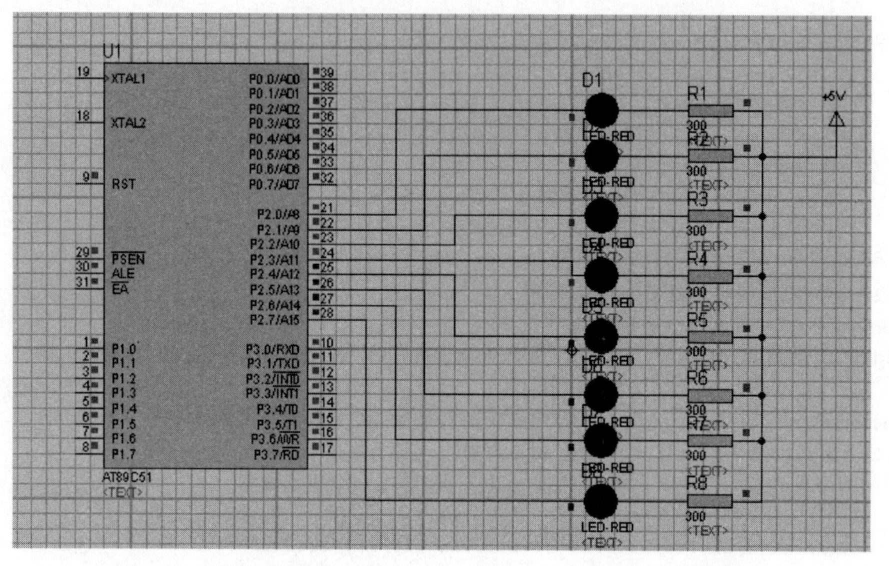

图 3-2　用不同数据类型控制 P2 口的 8 位 LED 闪烁仿真效果图

1）常量与变量

在程序运行过程中,其值不能被改变的量称为常量。常量分为不同的类型,如 10,0,－4 为整型常量,2.6、－3.15 为实型常量,'a','d'为字符常量。

C 语言中还有一种符号常量,其定义形式如下:

```
#define 符号常量的标识符　常量
```

例:

```
#define price 30
    main ()
{
 int a,s;
  a = 10;
  s = a * price;
        printf("total = % d",total);
}
```

程序中用＃define 命令行定义 price 代表常量 30,此后凡在本文件中出现的 price 都代表 30,可以和常量一样进行运算。

使用符号常量的优点是:当程序中有许多地方要用到某个常量,而其值又经常改变,使用符号常量就可以“一改全改”。

在程序执行中,其值可以改变的量称为变量,变量标识符常用小写字母表示,变量必须先定义后使用,一般放在程序开头部分。

2）整型数据

整型数据包括整型常量和整型变量。

(1) 整型常量。

整型常量就是整型常数。在 C 语言中,整型常量可用以下 3 种形式表示:

① 十进制整数。用 0～9 表示,如 321,－106 等。

② 八进制整数。以 0 开头的数是八进制数,用 0～7 表示,如 0215 表示八进制数 215,等于十进制数 141。

③ 十六进制整数。以 0x 开头的数是十六进制数,用 0～9 和 A～F 表示,如 0xFF,代表十六进制数 FF,等于十进制数 255。

(2) 整型变量。

整型数据在内存中以二进制形式存放。整型变量可分为基本型和无符号型,基本型类型说明符为 int,在内存中占两个字节;无符号型类型说明符为 unsigned,同样在内存中占两个字节。

Keil C51 软件编译器支持的数据类型如表 3-3 所示。

表 3-3 Keil C51 软件编译器支持的数据类型

数据类型		长度/位	取值范围
字符型	signed char	8	−128～127
	unsigned char	8	0～255
整型	signed int	16	−32 768～32 767
	unsigned int	16	0～65 535
长整型	signed long	32	−21 474 883 648～21 474 883 647
	unsigned long	32	0～4 294 967 295
浮点型	float	32	±1.754 94e−38～±3.402 823e+38
位型	bit	1	0,1
	sbit	1	0,1
访问 SFR	sfr	8	0～255
	sfr16	16	0～65 535

C 规定在程序中所有用到的变量都必须在程序中定义,即"强制类型定义"。整型变量的定义形式:

```
类型说明符    变量标识符 1,变量标识符 2,……
```

例如:

```
int a,b;                //指定变量 a、b 为整型,各变量名之间用逗号相隔
unsigned short c,d;     //指定变量 c、d 为无符号短整型
long e,f;               //指定变量 e、f 为长整型
```

对变量的定义,一般放在一个函数的开头部分的声明部分(也可以放在函数中某一分程序内,但作用域只限它所在的分程序)。

3) 实型数据

实型数据有两种表示形式。

(1) 十进制小数形式。

十进制小数由数字和小数点组成(注意,必须有小数点)。.123、123.、123.0、0.0 都是十进制小数形式。

(2) 指数形式。

例如 123e3 或 123e3,都代表 123×10^3。注意字母 e 之前必须有数字,且 e 后面的指数

必须为整数,如 e3、2.1e3.5、.e3、e 等都不是合法的指数形式。

4) 字符型数据

字符型数据包括字符型常量和字符型变量。

(1) 字符型常量。

C 的字符型常量是用单引号(即撇号)括起来的一个字符。如'a','x','d','?',' '等都是字符型常量。字符型常量常用作显示说明。

(2) 字符型变量。

字符型变量用来存放字符型常量,注意只能放一个字符,其说明符是“char”,定义形式为:

```
char  x,y;             //表示 x 和 y 为字符型变量,在内存中各占一个字节
```

(3) 字符串常量。

字符型常量是由一对单引号括起来的单个字符。C 语言除了允许使用字符型常量外,还允许使用字符串常量。字符串常量是一对双引号括起来的字符序列。

例如:

```
"Welcome to China."; //是字符串常量
'a';                 //是字符型常量
```

5) 指针型数据

出于对变量灵活使用的需要,有时在程序中围绕变量的地址展开操作,这就引入了“指针”的概念。变量的地址称为变量的指针,指针的引入把地址形象化了,地址是变量值的索引或指南,就像一根“指针”一样指向变量值所在的存储单元,因此指针即地址,是记录变量存储单元位置的正整数。

6) 位类型数据

位类型数据是 C51 编译器的一种扩充数据类型,利用它可以定义一个位变量,但不能定义位指针,也不能定义位数组。该类型数据取值为 0 或 1。

7) 空类型数据

C 语言经常使用函数,当函数被调用完后,无须返回一个函数值,这个函数值称为空类型数据,例如:

```
/******************************************
   函数功能:用整型数据延时一段长时间。
******************************************/
void delay(void)              //两个 void 的意思分别为无须返回值,没有参数传递
{
   unsigned int i;            //定义无符号整数,最大取值范围为 65535
   for(i = 0;i < 50000;i++)   //做 50000 次空循环
                     ;        //什么也不做,等待一个机器周期
}
```

用 void 说明该函数为空类型,即无返回值。void 的字面意思是无类型。

8) 变量赋值

程序中常需要对一些变量预先赋值。C 语言允许在定义变量的同时给变量赋值,如:

```
int a = 3;                    /* 指定 a 为整型变量,值为 3 */
```

```
float f = 3.56;               /* 指定 f 为实型变量,值为 3.56 */
char c = 'a';                 /* 指定 c 为字符变量,值为'a' */
```

也可以给被定义的变量的一部分赋值,如:

```
int a,b,c = 5;                /* 指定 a、b、c 为整型变量,只对 c 赋值,c 的值为 5 */
```

2. C51 数据的存储类型

C51 是面向 80C51 系列单片机的程序设计语言,应用程序中使用的任何数据(变量和常数)必须以一定的存储类型定位于单片机相应的存储区域中。C51 的存储类型与 8051 存储空间的对应关系如表 3-4 所示。

表 3-4 C51 的存储类型与 8051 存储空间的对应关系

存储器类型	长度/位	对应单片机存储器
bdata	1	片内 RAM,位寻址区,共 128 位(也能字节访问)
data	8	片内 RAM,直接寻址,共 128B
idata	8	片内 RAM,间接寻址,共 256B
pdata	8	片外 RAM,分页间址,共 256B
xdata	16	片外 RAM,间接寻址,共 64KB
code	16	ROM 区域,间接寻址,共 64KB

对于 80C51 系列单片机来说,访问片内的 RAM 比访问片外的 RAM 的速度要快得多,所以对于经常使用的变量,应该置于片内 RAM,即用 bdata、data、idata 来定义;对于不常使用的变量或规模较大的变量,应该置于片外 RAM 中,即用 pdata、xdata 来定义。

例如:

```
bit bdata my_flag;                  /* item1 */
char data var0;                     /* item2 */
float idata x,y,z;                  /* item3 */
unsigned int pdata temp;            /* item4 */
unsigned char xdata array[3][4];    /* item5 */
```

item1:位变量 my_flag 被定义为 bdata 存储类型,C51 编译器将把该变量定义在 80C51 片内数据存储区(RAM)中的位寻址区(地址:20H~2FH)。

item2:字符变量 var0 被定义为 data 存储类型,C51 编译器将把该变量定位在 80C51 片内数据存储区中(地址:00H~FFH)。

item3:浮点变量 x、y、z 被定义为 idata 存储类型,C51 编译器将把该变量定位在 80C51 片内数据区,并只能用间接寻址的方式进行访问。

item4:无符号整型变量 temp 被定义为 pdata 存储类型,C51 编译器将把该变量定位在 80C51 片外数据存储区(片外 RAM),并用操作码 movx @ri 进行访问。

item5:无符号字符二维数组 unsigned char array[3][4]被定义为 xdata 存储类型,C51 编译器将其定位在片外数据存储区(片外 RAM),并占据 3×4=12B 存储空间,用于存放该数组变量。

如果用户不对变量的存储类型进行定义,C51 的编译器采用默认的存储类型。默认的存储类型由编译命令中的存储模式指令限制。C51支持的存储模式见表3-5。

表3-5　C51支持的存储模式

存储模式	默认存储类型	特　点
small	data	直接访问片内RAM；堆栈在片内RAM中
compact	pdata	用R0和R1间址片外分页RAM；堆栈在片内RAM中
large	xdata	用DPTR间址片外RAM,代码长,效率低

例如：

```
char var;                    /* 在 small 模式中,var 定位 data 存储区 */
                             /* 在 compact 模式中,var 定位 pdata 存储区 */
                             /* 在 large 模式中,var 定位 xdata 存储区 */
```

在Keil C51μVision 4平台下,设置存储模式的界面如图3-3所示。步骤：工程建立好后,使用菜单Project→Option for Target 'Target1',或单击快捷图标,出现如图3-3所示的工程对话框,单击Target标签,其中的Memory Model用于设置RAM的使用情况,有3个选项：small是所有的变量都在单片机的内部RAM中；Compact变量存储在外部RAM里,使用8位间接寻址；Large变量存储在外部RAM中,使用16位间接寻址,可以使用全部外部的扩展RAM。

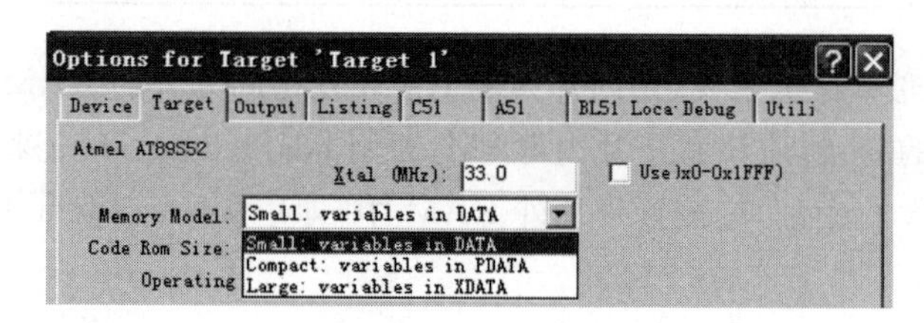

图3-3　Keil C51的存储模式界面

3. 80C51硬件结构的C51定义

C51是适合于80C51单片机的C语言。它对标准C语言(ANSI C)进行扩展,从而具有对80C51单片机硬件结构的良好支持与操作能力。

1）特殊功能寄存器的定义

80C51单片机内部RAM的80H～FFH区域有21个特殊功能寄存器,为了能够直接访问它们,C51编译器利用扩充的关键字SFR和SFR16对这些特殊功能寄存器进行定义。

SFR的定义方法：sfr 特殊功能寄存器名＝地址常数

例如：

```
sfr P0 = 0x80;              /* 定义 P0 口,地址为 0x80 */
sfr TMOD = 0x89;            /* 定时/计数器方式控制寄存器地址 89H */
```

注意：关键字sfr后面必须跟一个标识符作为特殊功能寄存器名称,名称可以任意选取,但要符合人们的一般习惯。等号后面必须是常数,不允许有带运算符的表达式,常数的地址范围与具体的单片机型号对应,通常的80C51单片机为0x80～0xFF。

2）特殊功能寄存器中特定位的定义

在C51中可以利用关键字sbit定义可独立寻址访问的位变量,如定义80C51单片机

SFR 中的一些特定位。定义的方法有 3 种。

(1) sbit 位变量名=特殊功能寄存器名^位的位置(0~7)

例如:

```
sfr PSW = 0xd0;                /* 定义 PSW 寄存器地址为 0xd0H */
sbit OV = PSW^2;               /* 定义 OV 位为 PSW.2,地址为 0xd2 */
sbit CY = PSW^7;               /* 定义 CY 位为 PSW.7,地址为 0xd7 */
```

(2) sbit 位变量名=字节地址^位的位置

例如:

```
sbit OV = 0xd0^2;              /* 定义 OV 位的地址为 0xd2 */
sbit CF = 0xd0^7;              /* 定义 CF 位的地址为 0xd7 */
```

注意:字节地址作为基地址,必须位于 0x80~0xff 之间。

(3) sbit 位变量名=位地址

例如:

```
sbit OV = 0xd2;                /* 定义 OV 位的地址为 0xd2 */
sbit CF = 0xd7;                /* 定义 CF 位的地址为 0xd7 */
```

注意:位地址必须位于 0x80~0xFF 之间。

3) 8051 并行接口及其 C51 定义

(1) 对于 8051 片内 I/O 口

使用关键字 sfr 定义。例如:

```
sfr P0 = 0x80;                 /* 定义 P0 口,地址为 80H */
sfr P1 = 0x90;                 /* 定义 P1 口,地址为 90H */
```

(2) 对于片外扩展 I/O 口

根据其硬件译码地址,将其视为片外数据存储器的一个单元,使用 define 语句进行定义。例如:

```
#include <absacc.h>
#define PORTA XBYTE [0x78f0]; /* 将 PORTA 定义为外部口,地址为 78f0,长度为 8 位 */
```

一旦在头文件或程序中对这些片内外的 I/O 口进行定义后,在程序中就可以自由使用这些口了。定义口地址的目的是为了便于 C51 编译器按 8051 实际硬件结构建立 I/O 口变量名与其实际地址的联系,以便使程序员能用软件模拟 8051 硬件操作。

4) 位变量(bit)及其定义

C51 编译器支持 bit 数据类型。

(1) 位变量的 C51 定义语法及语义。

```
bit dir_bit;                   /* 将 dir_bit 定义为位变量 */
bit lock_bit;                  /* 将 lock_bit 定义为位变量 */
```

(2) 函数可包含类型为 bit 的参数,也可以将其作为返回值。

```
bit func(bit b0,bit b1)
```

```
{/* … */}
return (b1);
```

(3) 对位定义的限制。

位变量不能定义成一个指针,如 bit *bit_ptr 是非法的。不存在位数组,如不能定义 bit arr[]。

在位定义中允许定义存储类型,位变量都放在一个段位中,此段总位于 8051 片内 RAM 中,因此存储类型限制为 data 或 idata。如果将位变量的存储类型定义成其他类型,编译时将出错。

(4) 可位寻址对象。

可位寻址的对象是指可以字节寻址或位寻址的对象,该对象位于 8051 片内 RAM 可位寻址 RAM 区中,C51 编译器允许数据类型为 idata 的对象放入 8051 片内可位寻址的区中。先定义变量的数据类型和存储类型:

```
bdata int ibase;              /* 定义 ibase 为 bdata 整型变量 */
bdata char bary[4];           /* 定义 bary[4]为 bdata 字符型数组 */
```

然后可使用 sbit 定义可独立寻址访问的对象位,即:

```
sbit mybit0 = ibase^0;        /* mybit0 定义为 ibase 的第 0 位 */
sbit mybit15 = ibase^15;      /* mybit15 定义为 ibase 的第 15 位 */
sbit ary01 = bary[0]^1;       /* ary01 定义为 bary[0]的第 1 位 */
sbit ary25 = bary[2]^5;       /* ary25 定义为 bary[2]的第 5 位 */
```

项目 11:认识 C51 的运算符

● 技能目标

掌握任务 11-1:分别用 P2、P3 口显示“加减”运算结果。

掌握任务 11-2:用 P1 口显示逻辑“与或”运算结果。

掌握任务 11-3:分别用 P2、P3 口显示位“与或”运算结果。

掌握任务 11-4:用 P1 口显示“左右移”运算结果。

● 知识目标

学习目的:

(1) 掌握算术运算符、算术表达式及优先级。

(2) 掌握关系运算符、关系表达式及优先级。

(3) 掌握逻辑运算符、逻辑表达式及优先级。

(4) 掌握 C51 位操作及其表达式。

学习重点和难点:

(1) 算术运算符、算术表达式及优先级。

(2) 关系运算符、关系表达式及优先级。

(3) 逻辑运算符、逻辑表达式及优先级。

(4) C51 位操作及其表达式。

任务 11-1：分别用 P2、P3 口显示“加减”运算结果

微课 3-2

1. 任务要求

(1) 了解“加”运算及编程。

(2) 了解“减”运算及编程。

(3) 掌握十进制数、十六进制数、二进制数转换。

(4) 掌握无符号字符型定义，即 unsigned char a，b；。

(5) 掌握无限循环编程。

2. 任务描述

分别用 P2、P3 口显示“加减”运算结果。把两个数进行“加减”运算，即设“52＋48”和“52－48”，把“加”运算结果送 P2 口显示出来，把“减”运算结果送 P3 口显示出来。

3. 任务实现

1) 分析

设置两个无符号字符型变量 a 和 b，并分别赋值十进制数 52 和 48，然后进行 a＋b 和 a－b 运算，并把运算结果分别送 P2、P3 口显示。

2) 程序设计

先建立文件夹 XM11-1，然后建立 XM11-1 工程项目，最后建立源程序文件 XM11-1. c，输入如下源程序：

```
#include<reg51.h>              //包含单片机寄存器的头文件
/*********************************************************
函数功能：主函数(C 语言规定必须有 1 个主函数)。
*********************************************************/
void main(void)
{
  unsigned char a,b;           //定义无符号字符型，最大取值范围为 255
  a = 52;                      //a 赋值为 52
  b = 48;                      //b 赋值为 48
  P2 = a + b; /* P2 = 52 + 48 = 100 = 64H = 01100100B，结果为 P2.7、P2.4、P2.3、P2.1、P2.0 接的 LED
              灯亮 */
  P3 = a - b; /* P3 = 52 - 48 = 4 = 00000100B，结果为 P3.7、P3.6、P3.5、P3.4、P3.3、P3.1、P3.0 接的
              LED 灯亮 */
  while(1);                    //无限循环
    ;                          //空操作
}
```

3) 用 Proteus 软件仿真

经过 Keil 软件编译通过后，在 Proteus ISIS 编辑环境中绘制仿真电路图，将编译好的 XM11-1. hex 文件加载到 AT89C51 里，然后启动仿真，就可以看到分别用 P2、P3 口显示“加减”运算结果，如图 3-4 所示。

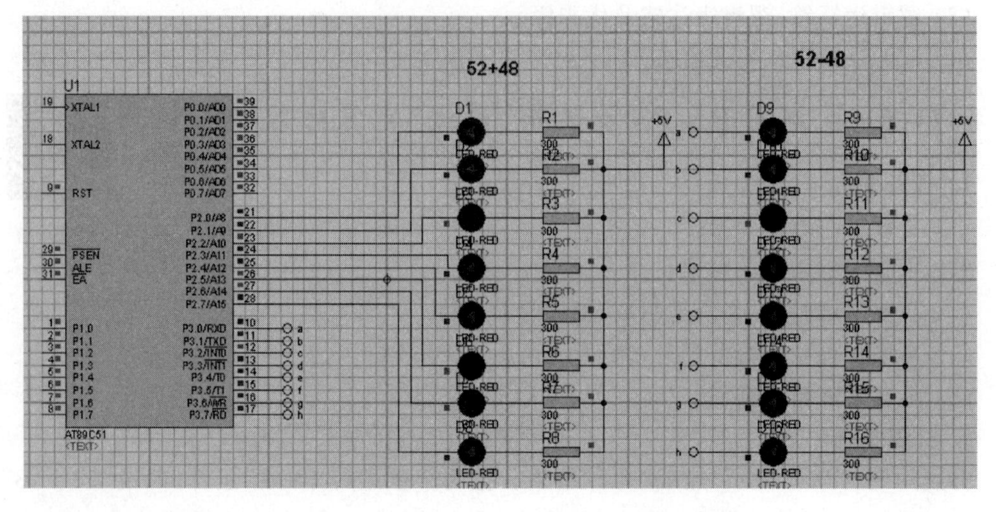

图 3-4　分别用 P2、P3 口显示“加减”运算结果

任务 11-2：用 P1 口显示逻辑“与或”运算结果

微课 3-3

1. 任务要求

(1) 掌握“与”运算及编程。

(2) 掌握“或”运算及编程。

(3) 掌握延时程序编程。

(4) 掌握无限循环编程。

2. 任务描述

用 P1 口显示逻辑“与或”运算结果。把(6>0x0f)&&(8<0x0a)+0x00 和(6>0x0f) || (8<0x0a)+0xfe 运算结果送 P1 口显示出来。

3. 任务实现

1) 分析

把(6>0x0f)和(8<0x0a)+0x00 进行“与”运算，即(6>0x0f)&&(8<0x0a)+0x00=0&&1+0x00=0x00，结果送 P1 口使得 8 只 LED 全亮，然后调延时；再把(6>0x0f)和(8<0x0a)+0xfe 进行“或”运算，即(6>0x0f) || (8<0x0a)+0xfe=0 || 1+0xfe=0xff，结果送 P1 口使得 8 只 LED 全灭，然后调延时。

2) 程序设计

先建立文件夹 XM11-2，然后建立 XM11-2 工程项目，最后建立源程序文件 XM11-2.c，输入如下源程序：

```
#include<reg51.h>                //包含单片机寄存器的头文件
/*******************************************
   函数功能：用整型数据延时时间。
*******************************************/
void delay(void)                 //两个 void 的意思分别为无须返回值，没有参数传递
{
   unsigned int i;               //定义无符号整数，最大取值范围为 65535
   for(i=0;i<50000;i++)          //做 50000 次空循环
```

```
                        ;                       //什么也不做,等待一个机器周期
}
/*****************************************************
函数功能: 主函数。
*****************************************************/
void main(void)
{
  while(1)                                      //无限循环
    {
       P1 = (6 > 0x0f)&&(8 < 0x0a) + 0x00;      //运算结果送 P1 = 0000 0000B,LED1～LED8 灯亮
       delay();                                 //延时
       P1 = ((6 > 0x0f)||(8 < 0x0a)) + 0xfe;    //运算结果送 P1 = 1111 1111B,LED1～LED8 灯灭
       delay();                                 //延时
    }
}
```

3）用 Proteus 软件仿真

经过 Keil 软件编译通过后，在 Proteus ISIS 编辑环境中绘制仿真电路图，将编译好的 XM11-2.hex 文件加载到 AT89C51 里，然后启动仿真，就可以看到用 P1 口显示逻辑"与或"运算结果，如图 3-5 所示。

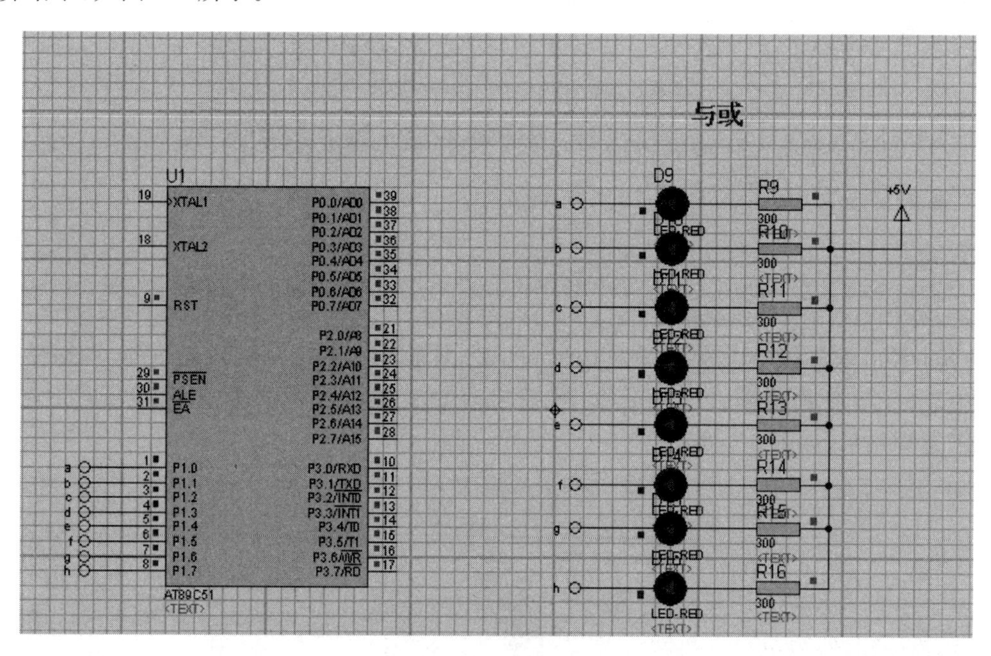

图 3-5　用 P1 口显示逻辑"与或"运算结果

任务 11-3：分别用 P2、P3 口显示位"与或"运算结果

微课 3-4

1. 任务要求

（1）掌握位"与"运算及编程。

（2）掌握位"或"运算及编程。

（3）掌握十六进制数、二进制数转换。

（4）掌握无限循环编程。

2. 任务描述

分别用 P2、P3 口显示位“与或”运算结果。将两个十六进制数进行位“与或”运算，即设 0x52&0x48 和 0x52|0x48，把位“与”运算结果送 P2 口显示出来，把位“或”运算结果送 P3 口显示出来。

3. 任务实现

1）分析

设两个十六进制数进行位“与”运算，即 0x52&0x48＝01010010&01001000＝01000000，把运算结果送 P2 口显示出来，把数 0x52|0x48＝01010010&01001000＝01011010 运算结果送 P3 口显示出来。

2）程序设计

先建立文件夹 XM11-3，然后建立 XM11-3 工程项目，最后建立源程序文件 XM11-3.c，输入如下源程序：

```
#include<reg51.h>              //包含单片机寄存器的头文件
/*******************************************************
函数功能：主函数(C语言规定必须有 1 个主函数)。
*******************************************************/
void main(void)
{
  P2 = 0x52&0x48; /* P2 = 01010010&01001000 = 01000000B，结果为 P2.7、P2.5、P2.4、P2.3、P2.2、
                     P2.1、P2.0 接的 LED 灯亮 */
  P3 = 0x52|0x48; /* P3 = 01010010&01001000 = 01011010B，结果为 P3.7、P3.5、P3.2、P3.0、接的 LED
                     灯亮 */
  while(1);                    //无限循环
   ;                           //空操作
}
```

3）用 Proteus 软件仿真

经过 Keil 软件编译通过后，在 Proteus ISIS 编辑环境中绘制仿真电路图，将编译好的 XM11-3.hex 文件加载到 AT89C51 里，然后启动仿真，就可以看到分别用 P2、P3 口显示位“与或”运算结果，如图 3-6 所示。

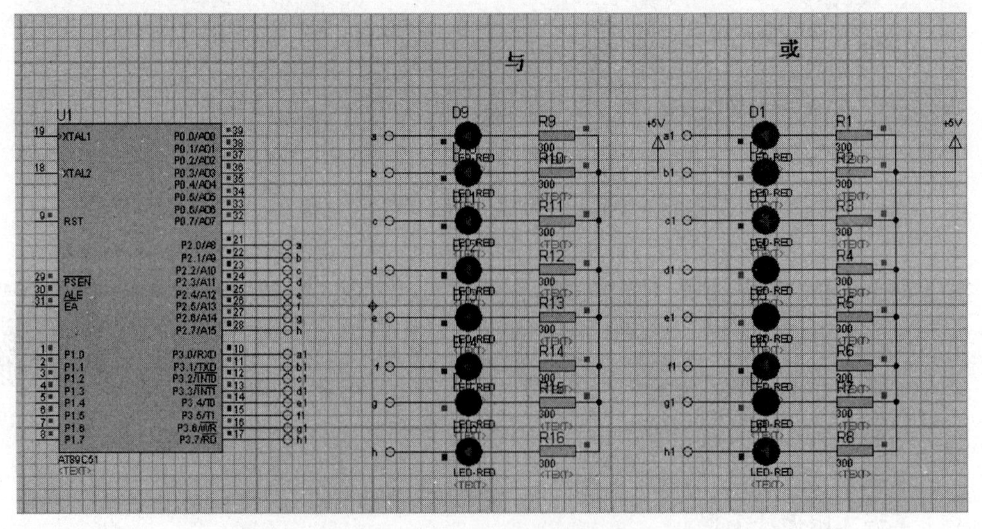

图 3-6　分别用 P2、P3 口显示位“与或”运算结果

任务 11-4：用 P1 口显示“左右移”运算结果

微课 3-5

1. 任务要求

(1) 掌握“右移”运算及编程。

(2) 掌握“左移”运算及编程。

(3) 掌握二进制数移位。

(4) 掌握无限循环编程。

2. 任务描述

用 P1 口显示“左右移”运算结果。把数“0xaa”进行“≪”左移 1 位运算，即 0xaa≪1，把运算结果送 P1 口显示出来，调延，然后再把 P1 口显示出的数左移 1 位显示；最后把刚刚左移 2 位的数进行右移 2 位运算，分别把运算结果送 P1 口显示出来。

3. 任务实现

1) 分析

设一个十六进制数 0xaa，展开成二进制数为 10101010B，进行左移 1 位运算 10101010B→01010100，规则为高位丢掉，低位添 0，把运算结果送 P1 口显示，再进行左移 1 位运算 01010100→10101000，把运算结果送 P1 口显示，即 LED7、LED5、LED3、LED2、LED1 亮，LED8、LED6、LED4 灭。然后再把这个数据进行右移 2 位运算，即 10101000→01010100→00101010，再把运算结果送 P1 口显示，即 LED8、LED7、LED5、LED3、LED1 亮，LED6、LED4、LED2 灭。

2) 程序设计

先建立文件夹 XM11-4，然后建立 XM11-4 工程项目，最后建立源程序文件 XM11-4.c，输入如下源程序：

```
#include<reg51.h>                    //包含单片机寄存器的头文件
/*****************************************
   函数功能：用整型数据延时时间。
*****************************************/
void delay(void)                     //两个 void 的意思分别为无须返回值,没有参数传递
{
   unsigned int i;                   //定义无符号整数,最大取值范围为 65535
   for(i = 0;i<50000;i++)            //做 50000 次空循环
                 ;                   //什么也不做,等待一个机器周期
}
/********************************************************
函数功能：主函数。
********************************************************/
void main(void)
{
  while(1)                           //无限循环
    {
      P1 = 0xaa << 1; /* 运算结果送 P1 = 01010100B, LED8、LED6、LED4、LED2、LED1 亮, LED7、LED5、
                       LED3 灭 */
      delay();                       //延时
      P1 = P1 << 1; /* 运算结果送 P1 = 10101000B, LED7、LED5、LED3、LED2、LED1 亮, LED8、LED6、LED4 灭 */
```

```
        delay();                    //延时
        P1 = P1 >> 1; /* 运算结果送 P1 = 01010100B,再把运算结果送 P1 口显示,即 LED8、LED6、LED4、
                      LED2、LED1 亮,LED7、LED5、LED3 灭 */
        delay();                    //延时
        P1 = P1 >> 1; /* 运算结果送 P1 = 00101010B,再把运算结果送 P1 口显示,即 LED8、LED7、LED5、
                      LED3、LED1 亮,LED6、LED4、LED2 灭 */
        delay();                    //延时
    }
}
```

3）用 Proteus 软件仿真

经过 Keil 软件编译通过后，在 Proteus ISIS 编辑环境中绘制仿真电路图，将编译好的 XM11-4.hex 文件加载到 AT89C51 里，然后启动仿真，就可以看到用 P1 口显示“左右移”运算结果，如图 3-7 所示。

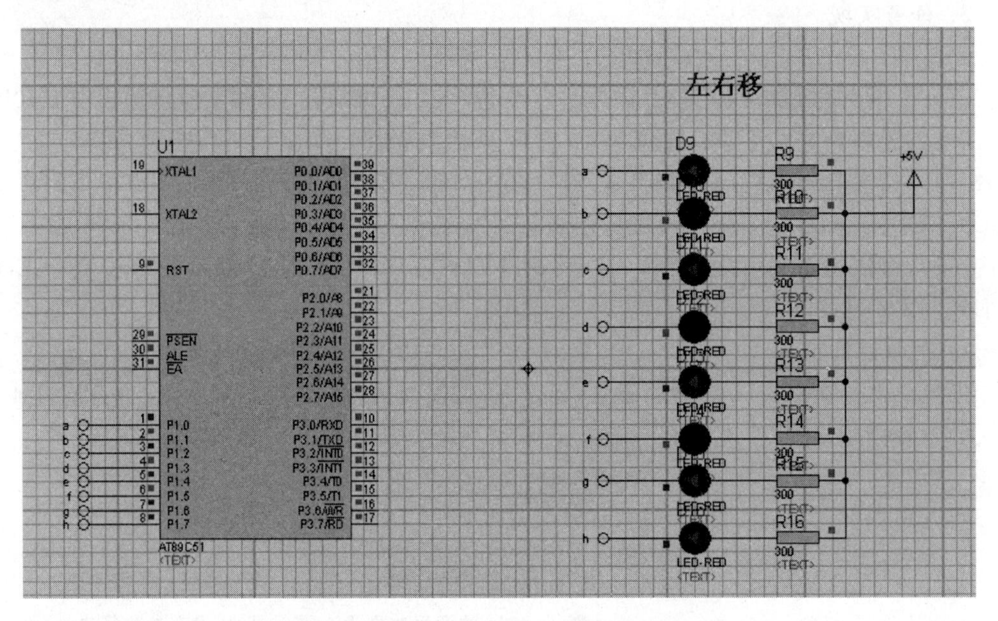

图 3-7　用 P1 口显示“左右移”运算结果

任务 11-5：相关知识

1. 算术运算符、关系表达式及优先级

1）基本算术运算符

+——加法运算符，或正值符号。

-——减法运算符，或负值符号。

×——乘法运算符。

/——除法运算符。

%——模(求余)运算符。例如，11%3=2，结果是 11 除以 3 所得余数 2。

在上述运算符中，加、减和乘法符合一般的算术运算规则。除法运算时，如果是两个整数相除，其结果为整数；如果是两个浮点数相除，其结果为浮点数。而对于取余运算，则要求两个运算对象均为整型数据。

C 语言规定了算术运算符的优先级和结合性。

优先级是指当运算对象两侧都有运算符时，执行运算的先后次序。按运算符优先级别的高低顺序执行运算。

结合性是指当一个运算对象两侧的运算符优先级别相同时的运算顺序。

算术运算符中，取负运算的优先级最高，其次是乘法、除法和取余，加法和减法的优先级最低。也可以根据需要，在算术表达式中采用括号来改变优先级的顺序。

例如：a+b/c；该表达式中，除号的优先级高于加号，故先运算 b/c，之后所得结果再与“a”相加。

(a+b)*(c-d)-e；该表达式中，括号优先级最高，其次是“*”，最后是减号。故先运算(a+b)和(c-d)，然后再将二者结果相乘，最后与 e 相减。

2）自增减运算符

自增减运算符的作用是使变量值自动加 1 或减 1。

++——自增运算符。

--——自减运算符。

++和--运算符只能用于变量，不能用于常量和表达式。例如++(a+1)是错误的。

例如：++i、--i　使用 i 前，先使 i 值加(减)1。

　　　i++、i--　使用 i 之后，再使 i 值加(减)1。

粗略看，++i 和 i++的作用都相当于 i=i+1，但++i 和 i++的不同之处在于，++i 先执行 i=i+1，再使用 i 的值；而 i++则是先使用 i 的值，再执行 i=i+1。

例如：若 i 值原来为 5，则

j=++i；j 的值为 6，i 的值也为 6。

j=i++；j 的值为 5，i 的值为 6。

3）类型转换

运算符两侧的数据类型不同时，要转换成同种类型。转换的方法有两种，一是自动转换，编译系统在编译时自动进行类型转换，顺序是：bit→char→int→long→float，signed→unsigned。二是强制类型转换，是通过类型转换运算来实现的。

其一般形式：(类型说明符)(表达式)

功能：把表达式的运算结果强制转换成类型说明符所表示的类型。

例如：(double)a　　将 a 强制转换成 double 类型；

　　　(int)(x+y)　将 x+y 值强制转换成 int 类型；

　　　(float)(5%3) 将模运算 5%3 的值强制转换成 float 类型。

2. 关系运算符、关系表达式及优先级

1）C51 提供 6 种关系运算符

<——小于。

<=——小于等于。

>——大于。

>=——大于等于。

==——测试等于。

!=——测试不等于。

2）关系运算符的优先级

（1）＜、＞、＜＝、＞＝的优先级相同，两种＝＝、＝＝相同；前4种优先级高于后两种。

（2）关系运算符的优先级低于算术运算符。

（3）关系运算符的优先级高于赋值运算符。

例如：c＞a＋b　等效于c＞(a＋b)；　a＞b！＝c　等效于(a＞b)！＝c

　　a＝b＞c　等效于a＝(b＞c)

3）关系运算符的结合性为左结合

例如：a＝4,b＝3,c＝1,则f＝a＞b＞c,因为a＞b的值为1,1＞c的值为0,故f＝0。

4）关系表达式

用关系运算符将两个表达式(可以是算术表达式、关系表达式、逻辑表达式、字符表达式)连接起来的式子。

5）关系表达式的结果

真和假。C51中用0表示假,1表示真。

3. 逻辑运算符和逻辑表达式及优先级

1）C51提供3种逻辑运算符

（1）！——逻辑“非”(NOT)。

（2）&&——逻辑“与”(AND)。

（3）‖——逻辑“或”(OR)。

“&&”和“‖”是双目运算符,要求有两个运算对象；而“!”是单目运算符,只要求有一个运算对象。

2）逻辑运算符的优先级

在逻辑运算中,逻辑非的优先级最高,且高于算术运算符；逻辑或的优先级最低,低于关系运算符,但高于赋值运算符。

3）逻辑表达式

用逻辑运算符将关系表达式或逻辑量连接起来的式子称为逻辑表达式。其值应为逻辑量真和假,逻辑表达式和关系表达式的值相同,以0代表假,1代表真。

4）逻辑运算符的结合性为从左到右

例如：如a＝4,b＝5则：

！a　　为假。因为a＝4(非0)为真,所以!a为假(0)。

a‖b　　为真。因为a,b为真,所以两者相或为真。

a&&b　　为真。

！a&&b　为假(0)。! 的优先级高于&&,先执行!a,为假(0),0&&b＝0,结果为假。

4. C51位操作及其表达式

C51提供6种位运算符：

&——位与。

|——位或。

^——位异或。

～——位取反。

≪——左移。

≫——右移。

除按位取反运算符“～”以外，以上位操作运算符都是双目运算符，及要求运算符两侧各有一个运算对象。

1）“按位与”运算符“&”

运算规则：参与运算的两个运算对象，若两者相应的位都为 1，则该位结果为 1，否则为 0，即 0&0＝0、0&1＝0、1&0＝0、1&1＝1

例如：a＝45h＝0100 0101b，b＝0deh＝1101 1110b，则表达式 c＝a&b＝44h

“按位与”的主要用途是：

(1) 清零。用 0 去和需要清零的位“按位与”运算。

(2) 取指定位。

2）“按位或”运算符“|”

运算规则：参与运算的两个运算对象，若两者相应的位中有一位为 1，则该位结果为 1，否则为 0，即 0|0＝0、0|1＝1、1|0＝1、1|1＝1

例如：a＝30h＝00110000b，b＝0fh＝00001111b，则表达式 c＝a|b＝3fh

“按位或”的主要用途是：将一个数的某些位置 1，则需要将这些位和 1 按位或，其余的位和 0 进行“按位或”运算则不变。

3）“异或”运算符“^”

运算规则：参与运算的两个运算对象，若两者相应的位相同，则结果为 0；若两者相应的位相异，结果为 1，即 0^0＝0、0^1＝1、1^0＝1、1^1＝0

例如：a＝0a5h，b＝3dh，则表达式 c＝a^b＝98h

“按位异或”的主要用途：

(1) 使特定位翻转(0 变 1，1 变 0)。需要翻转的位和 1 按位异或运算，不需要翻转的位和 0 按位异或运算。原数和自身按位异或后得 0。

(2) 不用临时变量而交换两数的值。

4）“位取反”运算符“～”

“～”是一个单目运算符，用来对一个二进制数按位取反，即 0 变 1，1 变 0。

5）位左移“≪”和位右移“≫”运算符

位左移、位右移运算符“≪”和“≫”，用来将一个二进制位的全部左移或右移若干位；移位后，空白位补 0，溢出的位舍弃。

例如：a＝15h，则 a＝a≪2＝54h；a＝a≫2＝05h

6）赋值和复合赋值运算符

符号“＝”称为赋值运算符，其作用是将一个数据的值赋予一个变量。赋值表达式的值就是被赋值变量的值。

在赋值运算符的前面加上其他运算符，就可以构成复合赋值运算符。C51 中共有 10 种复合赋值运算符，这 10 种复合赋值运算符均为双目运算符，即：

＋＝，－＝，*＝，/＝，%＝，≪＝，≫＝，&＝，|＝，^＝，～＝。

采用这种复合赋值运算的目的，是为了简化程序，提高 C 程序的编译效率。例如：

a＋＝b　相当于 a＝a＋b　　　a%＝b　相当于 a＝a%b

a－＝b　相当于 a＝a－b　　　a≪＝3　相当于 a＝a≪3

a∗=b　相当于 a=a∗b　　　　　　a≫=2　相当于 a=a≫2
a/=b　相当于 a=a/b　　　　　　……

7）其他运算符

[]——数组的下标。

()——括号。

.——结构/联合变量指针成员。

&——取内容。

?:——三目运算符。

,——逗号运算符。

sizeof——sizeof 运算符,用于在程序中测试某一数据类型占用多少字节。

项目 12：认识 C51 流程控制语句

● 技能目标

(1) 掌握任务 12-1：用按键 S 控制 P1 口 8 只 LED 显示状态。
(2) 掌握任务 12-2：用 for 语句实现蜂鸣器发出 1kHz 音频。
(3) 掌握任务 12-3：用 while 语句实现 P1 口 8 只 LED 显示状态。
(4) 掌握任务 12-4：用 do…while 语句实现 P1 口 8 只 LED 显示状态。

● 知识目标

学习目的：
(1) 掌握 C51 的顺序结构。
(2) 掌握 C51 的选择结构。
(3) 掌握 C51 的循环结构。

学习重点和难点：
(1) C51 的选择结构。
(2) C51 的循环结构。

微课 3-6

任务 12-1：用按键 S 控制 P1 口 8 只 LED 显示状态

1. 任务要求

(1) 掌握 if 语句功能及编程。
(2) 掌握 switch 语句功能及编程。
(3) 掌握 while 语句功能及编程。
(4) 掌握延时程序编写。

2. 任务描述

用按键 S 控制 P1 口 8 只 LED 显示状态。P3.0 接一个按键 S,P1 口接 8 只 LED。设计一个程序实现以下功能：S 按下第 1 次,LED1 发光；S 按下第 2 次,LED1、LED2 发光；S 按下第 3 次,LED1、LED2、LED3 发光…… S 按下第 8 次,LED1～LED8 都发光；S 按下第 9 次，LED1 发光；S 按下第 10 次，LED1、LED2 发光……依此循环。

3. 任务实现

1）分析

先设置一个变量 i，当 i=1 时，LED1 发光（被点亮）；当 i=2 时，LED1、LED2 发光；当 i=3 时，LED1、LED2、LED3 发光……当 i=8 时，LED1～LED8 都发光。由 switch 语句根据 i 的值来实现 LED 发光。

i 值的改变可以通过按键 S 来控制，每按下 S 按键一次，i 自增 1，当增加到 9 时，将其值重新置为 1。

2）程序设计

先建立文件夹 XM12-1，然后建立 XM12-1 工程项目，最后建立源程序文件 XM12-1.c，输入如下源程序：

```
#include<reg51.h>       //包含单片机寄存器的头文件
sbit S=P3^0;            //定义按键 S 接入 P3.0 引脚
/**************************************************
函数功能：延时约 150ms。
**************************************************/
void delay(void)
{
  unsigned char i,j;
    for(i=0;i<200;i++)
      for(j=0;j<250;j++)
        ;
}
/********************************************************
函数功能：主函数。
********************************************************/
void main(void)
{
 unsigned char i;
i=0;                    //i 初始化
while(1)                //无限循环
{
if(S==0)                //判断 S 按键是否被按下，如果 S=0 被按下
{
delay();                //150ms 延时，消除键盘抖动
if(S==0)                //再判断 S 按键是否被按下，如果 S=0 被按下
i++;                    //i 自增 1
if(i==9)                //如果 i=9，将其值重新置为 1
i=1;
}
switch(i)               //使用多分支语句
  {
case 1:P1=0xfe;         //LED1 发光
        break;          //退出 switch 语句
case 2:P1=0xfc;         //LED1、LED2 发光
        break;          //退出 switch 语句
case 3:P1=0xf8;         //LED1、LED2、LED3 发光
```

```
        break;                  //退出 switch 语句
case 4:P1 = 0xf0;               //LED1、LED2、LED3、LED4 发光
        break;                  //退出 switch 语句
case 5:P1 = 0xe0;               //LED1、LED2、LED3、LED4、LED5 发光
        break;                  //退出 switch 语句
case 6:P1 = 0xc0;               //LED1、LED2、LED3、LED4、LED5、LED6 发光
        break;                  //退出 switch 语句
case 7:P1 = 0x80;               //LED1、LED2、LED3、LED4、LED5、LED6、LED7 发光
        break;                  //退出 switch 语句
case 8:P1 = 0x00;               //LED1～LED8 发光
        break;                  //退出 switch 语句
default:                        //默认值,关闭所有 LED
        P1 = 0xff;
}
}
}
```

3) 用 Proteus 软件仿真

经过 Keil 软件编译通过后,在 Proteus ISIS 编辑环境中绘制仿真电路图,将编译好的 XM12-1.hex 文件加载到 AT89C51 里,然后启动仿真,就可以看到用按键 SW 控制 P1 口 8 只 LED 显示状态,如图 3-8 所示。

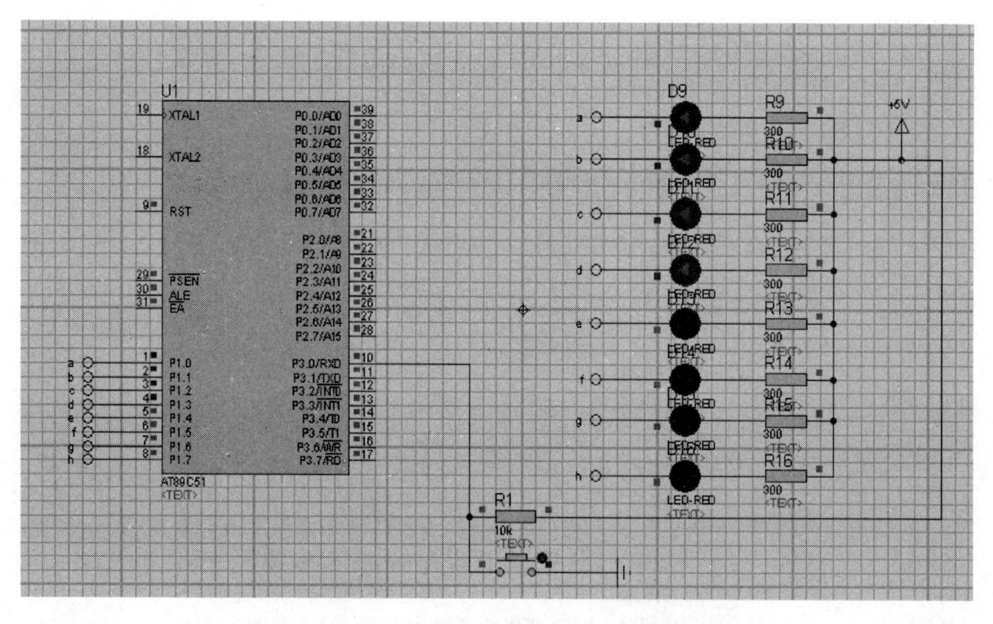

图 3-8 用按键 SW 控制 P1 口 8 只 LED 显示状态

任务 12-2:用 for 语句实现蜂鸣器发出 1kHz 音频

微课 3-7

1. 任务要求

(1) 掌握 for 语句功能及编程。

(2) 掌握延时时间的估算方法。

(3) 掌握 while 语句功能及编程。

(4) 掌握延时程序编写。

2. 任务描述

设计一个用 for 语句实现蜂鸣器发出 1kHz 音频的程序。要求：

(1) 发出频率为 1kHz 的音频；

(2) 蜂鸣器接到 P1.0 引脚上。

3. 任务实现

1) 分析

设单片机晶振频率为 12MHz，则机器周期为 1μs。只要让单片机的 P1.0 引脚的电平信号每隔音频的半个周期取反一次，即可发出 1kHz 音频。音频的周期为 T=1/1000Hz=0.001s，即 1000μs，半个周期为 1000μs/2=500μs，即在 P1.0 引脚上每 500μs 取反一次，即可发出 1kHz 音频。而延时 500μs 需要消耗机器周期数 N=500μs/3=167μs，即延时每循环 167 次，P1.0 引脚上取反一次就可以得到 1kHz 音频。

2) 程序设计

先建立文件夹 XM12-2，然后建立 XM12-2 工程项目，最后建立源程序文件 XM12-2.c，输入如下源程序：

```
#include<reg51.h>      //包含单片机寄存器的头文件
sbit sound = P1^0;     //将 sound 位定义为 P1.0 引脚
/***************************************************
函数功能：延时以形成约半个周期。
***************************************************/
void delay500μs(void)
{
   unsigned char i;
    for(i = 0;i<167;i++)
                 ;
}
/*******************************************************
函数功能：主函数。
*******************************************************/
void main(void)
{
  while(1)               //无限循环
    {
       sound = 0;        //P1.0 引脚输出低电平
       delay500μs();     //延时以形成半个周期
       sound = 1;        //P1.0 引脚输出高电平
       delay500μs();     //延时以形成一个周期 1kHz 音频
     }
}
```

3) 用 Proteus 软件仿真

经过 Keil 软件编译通过后，在 Proteus ISIS 编辑环境中绘制仿真电路图，将编译好的 XM12-2.hex 文件加载到 AT89C51 里，然后启动仿真，就可以听到用 for 语句实现蜂鸣器发出 1kHz 音频，效果图如图 3-9 所示。

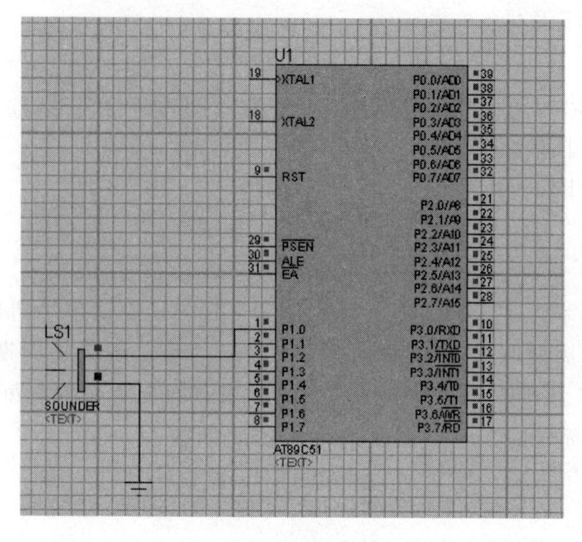

图 3-9 用for语句实现蜂鸣器发出1kHz音频

小结：消耗机器周期数的计算(近似值)：

(1) 一重循环：

```
for(i = 0;i < n;i++)      //n必须为无符号字符型数据
    ;
```

消耗机器周期数为：

$$N=3\times n$$

式中：N为消耗机器周期数；n为需要设置的循环次数(n必须为无符号字符型数据)。

(2) 二重循环：

```
for(i = 0;i < n;i++)      //n必须为无符号字符型数据
for(i = 0;i < m;i++)      //m必须为无符号字符型数据
    ;
```

消耗机器周期数为：

$$N=3\times n\times m$$

注意：上面公式的详细推导见参考文献[2]。

任务12-3：用while语句实现P1口8只LED显示状态

微课 3-8

1. 任务要求

(1) 掌握while语句功能及编程。

(2) 掌握延时程序编写。

2. 任务描述

设计一个用while语句实现P1口8只LED显示状态的程序。要求：

(1) P1口接8只发光二极管,低电平点亮。

(2) 点亮发光二极管间隔为150ms。

(3) 显示99种状态。

3. 任务实现

1) 分析

设计一个用 while 语句实现 P1 口 8 只 LED 显示状态的程序，根据要求在 while 语句循环中设置一个变量 i，当 i 小于 0x64(十进制数 100)时，将 i 的值送 P1 口显示，并 i 自增 1，当 i 等于 0x64 时，就跳出 while 循环。

2) 程序设计

先建立文件夹 XM12-3，然后建立 XM12-3 工程项目，最后建立源程序文件 XM12-3.c，输入如下源程序：

```
#include<reg51.h>     //包含单片机寄存器的头文件
/*************************************************
函数功能：延时约 150ms。
*************************************************/
void delay(void)
{
   unsigned char i,j;
    for(i=0;i<200;i++)
     for(j=0;j<250;j++)
          ;
}
/*******************************************************
函数功能：主函数。
*******************************************************/
void main(void)
{
  unsigned char i;
  while(1)                  //无限循环
    {
      i=0;                  //将 i 置为 0,即初始化
      while(i<0x64)         //i 小于 100 时执行循环体
       {
       P1=i;                //将 i 值送 P1 口显示
       delay();             //调延时
       i++;                 //i 自增 1
      }
    }
}
```

3) 用 Proteus 软件仿真

经过 Keil 软件编译通过后，在 Proteus ISIS 编辑环境中绘制仿真电路图，将编译好的 XM12-3.hex 文件加载到 AT89C51 里，然后启动仿真，就可以回到用 while 语句实现 P1 口 8 只 LED 显示状态，效果图如图 3-10 所示。

任务 12-4：用 do…while 语句实现 P1 口 8 只 LED 显示状态

微课 3-9

1. 任务要求

(1) 掌握 do…while 语句功能及编程。

(2) 掌握延时时间的估算方法。

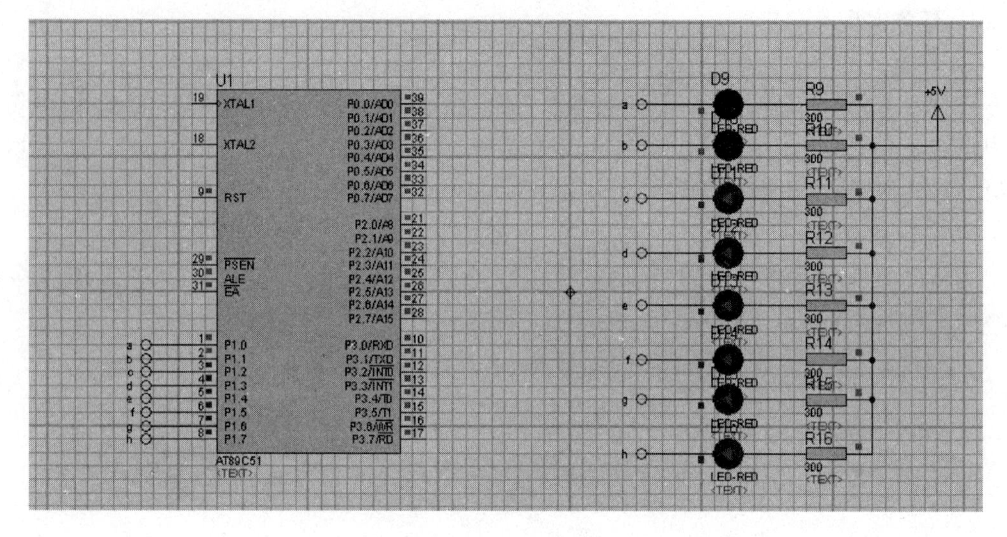

图 3-10　用 while 语句实现 P1 口 8 只 LED 显示状态

(3) 掌握延时程序编写。

2. 任务描述

设计一个用 do…while 语句实现 P1 口 8 只 LED 显示状态的程序。要求：

(1) P1 口接 8 只发光二极管,低电平点亮；

(2) 点亮发光二极管间隔为 150ms；

(3) 点亮次序为：LED1 发光；LED1、LED2 发光；LED1、LED2、LED3 发光……LED1～LED8 都发光；LED1 发光；LED1、LED2 发光……依此循环。

3. 任务实现

1) 分析

只要在循环体中按照点亮次序依次点亮,再将循环条件设置为死循环即可。下面讨论点亮 LED 的控制码。LED1 发光的控制码为 0xfe；LED1、LED2 发光的控制码为 0xfc；LED1、LED2、LED3 发光的控制码为 0xf8……LED1～LED8 都发光的控制码为 0x00；LED1 发光的控制码为 0xfe；LED1、LED2 发光的控制码为 0xfc……依此循环。

2) 程序设计

先建立文件夹 XM12-4,然后建立 XM12-4 工程项目,最后建立源程序文件 XM12-4.c,输入如下源程序：

```
#include<reg51.h>     //包含单片机寄存器的头文件
/**********************************************
函数功能：延时约 150ms。
**********************************************/
void delay(void)
{
   unsigned char i,j;
    for(i=0;i<200;i++)
     for(j=0;j<250;j++)
       ;
}
```

```
/ *******************************************************
函数功能：主函数。
******************************************************* /
void main(void)
{
  do
   {
      P1 = 0xfe;            //LED1 点亮
delay();                    //延时
P1 = 0xfc;                  //LED1、LED2 点亮
delay();                    //延时
      P1 = 0xf8;            //LED1、LED2、LED3 点亮
delay();                    //延时
      P1 = 0xf0;            //LED1、LED2、LED3、LED4 点亮
delay();                    //延时
      P1 = 0xe0;            //LED1、LED2、LED3、LED4、LED5 点亮
delay();                    //延时
      P1 = 0xc0;            //LED1、LED2、LED3、LED4、LED5、LED6 点亮
delay();                    //延时
      P1 = 0x80;            //LED1、LED2、LED3、LED4、LED5、LED6、LED7 点亮
delay();                    //延时
      P1 = 0x00;            //LED1、LED2、LED3、LED4、LED5、LED6、LED7、LED8 点亮
delay();                    //延时
    }while(1);              //无限循环,需要注意此句的";"不能少
}
```

3）用 Proteus 软件仿真

经过 Keil 软件编译通过后，在 Proteus ISIS 编辑环境中绘制仿真电路图，将编译好的 XM12-4. hex 文件加载到 AT89C51 里，然后启动仿真，就可以回到用 do…while 语句实现 P1 口 8 只 LED 显示状态，效果图如图 3-11 所示。

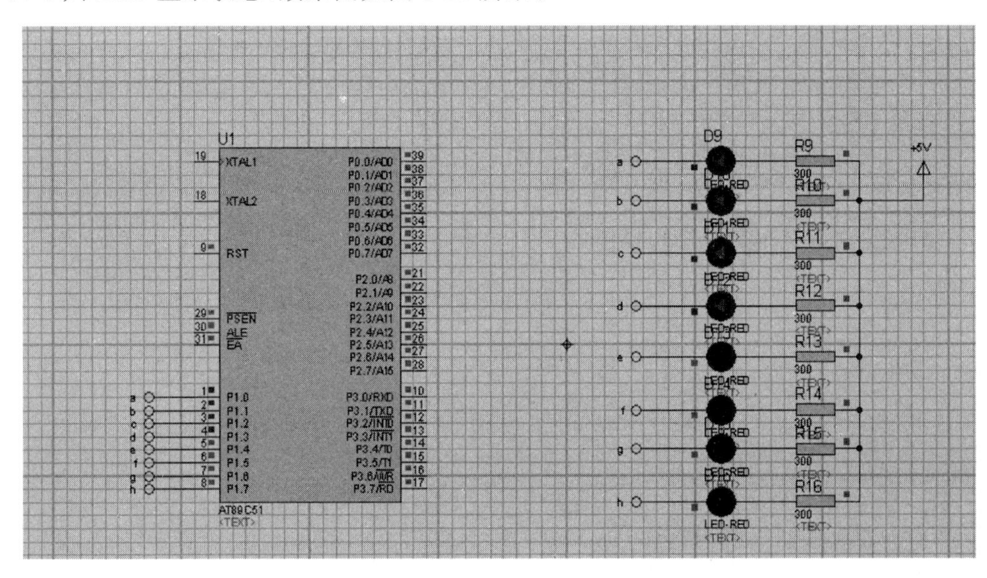

图 3-11　用 do…while 语句实现 P1 口 8 只 LED 显示状态

任务12-5：相关知识

1. 概述

顺序结构、选择结构和循环结构是实现所有程序的3种基本结构，也是C51语言程序的3种基本构造单元。选择结构体现了程序的逻辑判断能力。分支结构分为简单分支(两分支)和多分支两种情况。一般采用if语句实现简单分支结构的程序，用switch…case语句实现多分支结构程序。循环结构解决了重复性的程序段的设计，主要有for语句、while语句以及do…while语句。

2. C51的顺序结构

顺序结构是一种基本、最简单的编程结构。在这种结构中，程序由低地址向高地址顺序执行指令代码。如图3-12所示，程序先执行语句A，再执行语句B，两者是顺序执行的关系。

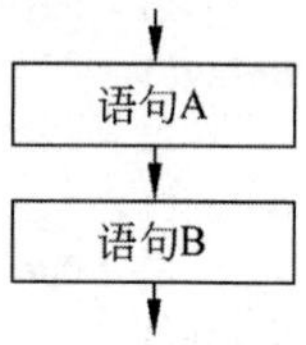

图3-12　顺序结构

3. C51的选择结构

选择语句就是条件判断语句，首先判断给定的条件是否满足，然后根据判断的结果决定执行给出的若干选择之一。在C51中，选择语句有条件语句和开关语句两种。

1）条件语句

条件语句由关键字if构成。它的基本结构是：

```
if (表达式)
 {语句};
```

如果括号中的表达式成立(为真)，则程序执行花括弧中的语句；否则程序将跳过花括弧中的语句部分，执行下面的语句。C语言提供了3种形式的if语句。

(1) 形式1

```
if(表达式)
 {语句}
```

例如：

```
if (x>y)
printf("%d",x);
```

(2) 形式2

```
if(条件表达式){语句1;} else {语句2}
```

例如：

```
if (x>y) max=x;
else max=y;
```

(3) 形式3

```
if(表达式1){语句1;}
  else if(表达式2){语句2;}
  else if(条件表达式3){语句3;}
       …
  else if(条件表达式n){语句n;}
  else {语句m}
```

例如：

```
if (salary>1000)  index=0.4;
  else if (salary>800)  index=0.3;
    else if (salary>600)  index=0.2;
      else if (salary>400)  index=0.1;
        else  index=0;
```

说明：if 语句中又含有一个或多个 if 语句，这种情况称为 if 语句的嵌套。

2）开关语句

开关语句主要用于多分支的场合。一般形式：

```
switch (表达式)
{
  Case 常量表达式 1: 语句 1;break;
  Case 常量表达式 2: 语句 2;break;
    :
    :
  Case 常量表达式 n: 语句 n;break;
  default: 语句 n+1;
  }
```

当 switch 括号中表达式的值与某一个 case 后面的常量表达式的值相等时，就执行它后面的语句，然后因遇到 break 而退出 switch 语句。当所有的 case 中的常量表达式的值都没有与表达式的值相匹配时，就执行 default 后面的语句。

每一个 case 的常量表达式必须是互不相同的，否则就会出现针对表达式的同一个值，有两种以上的选择。

如果 case 语句中遗忘了 break，则程序在执行了本行 case 选择后，不会按规定退出 switch 语句，而是执行后续的 case 语句。

4. C51 的循环结构

程序设计中，常常要求进行有规律的重复操作，如求累加和、数据块的搬移等。几乎所有的实用程序都包含有循环结构。循环结构是结构化程序设计的 3 种基本结构之一，因此掌握循环结构的概念是程序设计，尤其是 C 程序设计最基本的要求。

在 C51 语言中，实现循环的语句主要有 3 种。

1）while 语句的一般形式

```
while(表达式)
  {语句;      /*循环体*/}
```

while 语句的语义是：计算表达式的值，当值为真(非 0)时，执行循环体语句。

使用 while 语句应注意以下几点：

(1) while 语句中的表达式一般是关系表达式或逻辑表达式，只要表达式的值为真(非 0)，即可继续循环。

(2) 循环体如包含一个以上的语句，则必须用“{}”括起来，组成复合语句。

(3) while 循环体中，应有使循环趋向于结束的语句，如无此种语句，循环将无休止地继续下去。一直运行，直至关机。

```
while (1)
  { }
```

这个语句的作用是无限循环,一直运行,直至关机。

2) do…while 语句的一般形式

```
do
{语句;}        /* 循环体 */
while (表达式);
```

do while 循环语句的执行过程如下:首先执行循环体语句,然后执行圆括号中的表达式。如果表达式的值为真(非0值),则重复执行循环体语句,直到表达式的值变为假(0值)时为止。对于这种结构,在任何条件下,循环体语句至少会被执行一次。

3) for 语句的一般形式

```
for (表达式 1;表达式 2;表达式 3)
{语句;}        /* 循环体 */
```

有关 for 循环语句的执行过程和 for 循环的几种特殊结构,请读者参考 C 语言教材。

项目 13:认识 C51 的数组

● 技能目标

掌握任务 13-1:用数组实现 P1 口 8 只 LED 显示状态。

● 知识目标

学习目的:

(1) 掌握一维数组。

(2) 掌握二维数组。

(3) 掌握字符数组。

(4) 掌握查表。

学习重点和难点:

(1) 一维数组。

(2) 二维数组。

(3) 字符数组。

(4) 查表。

任务 13-1:用数组实现 P1 口 8 只 LED 显示状态

微课 3-10

1. 任务要求

(1) 掌握 for 语句功能及编程。

(2) 掌握无符号字符型数组功能及编程。

(3) 掌握 while 语句功能及编程。

(4) 掌握延时程序编写。

2. 任务描述

用数组实现 P1 口 8 只 LED 显示状态。设计一个程序用无符号字符型数组实现以下功能：先设置一个变量 i，当 i=1 时，LED1 发光（被点亮）；当 i=2 时，LED1、LED2 发光；当 i=3 时，LED1、LED2、LED3 发光……当 i=8 时，LED1～LED8 都发光，当 i=9 时，LED1～LED8 都熄灭，当 i=1 时，LED1 发光……依此循环。

3. 任务实现

1）分析

用无符号字符型数组实现，大大简化了程序设计和节约了存储器空间，关键字为“code”，其定义如下：

```
unsigned char code Tab[ ] = {0xfe,0xfc,0xf8,0xf,0xe0,0xc0,0x80,0x00,0xff}; /* 定义无符号字符
型数组,数组元素为点亮 LED 状态控制码 */
```

2）程序设计

先建立文件夹 XM13-1，然后建立 XM13-1 工程项目，最后建立源程序文件 XM13-1.c，输入如下源程序：

```
#include<reg51.h>      //包含单片机寄存器的头文件
/*************************************************
函数功能：延时约 150ms。
*************************************************/
void delay(void)
{
   unsigned char i,j;
    for(i=0;i<200;i++)
     for(j=0;j<250;j++)
        ;
}
/*******************************************************
函数功能：主函数。
*******************************************************/
void main(void)
{
 unsigned char i;
  unsigned char code Tab[ ] = {0xfe,0xfc,0xf8,0xf0,0xe0,0xc0,0x80,0x00,0xff}; /* 定义无符号
字符型数组,数组元素为点亮 LED 状态控制码 */
  while(1)              //无限循环
    {
       for(i=0;i<9;i++)
         {
           P1 = Tab[i]; //引用数组元素,送 P1 口点亮 LED
           delay();     //延时
         }
     }
}
```

3）用 Proteus 软件仿真

经过 Keil 软件编译通过后，在 Proteus ISIS 编辑环境中绘制仿真电路图，将编译好的 XM13-1.hex 文件加载到 AT89C51 里，然后启动仿真，就可以看到用数组实现 P1 口 8 只 LED 显示状态，如图 3-13 所示。

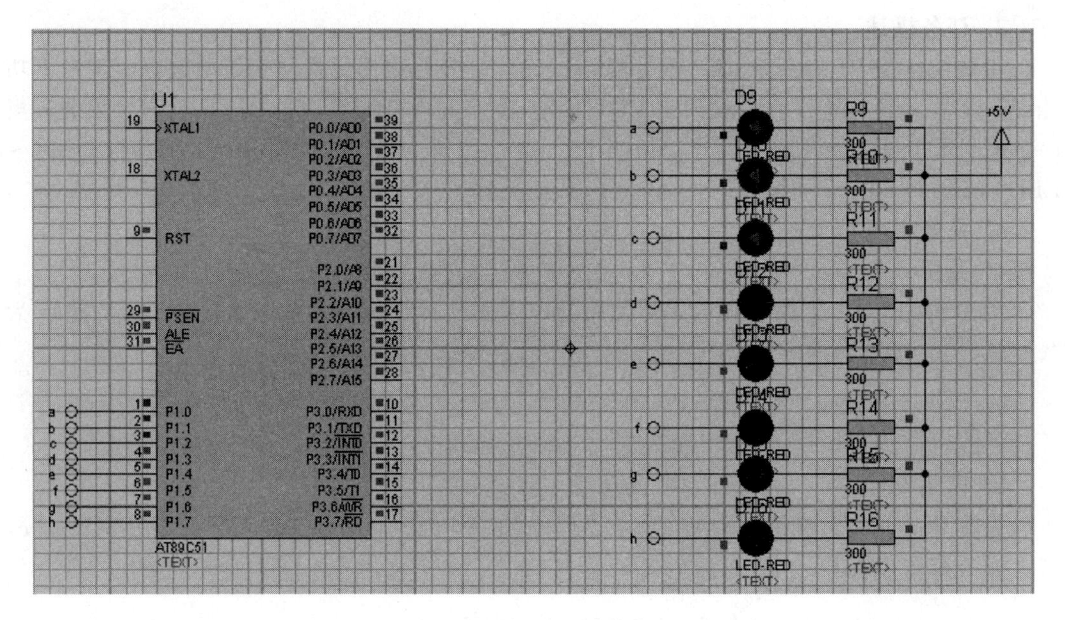

图 3-13　用数组实现 P1 口 8 只 LED 显示状态

任务 13-2：相关知识

1. 概述

在程序设计中，为了处理方便，把具有相同类型的若干变量按有序的形式组织起来。这些按序排列的同类型数据元素的集合称为数组。

在 C 语言中，数组属于构造数据类型。一个数组可以分解为多个数据元素，这些数据元素可以是基本的数据类型，或是构造类型。因此，按数组元素的类型不同，数组又可分为数值数组、字符数组、指针数组、结构数组等多种类别。

2. 一维数组

1）一维数组的定义方式

```
类型说明符　数组名[整型常量表达式];
```

例如：

```
int a[10];
```

它表示数组名为 a，此数组有 10 个元素。

说明：

(1) 数组名的命名规则和变量名相同，遵循标识符命名规则。

(2) 数组名后是用方括号括起来的常量表达式，不能用圆括弧。

(3) 常量表达式表示元素的个数，即数组的长度。例如，在 int a[10]中，10 表示 a 数组有 10 个数据元素，下标从 0 开始，这 10 个元素是：a[0]，a[1]，a[2]，a[3]，a[4]，a[5]，a[6]，a[7]，a[8]，a[9]。注意不能使用 a[10]。

(4) 常量表达式中可以包括常量和符号常量，不能包含变量。也就是说，C51 不允许对数组的大小作动态定义，即数组大小不依赖于程序运行过程中变量的值。

2）一维数组的初始化

对数组元素的初始化，可以用以下方法实现：

（1）定义数组时对数组元素赋予初值。例如：

```
int a[10] = {0,1,2,3,4,5,6,7,8,9};
```

将数组元素的初值依次放在一对花括弧内。经过上面的定义和初始化之后，a[0]=0，a[1]=1，a[2]=2，a[3]=3，a[4]=4，a[5]=5，a[6]=6，a[7]=7，a[8]=8，a[9]=9。

（2）可以只给一部分元素赋值。例如：

```
int a[10] = {0,1,2,3,4};
```

定义a数组有10个元素，但花括弧内只提供5个初值，这表示只给前5个元素赋初值，后面的5个元素值为0。

（3）在对全部数组元素赋初值时，可以不指定数组的长度。例如：

```
int a[5] = {1,2,3,4,5};
```

也可以写成：

```
int a[ ] = {1,2,3,4,5};
```

3）一维数组元素的引用

数组必须先定义，后使用。C51语言规定只能逐个引用数组元素，而不能一次引用整个数组。数组元素的表示形式为：

```
数组名[下标]
```

下标可以是整型常量或整型表达式。如：

```
a[0] = a[5] + a[7]-a[2 * 3];
```

3. 二维数组

1）二维数组定义的一般形式

```
类型说明符  数组名[常量表达式][常量表达式]
```

例如

```
int a[3][4],b[5][10];
```

定义a为3×4（3行4列）的数组，b为5×10（5行10列）的数组。数组元素为int型数据。

注意，不能写成：

```
int a[3,4],b[5,10];
```

C51语言对二维数组采用这样的定义方式，使我们可以把二维数组看作一种特殊的一维数组：它的元素又是一维数组。例如，把a看作一个一维数组，它有3个元素：a[0]、a[1]、a[2]，每个元素又是一个包含4个元素的一维数组，如图3-14(a)、(b)所示。

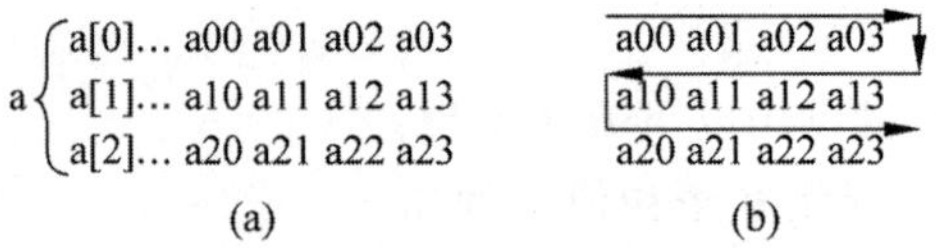

```
   ┌a[0]... a00 a01 a02 a03        a00 a01 a02 a03
 a ┤a[1]... a10 a11 a12 a13        a10 a11 a12 a13
   └a[2]... a20 a21 a22 a23        a20 a21 a22 a23
          (a)                            (b)
```

图 3-14　二维数组

2）二维数组的初始化

（1）按行赋初值

数据类型　数组名[行常量表达式][列常量表达式] = {{第 0 行初值表},{第 1 行初值表},…,{最后 1 行初值表}};

（2）按二维数组在内存中的排列顺序给各元素赋初值

数据类型　数组名[行常量表达式][列常量表达式] = {初值表};

3）二维数组元素的引用

数组名[行下标表达式][列下标表达式]

“行下标表达式”和“列下标表达式”,都应是整型表达式或符号常量。

“行下标表达式”和“列下标表达式”的值,都应在已定义数组大小的范围内。

对基本数据类型的变量所能进行的操作,也适合于相同数据类型的二维数组元素。

4. 字符数组

字符数组就是元素类型为字符型(char)的数组,字符数组是用来存放字符的。在字符数组中,一个元素存放一个字符,可以用字符数组存储长度不同的字符串。

1）字符数组的定义

字符数组的定义和数组定义的方法类似。

如 char str[10],定义 str 为一个有 10 个字符的一维数组。

2）字符数组置初值

最直接的方法是将各字符逐个赋给数组中的各元素。如

```
char str[10] = {'M','I','A','N',' ','Y','A','N','G','\0'}; /* '\0'表示字符串的结束标志 */
```

C 语言还允许用字符串直接给字符数组置初值。其方法有以下两种形式：

```
char str[10] = {"Cheng Du"}; char str[10] = "Bei Jing"
```

5. 查表

在 C51 编程中,数组的一个非常有用的功能之一就是查表。

在实际单片机应用系统中,希望单片机能进行高精度的数学运算,但这并非单片机的特长,也不是完全必要的。许多嵌入式控制系统的应用中,人们更愿意用表格,而不是数学公式,特别是在 A/D 转换中对模拟量的标定,使用表格查找法避免数值计算。在 LED 数码显示、LCD 的汉字显示系统中,一般将字符或汉字的点阵信息存放在表格中,表格可事先计算好装入 EPROM 中。

例如：将摄氏温度转换成华氏温度。

```
#define uchar unsigned char
uchar code tempt[] = {32,34,36,37,39,41}; /* 数组,设置在 EPROM 中,长度为实际输入的值 */
```

```
uchar f2c(uchar degr)
  { ……
    return tempt(degr);}                /* 返回华氏温度值 */
void main()
  { uchar x;
  x = f2c(5);                           /* 得到 5℃ 相应的华氏温度 */
  }
```

项目 14：认识 C51 的指针

● 技能目标

(1) 掌握任务 14-1：用指针数组实现 P1 口 8 只 LED 显示状态。
(2) 掌握任务 14-2：用指针数组实现多状态显示。

● 知识目标

学习目的：
(1) 了解指针的基本概念。
(2) 掌握指针变量的使用。
(3) 掌握数组指针和指向数组的指针变量。
(4) 掌握指向多维数组的指针和指针变量。
(5) 掌握关于 Keil C51 的指针类型。
学习重点和难点：
(1) 指针变量的使用。
(2) 数组指针和指向数组的指针变量。
(3) 指向多维数组的指针和指针变量。
(4) 关于 Keil C51 的指针类型。

任务 14-1：用指针数组实现 P1 口 8 只 LED 显示状态

微课 3-11

1. 任务要求
(1) 掌握指针的概念。
(2) 掌握指针运算符“ * ”功能及编程。
(3) 掌握无符号字符型数组功能及编程。
(4) 掌握 while 语句功能及编程。
2. 任务描述
用指针数组实现 P1 口 8 只 LED 显示状态。设计一个程序，用指针数组实现以下功能：先设置一个变量 i，当 i=1 时，LED1 发光(被点亮)；当 i=2 时，LED1、LED2 发光；当 i=3 时，LED1、LED2、LED3 发光……当 i=8 时，LED1～LED8 都发光；当 i=9 时，LED1～LED8 都熄灭；当 i=1 时，LED1 发光……依此循环。
3. 任务实现
1) 分析
用无符号字符型数组来定义控制码，其控制码值如下：

```
unsigned char code Tab[] = {0xfe,0xfc,0xf8,0xf0,0xe0,0xc0,0x80,0x00,0xff};
```

将其元素的地址依次存入如下指针数组：

```
unsigned char *p[] = {&Tab[0],&Tab[1],&Tab[2],&Tab[3],&Tab[4],&Tab[5],&Tab[6],&Tab[7],
&Tab[8]};
```

然后,利用指针运算符"*"取得各指针所指元素的值,送P1口8只LED显示。

2) 程序设计

先建立文件夹XM14-1,然后建立XM14-1工程项目,最后建立源程序文件XM14-1.c,输入如下源程序：

```
#include<reg51.h>          //包含单片机寄存器的头文件
/*************************************************
函数功能：延时约150ms。
*************************************************/
void delay(void)
{
   unsigned int i;
    for(i = 0;i<50000;i++)
               ;
}
/*****************************************************
函数功能：主函数。
*****************************************************/
void main(void)
{
 unsigned char i;             //定义无符号字符型数据
  unsigned char code Tab[] = {0xfe,0xfc,0xf8,0xf0,0xe0,0xc0,0x80,0x00,0xff}; /*定义无符号
字符型数组,数组元素为点亮LED状态控制码*/
  unsigned char *p[] = {&Tab[0],&Tab[1],&Tab[2],&Tab[3],&Tab[4],&Tab[5],&Tab[6],&Tab[7],
&Tab[8]};                    //取点亮LED状态控制码地址,初始化指针数组
  while(1)                   //无限循环
    {
     for(i = 0;i<9;i++)
       {
        P1 = *p[i];          //将指针所指数组元素值送P1口点亮LED
        delay();             //延时
       }
    }
}
```

3) 用Proteus软件仿真

经过Keil软件编译通过后,在Proteus ISIS编辑环境中绘制仿真电路图,将编译好的XM14-1.hex文件加载到AT89C51里,然后启动仿真,就可以看到用指针数组实现P1口8只LED显示状态,如图3-15所示。

任务14-2：用指针数组实现多状态显示

微课3-12

1. 任务要求

(1) 掌握指针运算符"*"功能及编程。

(2) 掌握多状态显示利用指针数组编程优点。

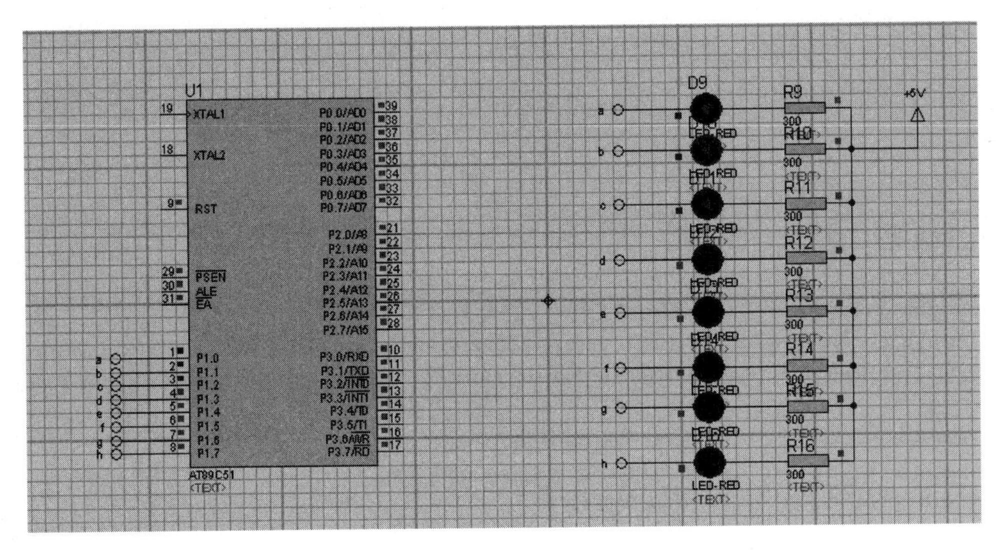

图 3-15　用指针数组实现 P1 口 8 只 LED 显示状态

（3）掌握数组关键字 code 功能及编程。

（4）掌握 while 语句功能及编程。

2. 任务描述

用指针数组实现多状态显示。任务要求：(1)利用 P1 口 8 只 LED 显示状态；(2)设计一个程序，用指针数组实现以下功能：先设置一个变量 i，当 i＝1 时，LED1 发光(被点亮)；当 i＝2 时，LED1、LED2 发光；当 i＝3 时，LED1、LED2、LED3 发光……当 i＝8 时，LED1～LED8 都发光；当 i＝9 时，LED1～LED8 都熄灭；当 i＝10 时，LED1 发光，当 i＝11 时，LED2 发光；当 i＝12 时，LED3 发光；当 i＝13 时，LED4 发光；当 i＝14 时，LED5 发光；当 i＝15 时，LED6 发光；当 i＝16 时，LED7 发光；当 i＝17 时，LED8 发光；当 i＝18 时，LED1～LED4 发光；当 i＝19 时，LED5～LED8 发光；当 i＝20 时，LED1、LED3、LED5、LED7 发光。

3. 任务实现

1）分析

用无符号字符型数组来定义控制码，其控制码值如下：

```
unsigned char code Tab[ ] = {0xfe,0xfc,0xf8,0xf0,0xe0,0xc0,0x80,0x00,0xff,0xfe,0xfd,0xfb,
0xf7,0xef,0xdf,oxbf,0x7f,0xf0,0x0f,0xaa};
```

将其元素的首地址赋给指针，通过指针引用数组元素值，送 P1 口点亮 LED。

2）程序设计

先建立文件夹 XM14-2，然后建立 XM14-2 工程项目，最后建立源程序文件 XM14-2.c，输入如下源程序：

```
#include<reg51.h>          //包含单片机寄存器的头文件
/*************************************************
函数功能：延时约 150ms。
*************************************************/
void delay(void)
{
```

```
    unsigned int i;
     for(i = 0;i < 50000;i++)
                   ;
}
/ *******************************************************
函数功能: 主函数。
******************************************************* /
void main(void)
{
 unsigned char i;              //定义无符号字符型数据
  unsigned char code Tab[ ] = {0xfe,0xfc,0xf8,0xf0,0xe0,0xc0,0x80,0x00,0xff,0xfe,0xfd,0xfb,
0xf7,0xef,0xdf,0xbf,0x7f,0xf0,0x0f,0xaa}; / * 定义 20 个无符号字符型数组,数组元素为点亮
                                                LED 状态控制码 * /
 unsigned char * p;            //定义无符号字符型指针
 p = Tab;                      //将数组首地址存入指针 p
  while(1)                     //无限循环
    {
      for(i = 0;i < 20;i++) //共有 20 个控制码
        {
          P1 = * (p + i); / * [p + i]的值等于 a[i],通过指针引用数组元素值,送 P1 口点亮 LED * /
          delay();          //延时
        }
    }
}
```

3) 用 Proteus 软件仿真

经过 Keil 软件编译通过后,在 Proteus ISIS 编辑环境中绘制仿真电路图,将编译好的 XM14-2.hex 文件加载到 AT89C51 里,然后启动仿真,就可以看到用指针数组实现多状态显示,如图 3-16 所示。

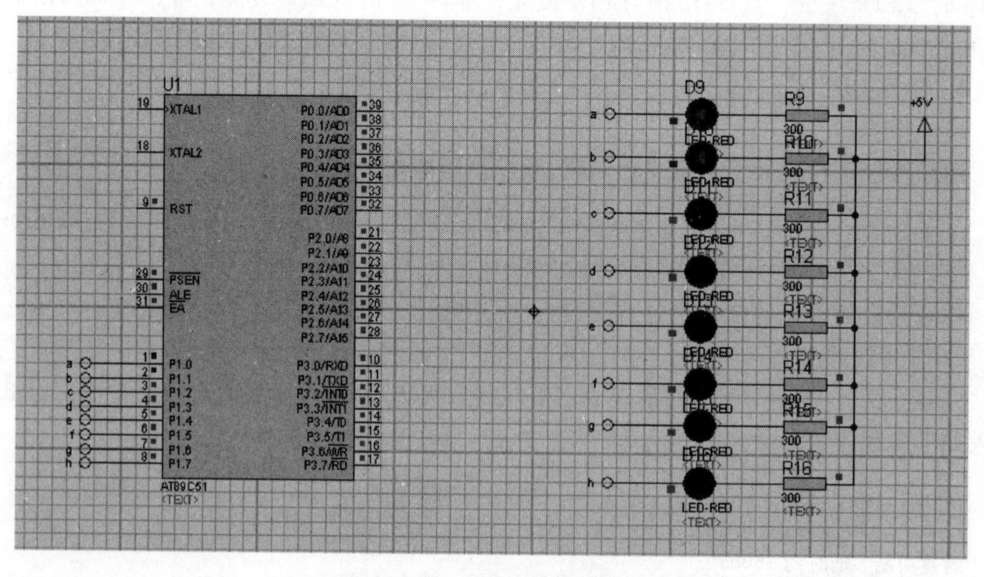

图 3-16　用指针数组实现多状态显示

任务14-3：相关知识

1. 指针的基本概念

1）地址

在程序中定义的变量都会在编译时分配对应的存储单元，变量的值存放在存储单元中，而存储单元都有相应的地址，访问变量首先要得到变量的存储单元地址，找到对应存储单元地址后，再进一步对其中的值进行访问。除了得到变量单元的起始地址外，还要根据变量的类型决定其存储字节数，将两者结合起来正确地访问变量。

对于变量，实际存在3个基本要素，即变量名、变量的地址和变量的值。变量名是变量的外在表现形式，方便用户对数据进行引用；变量的值是变量的核心内容，是设置变量的目的，设置变量就是为了对其中的值进行读写访问，变量的值存放在内存单元中；变量的地址则起到纽带的作用，把变量名和变量的值联系起来，通过变量名得到变量的地址，再通过变量地址在内存中寻址找到变量值。例如，通过通信地址，可以确定居住区内的每个住户；知道了教室的门牌编号，就能准确地找到要去的教室。

对于内存单元，也要明确两个概念：一个是内存单元的地址；一个是内存单元的内容。前者是内存对该单元的编号，表示该单元在整个内存中的位置。后者是在该内存单元中存放着的数据。

2）指针

变量存储单元的分配、地址的记录，以及寻址过程虽然是在系统内部自动完成的，一般用户不需要关心其中的细节，但是出于对变量灵活使用的需要，有时在程序中围绕变量的地址展开操作，这就引入了"指针"的概念。变量的地址称为变量的指针，指针的引入把地址形象化了，地址是找变量值的索引或指南，就像一根"指针"一样指向变量值所在的存储单元，因此指针即地址，是记录变量存储单元位置的正整数。

3）指针变量

指针是反映变量地址的整型数据。可以把指针值存放在另一个变量中，以便通过这个变量对存放在其中的指针进行操作，这个变量被称为"指针变量"。指针变量是专门存放其他变量地址的变量。指针变量虽然属于变量的范畴，但却不同于其他类型的变量：其他类型的变量用于存放被处理的数据，即操作对象，可以对这些数据以"直接访问"方式进行访问；而使用指针变量的目的并非针对存于其中的指针进行操作，而是为了通过这个指针对其指向的变量进行操作，因此这种访问被称为"间接访问"。

图3-17反映了指针变量与指针、指针与指针所指变量之间的关系。变量n是一般变量，变量n的指针（地址）又存放在指针变量p中，因此要存取变量n的值，可以通过指针变量p以"间接访问"的方式进行：先从指针变量p中得到存放在其中的指针，即变量n的地址，再根据这个指针（地址）寻址，找到对应的存储单元，实现对变量n的访问。

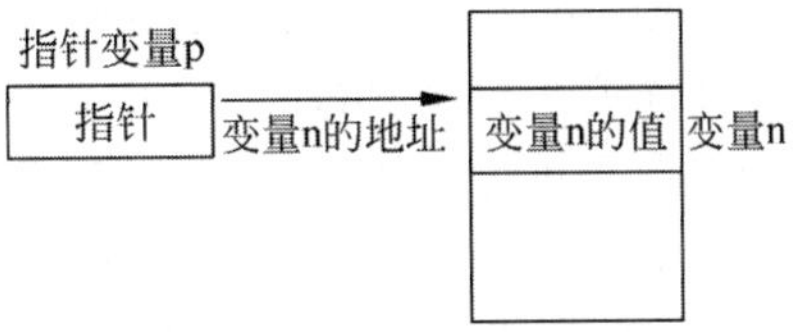

指针变量p
指针
变量n的地址
变量n的值
变量n

图3-17 指针与指针变量

2. 指针变量的使用

1）指针变量的定义

C语言规定，所有的变量在使用前必须定义，以确定其类型。指针变量也不例外，由于它是专门存放地址的，因此必须将它定义为"指针类型"。

指针定义的一般形式为：

类型识别符 *指针变量名;

例如：

```
int   * ap;
float * pointer;
```

注意：指针变量名前的“*”号表示该变量为指针变量，但指针变量名应该是ap，pointer，而不是*ap和*pointer。

2) 指针变量的赋值——取地址运算符“&”

指针变量通过存放在其中的指针指向另外一个变量，它建立了与另外一个变量的联系。对指针变量的赋值实质就是要确定指向关系，即指针变量中到底存放了哪个变量的地址。

将指针变量指向某个变量的赋值格式通常是：指针变量名=& 所指向的变量名；

如：要建立图3-17所示中指针变量p与一般变量n的指向关系，则需要进行以下的定义和赋值。

```
int * p,n = 10;
    p = &n;
```

3) 指针变量的引用——指针运算符“*”

进行了变量和指针变量的定义后，如果对这些语句进行编译，C编译器就会为每个变量和指针变量在内存中安排相应的内存单元，如：

定义变量和指针变量：

```
int x = 1,y = 2,z = 3;      /* 定义整型变量 x,y,z */
int * x_point;              /* 定义指针变量 x_point */
int * y_point;              /* 定义指针变量 y_point */
int * z_point;              /* 定义指针变量 z_point */
```

通过编译，C编译器就会在变量x、y、z对应的地址单元中装入初值1、2、3，如图3-18(a)所示。但仍然没有对指针变量x_point、y_point、z_point赋值，所以它们对应的地址单元仍为空白，即仍然没有被装入指针，它们没有指向。当执行：x_point=&x、y_point=&y、z_point=&z后，指针x_point指向x，即指针变量x_point所对应的内存地址单元中装入了变量x所对应的内存单元地址1000；指针变量y_point所对应的内存地址单元中装入了变量y所对应的内存单元地址1002；指针变量z_point所对应的内存地址单元中装入了变量z所对应的内存单元地址1004，如图3-18(b)所示。

在完成了变量、指针变量的定义，以及指针变量的引用之后，就可以通过指针和指针变量来对内存进行间接访问了。这时就要用到指针运算符(又称间接运算符)“*”。

例如：要把整型变量x的值赋给整型变量a。

(1) 使用直接访问方式，即a=x；

(2) 使用指针变量x_point进行间接访问，即a=*x_point；

应当特别注意的是：“*”在指针变量定义时和在指针运算时代表的含义是不同的。在指针变量定义时，*x_point中的“*”是指针变量的类型说明符；进行指针运算时，a=*x_point中的“*”是指针运算符。

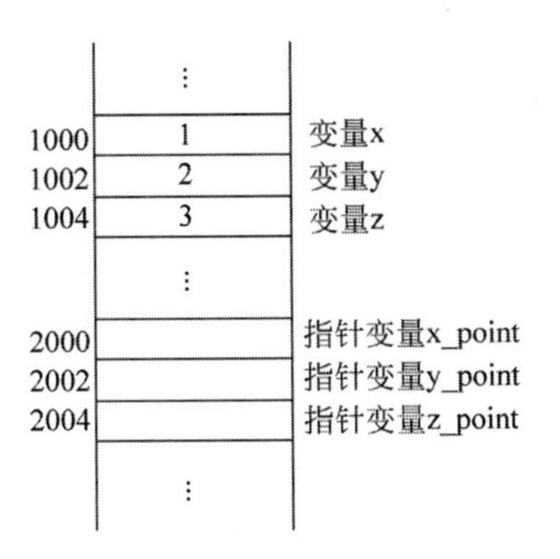

(a) 变量的初值

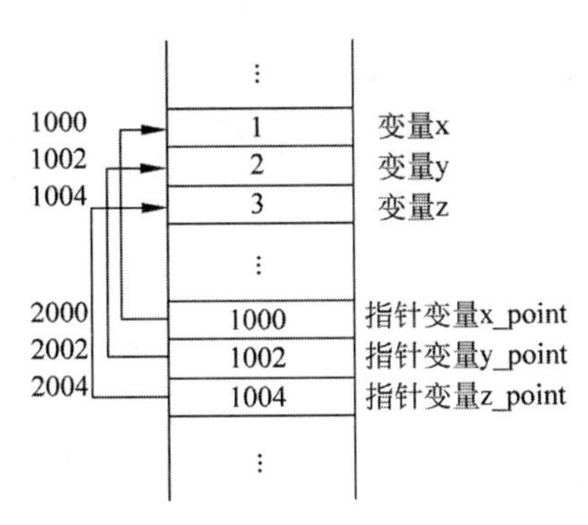

(b) 指针变量

图 3-18　指针变量的引用

3. 数组指针和指向数组的指针变量

指针可以指向变量，也可以指向数组。所谓数组的指针，就是数组的起始地址。若有一个变量用来存放一个数组的起始地址（指针），则称它为指向数组的指针变量。

1）指向数组的指针变量的定义、引用和赋值

首先定义一个数组 a[10]和一个指向数组的指针变量 array_ptr：

```
int a[10];              /* 定义 a 为包含 10 个整型元素的数组 */
int * array_ptr;        /* 定义 array_ptr 为指向整型数据的指针 */
```

为了将指针变量指向数组 a[10]，需要对 array_ptr 进行引用，有如下两种引用方法。

① array_ptr=&a[0]

此时数组 a[10]的第一个元素 a[0]的地址就赋给了指针变量 array_ptr，也就是将指针变量 array_ptr 指向数组 a[ ]的第 0 号元素 a[0]。

② array_ptr=a

这种方法和①的作用完全相同，但形式上更简单。C 语言规定，数组名可以代表数组的首地址，即第一个元素的地址，因此下面两个语句是等价的。

```
array_ptr = &a[0];
array_ptr = a;
```

2）通过指针引用数组元素

引用数组元素，可以使用数组下标法，如 a[4]，也可以使用指针法。与数组下标法相比，使用指针法引用数组元素能使目标代码效率高（占用内存少，运行速度快）。

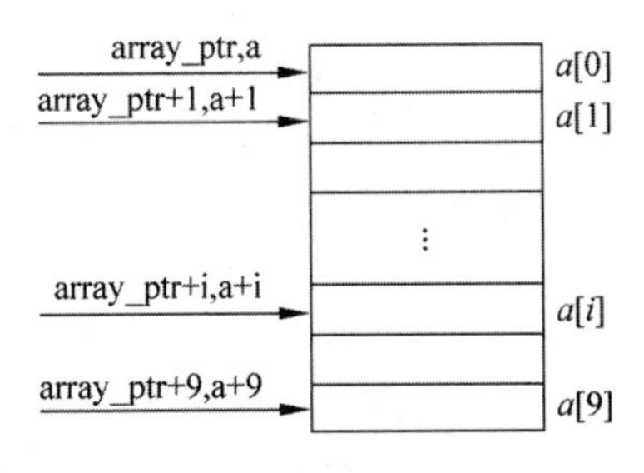

图 3-19　指针引用数组

通过指针引用数组元素：设指针变量 array_ptr 的初值为 &a[0]，如图 3-19 所示。从图 3-19 中可以看出：

（1）array_ptr+i 和 a+i 就是数组元素 a[i]的地址，它指向数组 a[ ]的第 i 个元素，由于 a 代表数组的首地址，则 a+i 和 array_ptr+i 等价。

（2）*(array_ptr+i)和 *(a+i)是 array_ptr+i 或 a+i 所指向的数组元素，即 a[i]。

（3）指向数组的指针变量可以带下标，如 array_ptr[i]与 *(array_ptr+i)等价。

【例 3-1】 设一个整型数组 a,有 10 个元素。要求输出全部值。

解:要输出数组的全部元素的值,有 3 种方法。

(1) 下标法。

```
#include <stdio.h>
  void main()
  {
   int a[10] = {12,3,45,6,20,30,78,50,66,81};
   int i;
   for (i = 0;i<10;i++)
   printf(" %4d",a[i]);
   printf("\n");
}
```

(2) 通过数组名计算数组元素的地址,找出元素的值。

```
#include <stdio.h>
  void main()
  {
   int a[10] = {12,3,45,6,20,30,78,50,66,81};
   int i;
   for (i = 0;i<10;i++)
   printf(" %4d", *(a + i));
     printf("\n");
 }
```

(3) 指针变量指向数组元素。

```
#include <stdio.h>
  void main()
  {
   int a[10] = {12,3,45,6,20,30,78,50,66,81};
   int *p;
   for (p = a;p<a + 10;p++)
   printf(" %4d", *p);
   printf("\n");
}
```

3) 关于指针变量的运算

若先使指针变量 p 指向数组 a[ ](即 p=a;),则:

(1) p++(或者 p+=1)

该操作将使指针变量 p 指向数组 a[ ]的下一个元素,即 a[1]。若再执行 x=*p,则将 a[1]的值赋给变量 x。

(2) *p++

由于*和++运算符的优先级相同,而结合方向是从右到左,故*p++等价于*(p++)。其作用是先得到 p 所指向的变量的值(即*p),再执行 p 自加运算。

(3) *p++和*++p 的作用不同

*p++先取*p 的值,后使 p 自加 1;*++p 先使 p 自加 1,再取*p 的值。

(4) (*p)++

(*p)++表示 p 所指向的元素值加 1,而不是指针变量值加 1。若 p=a,即 p 指向

&a[0],且 a[0]=12,则(*p)++等价于(a[0])++。此时 a[0]=13。

(5) 若 p 当前指向数组的第 i 个元素 a[i],则

*(p--)与 a[i--]等价,相当于先执行 *p,然后再使 p 自减 1。

*(++p)与 a[++i]等价,相当于先执行 p 自加 1,再执行 *p 运算。

*(--p)与 a[--i]等价,相当于先执行 p 自减 1,再执行 *p 运算。

4. 指向多维数组的指针和指针变量

以二维数组为例,来说明指向多维数组的指针和指针变量的使用方法。

现在定义一个 3 行 4 列的二维数组 a[3][4]。

同时,定义这样一个(*p)[4]。它的含义是:p 是一个指针变量,指向一个包含 4 个元素的一维数组。下面使指针变量 p 指向 a[3][4]的首地址:p=a[0]或者 p=&a[0]。则此时 p 和 a 等价,均指向数组 a[3][4]的第 0 行首址(a[0][0])。

p+1 和 a+1 等价,均指向数组 a[3][4]的第 1 行首址(a[1][0])。

p+2 和 a+2 等价,均指向数组 a[3][4]的第 2 行首址(a[2][0])。

……

而(p+1)+3 与 &a[1][3]等价,均指向 a[1][3]的地址。

((p+1)+3)与 a[1][3]等价,表示 a[1][3]的值。

一般地,对于数组元素 a[i][j]来讲,有:

(p+i)+j 相当于 &a[i][j],表示数组第 i 行第 j 列元素的地址。

((p+i)+j)相当于 a[i][j],表示数组第 i 行第 j 列元素的值。

5. 关于 Keil C51 的指针类型

Keil C51 支持"基于存储器的"指针和一般指针两种指针类型。基于存储器的指针类型由 C 源代码中的存储器类型决定,并在编译时确定。由于不必为指针选择存储器,这类指针的长度可以为 1B(idata *,data *,pdata *)或 2B(code *,xdata *),用这种指针可以高效地访问对象。

1) 基于存储器的指针

定义指针变量时,若指定了它所指向的对象的存储类型时,该变量就被认为是基于存储器的指针。例如:

```
char xdata *px;
```

定义了一个指向 xdata 存储器中字符类型(char)的指针。指针本身在默认存储器(决定于编译模式)中,长度为 2B(值为 0~0xffff)。

```
char xdata * data pdx;
```

除了确定指针位于 8051 内部存储区(data)中外,其他同上例,它与编译模式无关。data char xdata *pdx;与 char xdata * data pdx;完全相同。存储器类型定义既可以放在定义的开头,也可以直接放在定义的对象名前,还可以在定义时指定指针本身的存储空间位置。例如:

```
int  xdata * idata i_ptr;
```

表示 i_ptr 指向的是 xdata 区中的 int 型变量,i_ptr 在片内 RAM 中。

```
long  code * xdata  l_ptr;
```

表示指向的是 code 区中的 long 型变量,l_ptr 在片外存储区 xdata 中。

2) 一般指针

定义一般指针变量时,若未指定它所指向的对象的存储类型,该指针变量就被认为是一个一般指针。一般指针包括 3 个字节:2 字节偏移和 1 字节存储器类型,见表 3-6。

表 3-6　一般指针的字节内容

地　址	+0	+1	+2
内　容	存储器类型	偏移量高位	偏移量低位

其中,第一个字节代表了指针的存储类型。指针的存储类型见表 3-7。

表 3-7　指针的存储类型

存 储 类 型	idata/data/bdata	xdata	pdata	code
编　码　值	0x00	0x01	0xFE	0xFF

3) Keil C51 指针含义的汇编表示

(1) unsigned char xdata * x;

```
x = 0x0456;
*x = 0x34;
```

等价于汇编程序段:

```
mov dptr, #456h
mov a, #34h
movx @dptr,a
```

(2) unsigned char pdata * x;

```
x = 0x045;
*x = 0x34;
```

等价于汇编程序段:

```
mov r0, #45h
mov a, #34h
movx @r0,a
```

(3) unsigned char data * x;

```
x = 0x30;
*x = 0x34
```

等价于汇编程序段:

```
mov a, #34h
mov 30h ,a
```

项目 15：认识 C51 的函数

● 技能目标

（1）掌握任务 15-1：用带参数函数控制 8 位 LED 灯闪烁时间。
（2）掌握任务 15-2：用数组作为函数参数控制 8 位 LED 点亮状态。
（3）掌握任务 15-3：用指针作为函数参数控制 8 位 LED 点亮状态。
（4）掌握任务 15-4：用函数型指针控制 8 位 LED 点亮状态。

● 知识目标

学习目的：
（1）了解 C51 的函数概述。
（2）了解函数的分类。
（3）掌握函数的参数传递和函数值。
（4）掌握函数的调用。
（5）掌握 C51 函数的定义。
学习重点和难点：
（1）函数的参数传递和函数值。
（2）函数的调用。
（3）C51 函数的定义。

任务 15-1：用带参数函数控制 8 位 LED 灯闪烁时间

微课 3-13

1. 任务要求

（1）掌握"参数函数"应用及编程。
（2）掌握 LED 灯控制码设置。
（3）掌握延时程序编程与循环次数计算。
（4）掌握无限循环编程。

2. 任务描述

用带参数函数控制 P1 口 8 位 LED 灯闪烁时间，快速闪烁相邻 LED 的点亮间隔为 90ms，慢速闪烁时点亮间隔为 300ms。

3. 任务实现

1）分析

设晶振频率为 12MHz，一个机器周期为 1μs，如果把内层循环次数设为 m＝100 时，则要延时 90ms，外循环次数为

$$n = \frac{90\ 000}{3 \times 100} = 300$$

如果要延时 300ms，用上面公式同样可以计算，外循环次数应为 n＝1000。

2）程序设计

先建立文件夹 XM15-1，然后建立 XM15-1 工程项目，最后建立源程序文件 XM15-1.c，输入如下源程序：

```
#include<reg51.h>
/***********************************************
函数功能：用整型参数延时一段时间。
***********************************************/
void delay(unsigned int y)          //有参数传递
{
   unsigned int n,m;
 for(m=0;m<y;m++)
  for(n=0;n<100;n++)
;
}
/***********************************************
函数功能：主函数(C语言规定必须有1个主函数)。
***********************************************/
 void main(void)
{
  unsigned char i;
 unsigned char code Tab[]={0x7f,0xbf,0xdf,0xef,0xf7,0xfb,0xfd,0xfe,0xaa,0xfe,0xfd,0xfb,
0xf7,0xef,0xdf,0xbf,0x7f};        /*LED灯控制码*/
 while(1)
 {
  for(i=0;i<17;i++)           //共17个LED灯控制码

 {
  P1=Tab[i];
 delay(300);                  //延时约90ms (3×300×100=90 000μs=90ms)
  }
      for(i=0;i<17;i++)       //共17个LED灯控制码

       {
         P1=Tab[i];
       delay(1000);           //延时约300ms (3×1000×100=300 000μs=300ms)
       }
    }
}
```

3）用 Proteus 软件仿真

经过 Keil 软件编译通过后，在 Proteus ISIS 编辑环境中绘制仿真电路图，将编译好的 XM15-1.hex 文件加载到 AT89C51 里，然后启动仿真，就可以看出用带参数函数控制 8 位 LED 灯闪烁时间是不一样的，仿真效果图如图 3-20 所示。

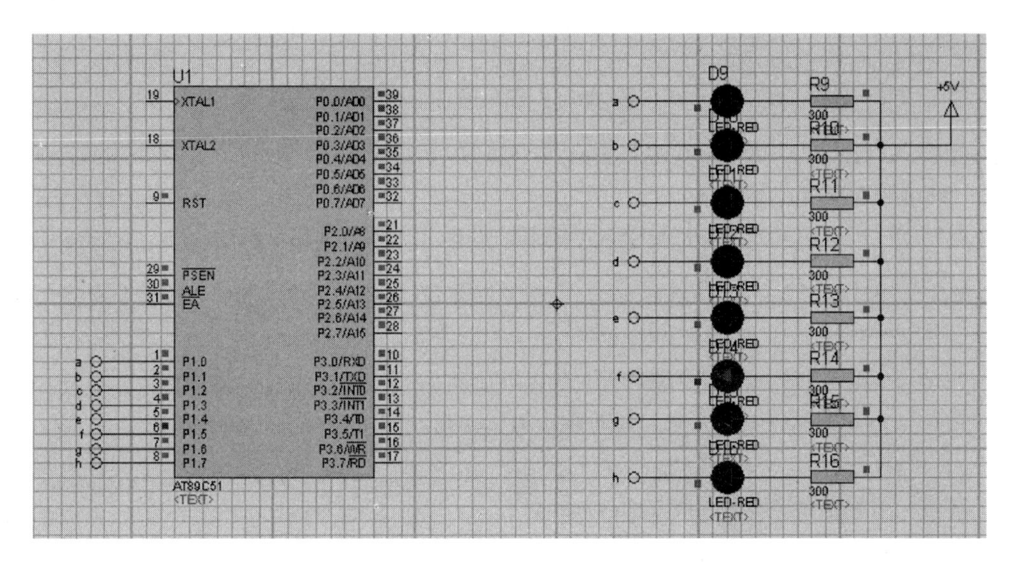

图 3-20 用带参数函数控制 8 位 LED 灯闪烁时间仿真效果图

任务 15-2：用数组作为函数参数控制 8 位 LED 点亮状态

微课 3-14

1. 任务要求

(1) 掌握"参数函数"应用及编程。

(2) 掌握数组应用及编程。

(3) 掌握 LED 灯控制码设置。

2. 任务描述

用数组作为函数参数控制 8 位 LED 点亮状态。要求如下：

(1) 用单片机的 P1 口。

(2) 使用数组作为参数。

(3) 设置 17 种 LED 灯控制码。

(4) 延时采用 150ms。

3. 任务实现

1) 分析

先定义 17 种 LED 灯控制码数组，再定义 LED 灯点亮函数，使其形参为数组，并且数据类型和实参数组(LED 灯控制码数组)的类型一致。

2) 程序设计

先建立文件夹 XM15-2，然后建立 XM15-2 工程项目，最后建立源程序文件 XM15-2.c，输入如下源程序：

```
#include<reg51.h>
/***********************************************
函数功能：延时约 150ms。
***********************************************/
void delay(void)                  //两个 void 的意思分别为无需返回值，没有参数传递
{
```

```
    unsigned int n;                 //定义无符号整数,最大取值范围为 65535
    for(n = 0;n < 50000;n++)        //做 50000 次空循环
                ;                   //什么也不做,等待一个机器周期
}
/*************************************************
函数功能: 点亮 P1 口 8 位 LED。
*************************************************/
    void led_flow(unsigned char a[17])
    {
    unsigned char i;
     for(i = 0;i < 17;i++)
     {
       P1 = a[i];                   //取值送 P1 口显示
     delay();
     }
    }
     /*************************************************
    函数功能: 主函数。
    *************************************************/
    void main(void)
     {
       unsigned char code
       Tab[ ] = {0x7f, 0xbf, 0xdf, 0xef, 0xf7, 0xfb, 0xfd, 0xfe, 0xaa, 0xfe, 0xfd, 0xfb, 0xf7, 0xef,
0xdf,0xbf,0x7f}; /* LED 灯控制码 */
       led_flow(Tab);               //将数组名作实参传给被调函数
     }
```

3) 用 Proteus 软件仿真

经过 Keil 软件编译通过后,在 Proteus ISIS 编辑环境中绘制仿真电路图,将编译好的 XM15-2.hex 文件加载到 AT89C51 里,然后启动仿真,就可以看出用数组作为函数参数控制 8 位 LED 点亮状态,仿真效果图如图 3-21 所示。

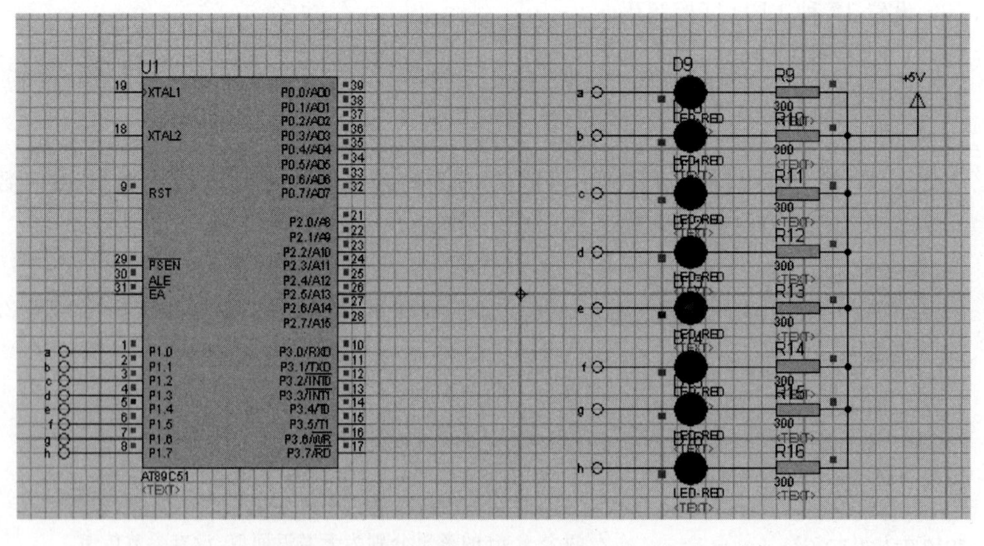

图 3-21　用数组作为函数参数控制 8 位 LED 点亮状态仿真效果图

任务15-3：用指针作为函数参数控制8位LED点亮状态

微课3-15

1. 任务要求

（1）掌握“参数函数”应用及编程。

（2）掌握“指针”应用及编程。

（3）掌握“数组”应用及编程。

（4）掌握LED灯控制码设置。

2. 任务描述

用指针作为函数参数控制P1口8位LED点亮状态，要求如下：

（1）用单片机的P1口。

（2）使用指针作为函数参数。

（3）设置20种LED灯控制码。

（4）延时采用150ms。

3. 任务实现

1）分析

因为存储LED控制码的数组名表示该数组的首地址，所以可以定义一个指针指向该首地址，然后用这个指针作为实际参数传递给被调用函数的形参。因为该形参也是一个指针，该指针也指向流水控制码的数组，所以只要用指针引用数组元素的，就可以实现控制P1口8位LED点亮状态。

2）程序设计

先建立文件夹XM15-3，然后建立XM15-3工程项目，最后建立源程序文件XM15-3.c，输入如下源程序：

```
#include<reg51.h>
/***************************************************
函数功能：延时约150ms。
***************************************************/
void delay(void)                //两个void的意思分别为无须返回值，没有参数传递
{
   unsigned int n;              //定义无符号整数，最大取值范围为65535
   for(n=0;n<50000;n++)         //做50000次空循环
               ;                //什么也不做，等待一个机器周期
}
/***************************************************
函数功能：点亮P1口8位LED。
***************************************************/
void led_flow(unsigned char *p) //形参为无符号字符型指针
{
  unsigned char i;
   while(1)
      {
         i=0;                   //将i置为0，指向数组第一个元素
while(*(p+i)!='\n')             //只要没有指向数组的结束标志，就继续
{
```

```
P1 = *(p+i);                    //将取的指针所指数组元素的值送 P1 口显示
delay();                        //调用 150ms 延时函数
i++;                            //指向下一个数组元素
            }
        }
}
/*************************************************
函数功能: 主函数。
*************************************************/
void main(void)
{
  unsigned char code Tab[] = {0xfe,0xfc,0xf8,0xf0,0xe0,0xc0,0x80,0x00,0xff,0xfe,0xfd,0xfb,
0xf7,0xef,0xdf,0xbf,0x7f,0xf0,0x0f,0xaa,'\n'}; /* 定义 20 个无符号字符型数组,数组元素为点
                                              亮 LED 状态控制码 */
   unsigned char *pointer;      //定义无符号字符型指针 pointer
   pointer = Tab;               //将数组的首地址赋给指针 pointer
  led_flow(pointer);            //调用 LED 灯控制函数,指针为实际参数
  }
```

3) 用 Proteus 软件仿真

经过 Keil 软件编译通过后,在 Proteus ISIS 编辑环境中绘制仿真电路图,将编译好的 XM15-3.hex 文件加载到 AT89C51 里,然后启动仿真,就可以看出用指针作为函数参数控制 8 位 LED 点亮状态,仿真效果图如图 3-22 所示。

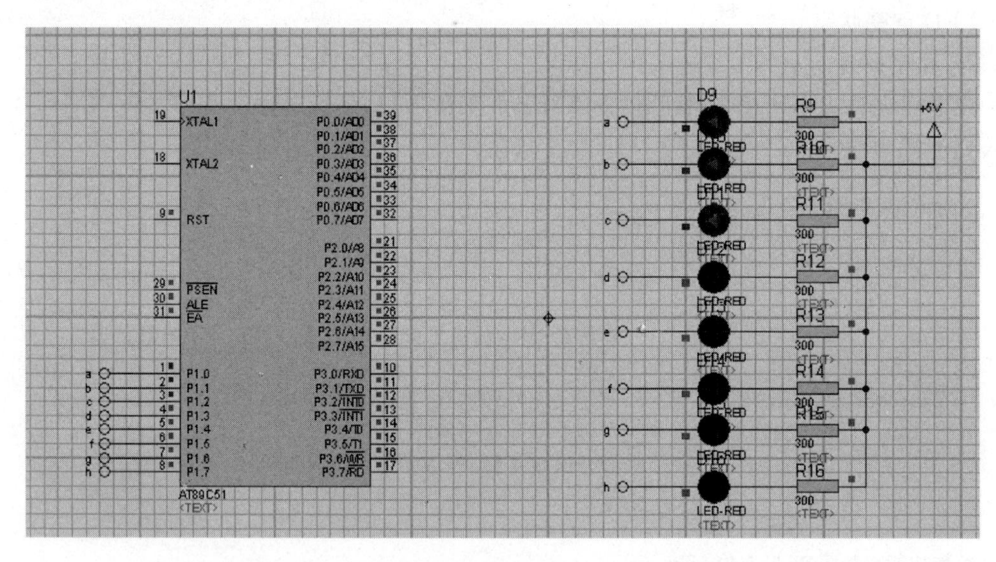

图 3-22　用指针作为函数参数控制 8 位 LED 点亮状态仿真效果图

任务 15-4: 用函数型指针控制 8 位 LED 点亮状态

微课 3-16

1. 任务要求

(1) 掌握 LED 灯作为点亮函数的设置。

(2) 掌握"函数型指针"应用及编程。

(3) 掌握 LED 灯控制码设置。

2. 任务描述

用函数型指针控制 8 位 LED 点亮状态，要求如下：

(1) 用单片机的 P1 口。

(2) 使用 LED 灯作为点亮函数。

(3) 用函数型指针控制 8 位 LED 点亮状态。

(4) 延时采用 150ms。

3. 任务实现

1) 分析

先定义 LED 灯点亮函数，再定义函数型指针，然后将 LED 灯点亮函数的名字(入口地址)赋给函数型指针，就可以通过该函数型指针调用 LED 灯点亮函数了。

注意：函数型指针的类型说明必须和函数的类型说明一致。

2) 程序设计

先建立文件夹 XM15-4，然后建立 XM15-4 工程项目，最后建立源程序文件 XM15-4.c，输入如下源程序：

```
#include<reg51.h>                  //包含 51 单片机寄存器定义的头文件
  unsigned char code Tab[] = {0xfe,0xfc,0xf8,0xf0,0xe0,0xc0,0x80,0x00,0xff,0xfe,0xfd,0xfb,
0xf7,0xef,0xdf,0xbf,0x7f,0xf0,0x0f,0xaa}; /* 定义 20 个无符号字符型数组,数组元素为点亮
                                              LED 状态控制码,该数组被定义为全局变量 */

/************************************************
函数功能：延时约 150ms。
************************************************/
void delay(void)                   //两个 void 的意思分别为无须返回值,没有参数传递
{
   unsigned int n;                 //定义无符号整数,最大取值范围为 65535
   for(n = 0;n < 50000;n++)        //做 50000 次空循环
                ;                  //什么也不做,等待一个机器周期
}

/************************************************************
函数功能：点亮 P1 口 8 位 LED。
************************************************************/
void led_flow(void)
{
  unsigned char i;
  for(i = 0;i < 20;i++)            //20 位 LED 控制码
     {
        P1 = Tab[i];               //取数组值送 P1 口显示
 delay();                          //延时 150ms
}
 }
 /************************************************************
函数功能：主函数
************************************************************/
void main(void)
{
```

```
    void ( * p)(void);              //定义函数型指针,所指函数无参数,无返回值
p = led_flow;                       //将函数的入口地址赋给函数型指针 p
while(1)
    ( * p)();                       //通过函数的指针 p 调用函数 led_flow()
}
```

3) 用 Proteus 软件仿真

经过 Keil 软件编译通过后,在 Proteus ISIS 编辑环境中绘制仿真电路图,将编译好的 XM15-4.hex 文件加载到 AT89C51 里,然后启动仿真,就可以看出用函数型指针控制 8 位 LED 点亮状态,仿真效果图如图 3-23 所示。

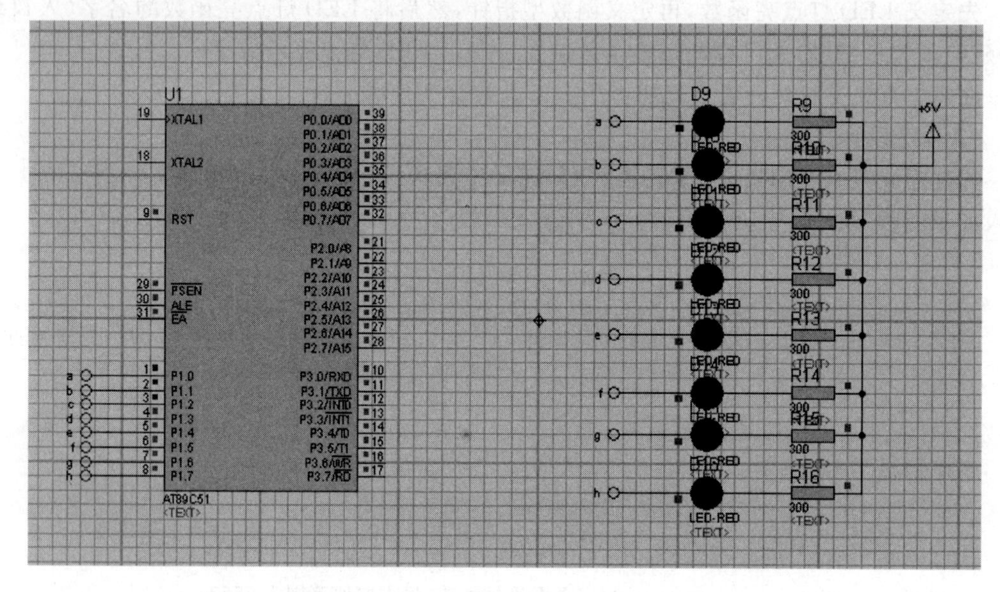

图 3-23 用函数型指针控制 8 位 LED 点亮状态仿真效果图

任务 15-5:相关知识

1. C51 的函数概述

与普通的 C 语言程序类似,C51 程序由若干模块化的函数构成。函数是 C51 程序的基本模块,通常说的"子程序""过程"在 C51 中用"函数"这个术语。它们都含有以同样的方法重复去做某件事情的意思。主程序(main())可以根据需要调用函数。当函数执行完毕时,就发出返回(return)指令,而主程序 main()后面的指令用来恢复主程序流的执行。同一个函数可以在不同的地方被调用,并且函数可以重复使用。

从前面的程序举例中可以看出,C 语言是由一个个函数构成的。在构成 C 语言程序的若干函数中,必有一个主函数 main()。下面是 C 语言程序的一般组成结构。

```
全程变量说明
    main()  /* 主函数 */      ┐
    {                         │
    局部变量说明              ├主程序
    执行语句                  │
    }                         ┘
```

```
function_1 (数据类型形式参数, 数据类型形式参数……)
    {
    局部变量说明函数
    执行语句
    ……}
function_n (数据类型形式参数, 数据类型形式参数……)
    {
    局部变量说明
    执行语句
    }
```

所有函数定义时都是相互独立的,一个函数中不能再定义其他的函数,即函数不能嵌套定义,但可以互相调用。函数调用的一般原则是:主函数可以调用其他普通函数;普通函数之间也可相互调用,但普通函数不能调用主函数。

一个C程序的执行总是从main()函数开始,调用其他函数后返回到main()中,最后在主函数main()中结束整个C程序的运行。

2. 函数的分类

从用户使用的角度划分,函数有两种:一种是标准库函数;一种是用户自定义函数。

1) 标准库函数

标准库函数是由C编译系统的函数库提供的。早在C编译系统设计过程中,系统的设计者事先将一些独立的功能模块编写成公用函数,并将它们集中存放在系统的函数库中,供系统的使用者在设计应用程序时使用。这些函数库称为库函数或标准库函数。这类函数,用户无须定义,也不必在程序中作类型说明,使用时只需要在程序的开始用编译命令#include将头文件包含进来,就可以在程序中直接调用。因此,系统的使用者在进行程序设计过程中,充分利用这些功能强大、资源丰富的标准库函数资源,可以大大提高编程效率,节省时间。

C编译系统提供的几类重要库函数:

- 专用寄存器include文件
  如8031、8051均为reg51.h,其中包括了所有8051的SFR及其位定义,一般系统都必须包括本文件。
- 绝对地址include文件absacc.h
  该文件中实际只定义了几个宏,以确定各存储空间的绝对地址。
- 动态内存分配函数,位于stdlib.h中
- 缓冲区处理函数位于string.h中,其中包括复制、比较、移动等函数,如memccpy、memchr、memcmp、memcpy、memmove、memset,这样可便于对缓冲区进行处理。
- 输入/输出流函数,位于stdio.h中

2) 用户自定义函数

用户自定义函数,即用户根据自己的需要编写的函数。

从函数定义的形式上划分,可以有3种形式:无参函数、有参函数和空函数。

无参函数:此类函数被调用时,既无输入参数,也不返回结果给调用函数。它是完成某种操作而编写的。

有参函数:调用此类函数时,必须提供实际的输入参数。此种函数在被调用时,必须说

明与实际参数一一对应的形式参数,并在函数结束时返回结果,供调用它的函数使用。

空函数:此种函数体内无语句,是空白的。调用此类函数时,什么工作也不做,不起任何作用。定义这种函数的目的是为了以后程序功能的扩充。

(1) 无参函数的定义

无参函数的定义形式:

```
数据类型  函数名()
          {
             函数体语句;
          }
```

其中,数据类型为函数返回值类型,如果函数不需要任何返回值,则需要定义成 void;如果省略返回类型,则默认返回类型为 int。如:

```
void PrintHello()
    {
printf("Hello!\n");                /* 函数 PrintHello 将不返回值 */
    }
```

(2) 有参函数的定义

有参函数的定义形式:

```
返回值类型说明符   函数名(数据类型变量名 1, 数据类型变量名 2, ……)
      {
        函数体语句;
      }
```

()括号内的内容为函数的形式参数,形式参数之间必须用逗号隔开,它们构成了形参表。如:求 3 个整数的最大数。

```
#include <stdio.h>
  int max_abc(int a, int b, int c)
   {
   int d;
   d = (a > b)?(a > c?a:c):(b > c?b:c);
  return (d);
   }
   void main(){
    int x = 12, y = -23, z = 43;
    int max;
    max = max_abc(x, y, z);
    printf("max = %d\n", max);
    }
```

(3) 空函数的定义

空函数的定义形式为

```
返回值类型说明符      函数名()
             { }
```

如:

```
void DisplayLCD ()
             { }
```

3. 函数的参数传递和函数值

函数之间的参数传递，通过主调用函数的实际参数与被调用函数的形式参数之间进行数据传递实现。被调用函数的最后结果由调用函数的 return 语句返回给主调用函数。

(1) 形式参数：定义函数时，函数名后面括号中的变量名称为"形式参数"，简称形参。

(2) 实际参数：函数调用时，主调用函数名后面括号中的表达式称为"实际参数"，简称实参。需要注意：

- 在 C 语言的函数调用中，实际参数与形式参数之间的数据传递是单向进行的，只能由实际参数传递给形式参数，而不能由形式参数传递给实际参数。
- 实际参数和形式参数的类型必须一致，否则会发生类型不匹配的错误。被调用的函数的形式参数在调用前，并不占用实际内存单元。只有当函数调用发生时，被调用函数的形式参数才被分配给内存单元，此时内存单元中调用函数的实际参数和被调用函数的形式参数位于不同的单元中。调用结束后，形式参数占用的内存被释放，而实际参数占用的内存单元仍然保留，并维持原值。

(3) 函数的返回值：函数返回值通过函数中的 return 语句获得。

主调函数 main()在调用有参函数 max_abc()时，将实际参数 x、y、z 传给被调用函数的形式参数 a、b、c。然后，被调用函数 max_abc 使用形式参数 a、b、c 作为输入变量进行计算，所得结果通过返回语句 return (d)返回给主函数，并在主函数的 max=max_abc(x,y,z)语句中赋值给变量 max。这个 return (d)中的 d 变量值就是被调用函数的返回值，简称函数的返回值。

函数调用时，主调函数与被调用函数之间的参数传递及函数值返回的全部过程示意图如图 3-24 所示。

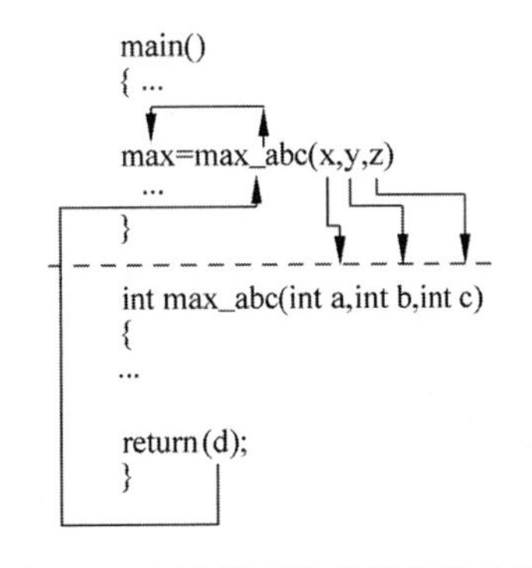

图 3-24 函数调用的参数传递过程

(4) return 语句的使用格式：

```
return (表达式);
```

或

```
return  表达式;
```

或

```
return;
```

使用时注意事项：

- 函数类型与 return 语句中表达式的类型尽量保持一致，若不一致，则以函数类型为准自动进行类型转换。
- 若被调用函数中没有 return 语句，函数没有返回值，提倡将函数的类型说明为 void 型，这样可使函数使用者明确函数的类型，避免调用时产生错误。

4. 函数的调用

(1) 函数调用的一般形式

```
函数名(实际参数表列);
```

对于有参函数，若包含多个参数，则各参数之间用逗号分隔开。主调函数的实参和被调函数的形参的数目应该相等,且按顺序一一对应。如调用的是无参函数,则实际参数表可省略,但函数名后的必须有一对空括号。

(2) 函数调用的方法

主调函数对被调函数的调用有以下3种方式:

① 函数调用语句

把被调用函数名作为主调函数的一个语句。如:PrintHello();此时并不要求被调用函数返回结果数值,只要求函数完成某种操作。

② 函数结果作为表达式的一个运算对象

此时被调用函数以一个运算对象的身份出现在一个表达式中。这就要求被调用函数带有return语句,以便返回一个明确的数值参加表达式的运算。如:max=2 * max_abc(x,y,z)。

③ 函数参数

被调用函数作为另一个函数的实际参数。如:

```
printf("x = %d,y = %d,z = %d,max = %d",x,y,z,max_(x,y,z));
```

max_(x,y,z)是一次函数调用。它的值作为另一个函数printf()的实际参数之一。

在一个函数中调用另一个函数必须具有以下条件:

- 被调用函数必须是已经存在的函数(库函数或用户自定义函数)。

若程序中使用了库函数,或使用了不在同一个文件中的另外的自定义函数,则应在该程序的开头处使用#include包含语句,将所用的函数信息包含进来。

如:

```
#include<stdio.h>      /* 将标准的输入、输出头文件包含到程序中 */
#include<reg51.h>      /* 将包括了所有8051的SFR及其位定义的头文件包含到程序中 */
```

- 如果程序中使用自定义函数,且该函数与调用它的函数在同一个文件中,则应根据主调用函数和被调用函数在文件中的位置,决定是否对被调用函数作出说明。
- 如果被调用函数出现在主调用函数之后,一般应在主调用函数中,在对被调用函数调用之前,对被调用函数的返回值类型作出说明。一般形式为:

```
返回值类型说明符  被调用函数的函数名();
```

- 如果被调用函数出现在主调用函数之前,可以不对被调用函数说明。

(3) 函数的嵌套和递归调用

在C语言中,尽管C语言中的函数不能嵌套定义,但允许嵌套调用,即在调用一个函数的过程中,允许调用另一个函数。就80C51单片机而言,对函数的调用次数是有限制的,是由于其片内RAM中缺少大型堆栈空间所致。然而,即便是使用80C51片内堆栈,倘若不传递参数,那么5~10层的函数嵌套调用也是不成问题的。所以,对小规模程序而言,即使忽略嵌套调用的层次和深度,通常也是安全的。在调用一个函数的过程中,又直接或间接地调用函数本身。这种情况称为函数的递归调用。

5. C51函数的定义

C51函数的一般定义形式为:

```
返回值类型函数名(形式参数列表)[编译模式][reentrant][interrupt m][using n]
  {
      函数体
  }
```

当函数没有返回值时，应用关键字 void 明确说明返回值类型。

形式参数的类型要明确说明，对于无形参的函数，括号也要保留。

编译模式为 small、compact 或 large，用来指定函数中的局部变量参数和参数在存储器空间。

reentrant 用于定义可重入函数。

interrupt m 用于定义中断函数，m 为中断号，可以为 0～31，但具体的中断号要取决于芯片的型号，像 AT89C51 实际上就使用 0～4 号中断。每个中断号都对应一个中断向量，具体地址为 8n+3，中断源响应后，处理器会跳转到中断向量所在的地址执行程序，编译器会在这个地址上产生一个无条件跳转语句，转到中断服务函数所在的地址执行程序。

using n 用于确定中断服务函数所使用的工作寄存器组，n 为工作寄存器组号，取值为 0～3。这个选项是指定选用 51 单片机芯片内部 4 组工作寄存器中的那个组。初学者不必去做工作寄存器设定，由编译器自动选择即可。

*项目 16：用 P2 口控制 8 只 LED 左循环流水灯亮

微课 3-17

1. 项目要求

(1) 掌握“左移”运算及编程。

(2) 掌握二进移位。

(3) 掌握循环次数设置及编程。

(4) 掌握无限循环、延时编程。

2. 项目描述

用 P2 口控制 8 只 LED 左循环流水灯亮。把数“0xff”进行“≪”左移 8 位运算，实现 8 只 LED 左循环流水灯亮。

3. 项目实现

1) 分析

设一个十六进制数 0xff，展开成二进制数为 11111111B，进行左移 1 位“P2＝P2≪1”运算，即 11111111B→11111110，规则为高位丢掉，低位添 0，把运算结果送 P2 口显示，使 LED1 亮，再进行左移 1 位运算 11111110→11111100，把运算结果送 P2 口显示，即 LED1、LED2 亮……经过 8 次左移后，P2＝00000000B，8 只 LED 灯全亮。然后重新使 P2＝0xff，如此循环，就可以实现 8 只 LED 左循环流水灯亮。

2) 程序设计

先建立文件夹 XM16，然后建立 XM16 工程项目，最后建立源程序文件 XM16.c，输入如下源程序：

```
#include<reg51.h>          //包含单片机寄存器的头文件
/**************************************************
```

```
函数功能: 延时约 150ms。
***************************************************/
void delay(void)
{
   unsigned char i,j;
    for(i = 0;i < 200;i++)
     for(j = 0;j < 250;j++)
            ;
}
/*****************************************************
函数功能: 主函数。
*****************************************************/
void main(void)
{
unsigned char i;
  while(1)                     //无限循环
    {
      P2 = 0xff;               //设置初始值
      delay();                 //150ms 延时
      for(i = 0; i < 8; i++)   //循环次数设置为 8
        {
          P2 = P2 << 1;        //左移一次
          delay();             //150ms 延时
        }
    }
}
```

3）用 Proteus 软件仿真

经过 Keil 软件编译通过后，在 Proteus ISIS 编辑环境中绘制仿真电路图，将编译好的 XM16.hex 文件加载到 AT89C51 里，然后启动仿真，就可以看到用 P2 口控制 8 只 LED 左循环流水灯亮，如图 3-25 所示。

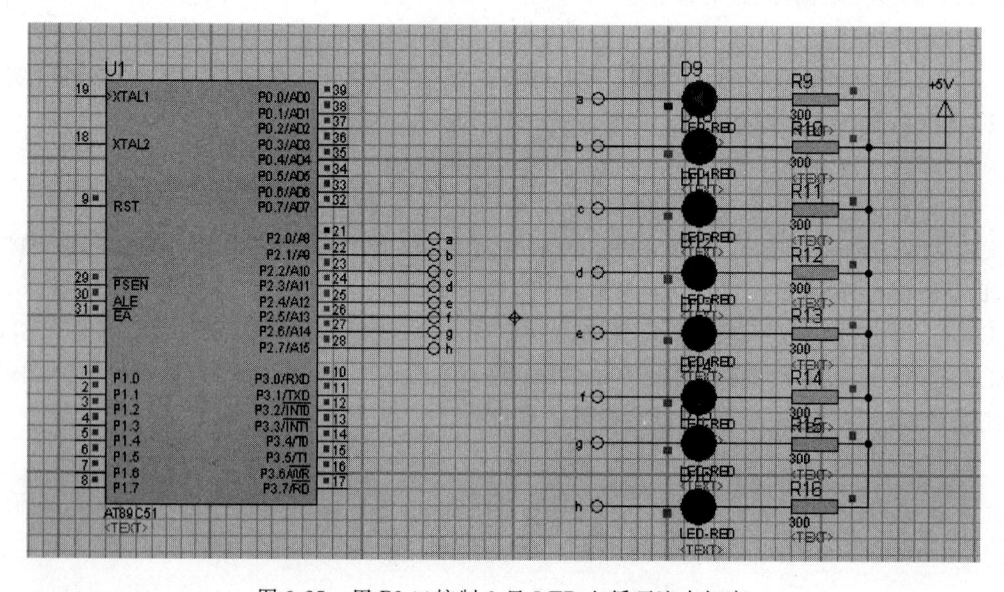

图 3-25　用 P2 口控制 8 只 LED 左循环流水灯亮

*项目17：用开关S控制实现蜂鸣器报警

微课3-18

1. 项目要求

(1) 掌握for语句功能及编程。

(2) 掌握延时时间的计算方法。

(3) 掌握声音时间的计算方法。

(4) 掌握while语句功能及编程。

(5) 掌握switch语句功能及编程。

(6) 掌握延时程序编写。

2. 项目描述

设计用两个开关S1、S2控制P1.0引脚实现蜂鸣器报警的程序。要求：

(1) 开关S1、S2分别接到P3.0、P3.1引脚上。

(2) 蜂鸣器接到P1.0引脚上。

(3) 开关S1闭合发出频率为1kHz的声，发声时间为1s。

(4) 开关S2闭合发出频率为500Hz的声，发声时间为0.5s。

3. 项目实现

1) 分析

设单片机晶振频率为12MHz，则机器周期为1μs。开关S1、S2闭合讨论如下：

(1) 开关S1闭合要求发出频率为1kHz的声，只要让单片机的P1.0引脚的电平信号每隔音频的半个周期取反一次，即可发出1kHz音频。音频的周期为T=1/1000Hz=0.001s，即1000μs，半个周期为1000μs/2=500μs，即在P1.0引脚上每500μs取反一次即可发出1kHz音频。而延时500μs需要消耗机器周期数N=500μs/3μs=167，即延时每循环167次，P1.0引脚上取反一次，就可以得到1kHz音频。

发声时间的控制。1kHz音频要求发声时间为1s=1000ms，而1kHz音频的周期为1/1000Hz=0.001s=1ms，则需要1000ms/1ms=1000个声音周期。

(2) 开关S2闭合要求发出频率为500Hz的音，只要让单片机的P1.0引脚的电平信号每隔音频的半个周期取反一次，即可发出500Hz音频。音频的周期为T=1/500Hz=0.002s，即2000μs，半个周期为2000μs/2=1000μs，即在P1.0引脚上每1000μs取反一次，即可发出500Hz音频。而延时1000μs需要消耗机器周期数N=1000μs/3μs=333，即延时每循环333次，P1.0引脚上取反一次，就可以得到500Hz音频。

发声时间的控制。500Hz音频要求发声时间为0.5s=500ms，而500Hz音频的周期为1/500Hz=0.002s=2ms，需要500ms/2ms=250个声音周期。

2) 程序设计

先建立文件夹XM17，然后建立XM17工程项目，最后建立源程序文件XM17.c，输入如下源程序：

```
#include<reg51.h>                    //包含单片机寄存器的头文件
sbit S1 = P3^0;                      //定义按键S1接入P3.0引脚
sbit S2 = P3^1;                      //定义按键S2接入P3.1引脚
```

```
sbit sound = P1^0;                    //将 sound 位定义为 P1.0 引脚
unsigned int keyval;
/ ***********************************************
函数功能：延时 30ms。
*********************************************** /
void delay(void)
{
  unsigned int i;
    for(i = 0;i < 1000;i++)
                ;
}
/ ***********************************************
函数功能：延时以形成约 1kHz 音频。
*********************************************** /
void delay1000Hz(void)
{
 unsigned char i;
    for(i = 0;i < 167;i++)
                ;
}
/ ****************************************************
/ ***********************************************
函数功能：延时以形成约 500Hz 音频。
*********************************************** /
void delay500Hz(void)
{
 unsigned int i;
    for(i = 0;i < 333;i++)
                ;
}
/ ****************************************************
/ ***********************************************
函数功能：发声 1s 时间的控制。
*********************************************** /
  void sound1s(void)
  {
   unsigned int i;
for(i = 0;i < 1000;i++)
{
sound = 0;                            //P1.0 引脚输出低电平
delay1000Hz();                        //延时以形成半个周期
sound = 1;                            //P1.0 引脚输出高电平
delay1000Hz();                        //延时以形成一个周期 1kHz 音频
}
}
/ ***********************************************
函数功能：发声 0.5s 时间的控制。
*********************************************** /
```

```
void soundBans(void)
{
 unsigned char i;
for(i = 0;i < 250;i++)
{
sound = 0;                        //P1.0 引脚输出低电平
delay500Hz();                     //延时以形成半个周期
sound = 1;                        //P1.0 引脚输出高电平
delay500Hz();                     //延时以形成一个周期 1kHz 音频
}
}
/ **************************************************
函数功能：键盘扫描子程序。
************************************************** /
void key_scan(void)
{

        if(S1 == 0)               //按键 S1 被按下
        keyval = 1;               //每个按键设置一个按键值
        delay();
        if(S2 == 0)               //按键 S2 被按下
        keyval = 2;
        delay();
}

/ **************************************************
函数功能：主函数。
************************************************** /
void main(void)                   //主函数
{
  keyval = 0;                     //按键值初始化为 0
  while(1)                        //无限循环
    {
      key_scan();                 //调用键盘扫描子程序
      switch(keyval)              //设置 switch 语句的条件表达式 keyval
        {
          case 1: sound1s();      //如果 keyval = 1,发声 1s 时间的控制
                  break;          //跳出 switch 语句
          case 2: soundBans();    //如果 keyval = 2,发声 0.5s 时间的控制
                  break;
        }
    }
}
```

3）用 Proteus 软件仿真

经过 Keil 软件编译通过后，在 Proteus ISIS 编辑环境中绘制仿真电路图，将编译好的 XM17.hex 文件加载到 AT89C51 里，然后启动仿真，就可以听到用开关 S 控制实现蜂鸣器报警，效果图如图 3-26 所示。

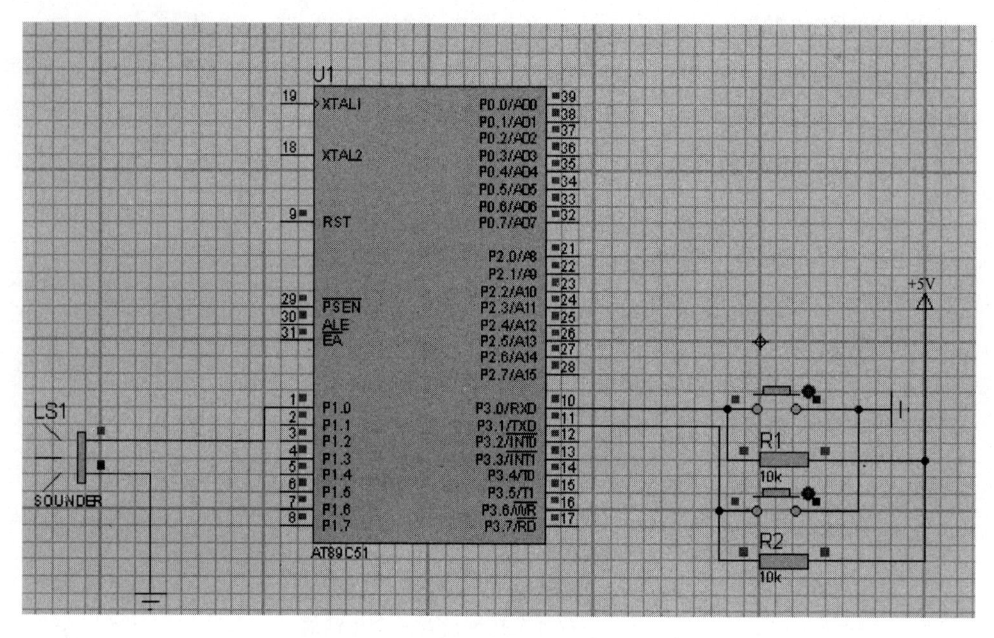

图 3-26　用开关 S 控制实现蜂鸣器报警

模 块 小 结

C 语言单词包括标识符、关键字、运算符、分隔符、常量和注释等。标识符是一种单词，用来给变量、函数、符号常量、自定义类型等命名。关键字是一种已被系统使用过的具有特定含义的标识符。用户不得再用关键字给变量等命名。

数据的不同格式叫数据类型。C51 的基本数据类型有字符型、整型、长整型、浮点型、位型及 SFR 型。存储类型是指变量被放在机器存储器中的位置。在 80C51 单片机中，C51 支持的存储类型有：bdata、data、idata、pdata、xdata、code。

80C51 硬件结构的 C51 定义：SFR 及其特定位的定义；并行接口及片外扩展 I/O 口的定义；位变量的定义。

C 语言常用运算符按功能可分为 6 类：算术运算符：＋，－，*，/，%，＋＋，－－；关系运算符：＞，＜，＞＝，＜＝，＝＝，!＝；逻辑运算符：!，&&，||；位操作运算符：～，&，|，^，≫，≪；赋值运算符：＝，＋＝，－＝，*＝，/＝，%＝，&＝，|＝，^＝，≫＝，≪＝；其他类运算符：[]，()，.，－＞，&，?:，,（逗号运算符）。

学习时要着重理解每种运算符的功能、用法，每种运算符的优先级和结合性。优先级即执行运算的先后次序。结合性：指当一个运算对象两侧的运算符优先级别相同时的运算顺序。

C51 的数组：

① 数组是一种自定义的数据类型。这种数据类型的特点是：它是数目固定、类型相同的若干变量的有序集合。

② 如何定义数组：定义数组的格式。

```
[<存储类>] <数据类型><数组名> [<大小>]...;
```

具有一个[<大小>]的是一维数组，具有两个[<大小>]的是二维数组。

③ 数组元素如何表示。

数组元素的表示方法：

```
<数组名> [<下标表达式>]……
```

具有一个[<下标表达式>]的为一维数组元素，具有两个[<下标表达式>]的为二维数组元素。

④ 如何对数组进行初始化。

定义或说明数组时，可以使用初始化表给数组进行初始化。

⑤ 如何给数组赋值。

给数组赋值是指给数组的每一个元素赋值，方法是使用赋值表达式语句给数组元素赋值。

⑥ 字符数组在初始化时有何特点。

字符数组可以用来存放若干字符，也可用来存放一个或多个字符串。一维字符数组只能放一个字符串，二维数组可存放多个字符串。用来存放字符串的数组可以直接使用字符串常量进行初始化。

指针：

① 指针是一种用来存放某个变量或对象的地址值的特殊变量。指针存放了哪个变量或对象的地址值，则该指针就指向哪个变量或对象。指针的类型是指指针所指变量或对象的类型。

② 指针的定义格式。

```
<类型> *<指针名>=<初值>;
```

其中，<指针名>同标识符，* 是修饰符，说明其后的标识符是指针名，不是一般变量，指针的数据类型不能省略，定义指针时可以初始化，也可以不进行初始化。

③ 指针的赋值。

指针可以被赋初值，也可以被赋值。

给指针赋初值或赋值都必须是地址值，各种不同类型变量的地址值的表示方法不同。

在说明语句中，标识符 p 前边的 * 号是修饰符，用来说明标识符 p 是指针名。赋值表达式中语句中的指针名 p 前边的 * 号是单目运算符，用来表示取指针 p 的内容，即指针 p 所指向的变量的值。

④ 使用指针表示数组元素。

一维、二维数组的元素除了可用下标表示外，还可以使用指针表示。熟悉指针表示各种数组元素的形式。

函数

① 函数的基本概念：函数的定义格式、函数的说明方法、函数的参数、函数的返回值。

② 函数的调用方法：传值调用方法和传址调用方法、嵌套调用、递归调用。

注意：函数的定义和函数的说明是两回事；函数的实参和形参：调用函数的参数为实

参,被调用函数的参数为形参。

函数的调用方式:传递变量本身值的调用称为传值调用。传递变量地址值的调用称为传址调用。注意二者调用的机制和特点。

课后练习题

(1) C51的数据存储类型有哪几种?几种数据类型各自位于单片机系统的哪一个存储区?

(2) small、compact、large 3种编译模式的区别是什么?

(3) 定义一个可位寻址的变量flag,该变量位于23H单元,用sbit指令定义该变量的8个位,变量名为flag0,falg1,…,flag7。

(4) 求表达式的值:(float)(a+b)/2+(int)x%(int)y。设:a=3,b=4,x=3.5,y=4.5。

(5) 写出下列表达式的运算后a的值,设运算前a=10,n=9,a和n已定义为整型变量。

① a+=a

② a*=2+3

③ a%=(n%=2)

④ a+=a-=a*=a

⑤ ++a+++a++

(6) 写出下列4个逻辑表达式的值,设a=3,b=4,c=5。

① a+b>c&&a=c

② a||b+c&&a-c

③ !(a>b)&&!c||1

④ !(a+b)+c-1&&b+c/2

(7) 输入3个数x,y,z,请输出第二大的数。

(8) 求$\sum_{n=1}^{10} n!$(即1!+2!+3!+…+10!)。

(9) 用3种循环语句分别实现1~10的平方和。

(10) 10个元素的int数组需要多少字节存放?若数组在2000h单元开始存放,在哪个位置可以找到下标为5的元素?

(11) 用数组math[10]存储从键盘上输入的一个班10名同学的数学成绩。①编程求其平均值;②将学生成绩按从高到低的顺序输出。

(12) 已知数组str[255]中存放着一串字符,统计其中的英文字母、数字及其他字符的个数。

(13) 编写把字符串S逆转的函数reverse(S)。

(14) 写出下列数组用*运算的替换形式。

① data[2]; ② num[i+1]; ③ man[5][3];

(15) 用不同数据类型控制P1口的8位LED闪烁。

(16) 分别用P2、P3口显示“乘法”“除法”运算结果。

(17) 用 P1 口显示逻辑“与”运算结果。

(18) 用 P1 口显示逻辑“条件”运算结果。

(19) 用 P1 口显示逻辑“异或”运算结果。

(20) 分别用 P1、P2 口显示位“与或”运算结果。

(21) 用 P2 口显示“右移”运算结果。

(22) 用 if 语句控制 P1 口 8 只 LED 显示状态。

(23) 用 for 语句实现蜂鸣器发出 2kHz 音频。

(24) 用 switch 语句控制 P1 口 8 只 LED 显示状态。

(25) 用 while 语句控制 P1 口 8 只 LED 显示状态。

(26) 用 do…while 语句控制 P1 口 8 只 LED 显示状态。

(27) 用数组实现 P2 口 8 只 LED 显示状态。

(28) 用指针数组实现 P2 口 8 只 LED 显示状态。

(29) 用指针数组实现 30 种 P1 口 8 只 LED 显示状态。

(30) 用带参数函数控制 P0 口 8 位 LED 灯闪烁时间。

(31) 用数组作为函数参数控制 P0 口 8 位 LED 点亮状态。

(32) 用指针作为函数参数控制 P2 口 8 位 LED 点亮状态。

(33) 用函数型指针控制 P2 口 8 位 LED 点亮状态。

(34) 用 P1 口控制 8 只 LED 左循环流水灯亮。

(35) 用开关 S1、S2、S3、S4 控制蜂鸣器实现 4 个频率报警。

参 考 文 献

[1] 杨居义. 单片机原理及应用项目教程(基于 C 语言)[M]. 北京：清华大学出版社，2014.

[2] 王东锋，王会良，董冠强. 单片机 C 语言应用 100 例[M]. 北京：电子工业出版社，2009.

[3] 杨居义. 单片机案例教程[M]. 北京：清华大学出版社，2015.

[4] 楼然苗. 8051 系列单片机 C 程序设计[M]. 北京：北京航空航天大学出版社，2007.

[5] 马忠梅. 单片机的 C 语言程序设计[M]. 4 版. 北京：北京航空航天大学出版社，2007.

[6] 张道德. 单片机接口技术(C51 版)[M]. 北京：中国水利水电出版社，2007.

[7] 吕凤翥. C 语言程序设计[M]. 北京：清华大学出版社，2006.

[8] 徐爱钧. Keil Cx51 V7.0 单片机高级语言编程与 μVision2 应用实践[M]. 北京：电子工业出版社，2004.

模块 4 80C51 单片机定时器/计数器分析及应用

技能目标

(1) 掌握任务 18-1：用定时器 T0 查询方式控制 P3 口 8 位 LED 闪烁。
(2) 掌握任务 19-1：用定时器 T0 查询方式控制 P1.0 的蜂鸣器发出 1kHz 音频。
(3) 掌握项目 20：将 T1 计数的结果送 P0 口显示。
(4) 掌握项目 21：单片机控制 LED 灯左循环亮。

知识目标

学习目的：

(1) 了解 80C51 定时器/计数器的结构。
(2) 了解 80C51 定时器/计数器的工作原理。
(3) 掌握定时器/计数器方式寄存器 TMOD 设置。
(4) 掌握定时器/计数器控制寄存器 TCON 设置。
(5) 掌握定时器/计数器的初始化步骤。
(6) 掌握定时或计数初值的计算。
(7) 掌握 80C51 定时器/计数器工作方式的特点及应用。
(8) 掌握 80C51 定时器/计数器编程方法。

学习重点和难点：

(1) 定时器/计数器的初始化。
(2) 定时器/计数器与中断的综合应用。

概要资源

1-1 学习要求
1-2 重点与难点
1-3 学习指导
1-4 学习情境设计
1-5 教学设计
1-6 评价考核
1-7 PPT

项目 18：认识单片机定时器/计数器

● 技能目标

掌握任务 18-1：用定时器 T0 查询方式控制 P3 口 8 位 LED 闪烁。

● 知识目标

学习目的：

（1）了解 80C51 定时器/计数器的结构。

（2）了解 80C51 定时器/计数器的工作原理。

（3）掌握定时器/计数器方式寄存器 TMOD 设置。

（4）掌握定时器/计数器控制寄存器 TCON 设置。

（5）掌握定时器/计数器的初始化步骤。

（6）掌握定时或计数初值的计算。

学习重点和难点：

（1）80C51 定时器/计数器的结构。

（2）80C51 定时器/计数器的工作原理。

（3）定时器/计数器方式寄存器 TMOD 设置。

（4）定时器/计数器控制寄存器 TCON 设置。

（5）定时器/计数器的初始化步骤。

（6）定时或计数初值的计算。

任务 18-1：用定时器 T0 查询方式控制 P3 口 8 位 LED 闪烁

微课 4-1

1. 任务要求

（1）了解定时器/计数器工作原理。

（2）掌握定时器/计数器方式寄存器 TMOD 设置。

（3）掌握定时器/计数器编程方法。

2. 任务描述

使用 T0 工作于方式 1，采用查询方式控制 P3 口 8 位 LED 的闪烁周期为 100ms，即亮 50ms，熄灭 50ms，电路图如图 4-1 所示，设单片机晶振频率为 12MHz。

3. 任务实现

1）分析

用定时器 0、方式 1，则 TMOD=××××0001B

由于 $T_{机器}=12T_{时钟}=12\times1/f_{osc}=1\mu s$，而方式 1 的最大定时时间为 65.536ms，所以可选择 50ms。所以定时器初始值为：

```
TH0 = (65536 - 50000)/256;      //定时器 T0 的高 8 位赋初值
TL0 = (65536 - 50000) % 256;    //定时器 T0 的低 8 位赋初值
```

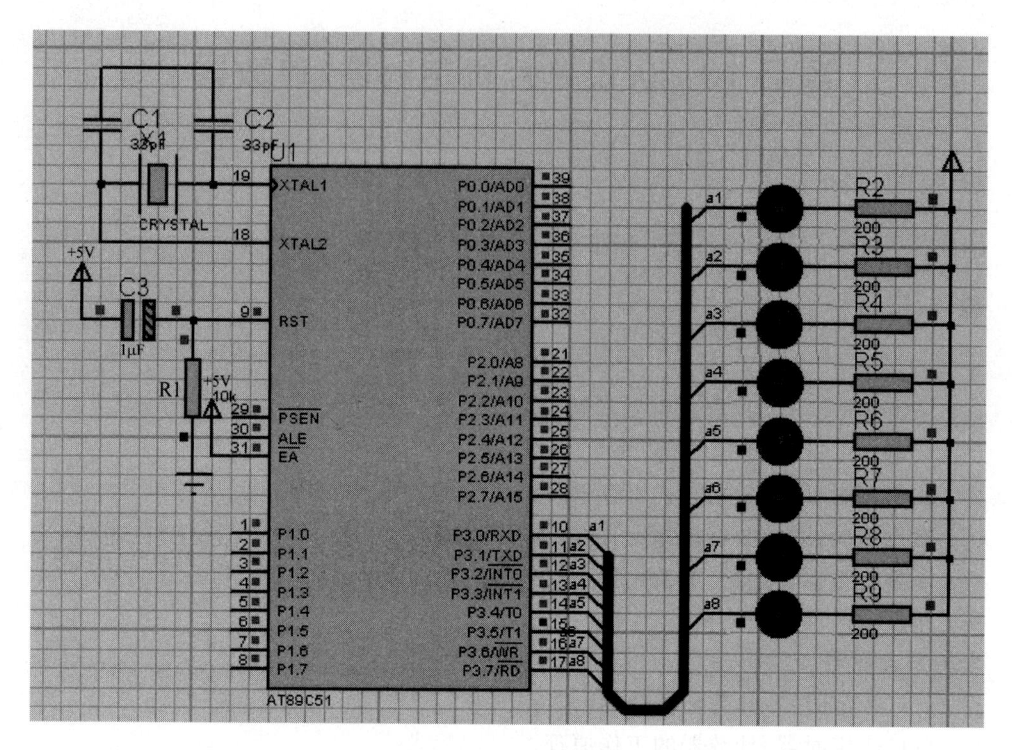

图 4-1　用定时器 T0 查询方式控制 P3 口 8 位 LED 闪烁仿真效果图

2）程序设计

先建立文件夹 XM18-1，然后建立 XM18-1 工程项目，最后建立源程序文件 XM18-1.c，输入如下源程序：

```
#include<reg51.h>                    //包含 51 单片机寄存器定义的头文件
/************************************************************
函数功能：主函数。
************************************************************/
void main(void)
{
  TMOD = 0x01;                       //使用定时器 T0 的方式 1
  TH0 = (65536 - 50000)/256;         //定时器 T0 的高 8 位赋初值
  TL0 = (65536 - 50000) % 256;       //定时器 T0 的低 8 位赋初值
  TR0 = 1;                           //启动定时器 T0
  P3 = 0xff;                         //先熄灭 P3 口的灯
    while(1)                         //无限循环
      {
          while(TF0 == 0)            //查询标志位是否溢出
        ;                            //空操作
          TF0 = 0;                   //若计时时间到,TF0 = 1,需要软件将其清 0
          P3 = ~P3;                  //将 P3 按位取反,实现 LED 的闪烁
          TH0 = (65536 - 50000)/256; //定时器 T0 的高 8 位赋初值
          TL0 = (65536 - 50000) % 256; //定时器 T0 的低 8 位赋初值
      }
  }
```

3）用 Proteus 软件仿真

经过 Keil 软件编译通过后，在 Proteus ISIS 编辑环境中绘制仿真电路图，将编译好的“XM18-1. hex”文件加载到 AT89C51 里，然后启动仿真，就可以看到定时器 T0 查询方式控制 P3 口 8 位 LED 闪烁，效果图如图 4-1 所示。

任务 18-2：相关知识

微课 4-2

1. 定时器/计数器的结构

80C51 定时器/计数器由定时器 0、定时器 1、定时器方式寄存器 TMOD 和定时器控制寄存器 TCON 四部分组成。80C51 定时器/计数器逻辑结构图如图 4-2 所示，各部分的功能说明如下所示。

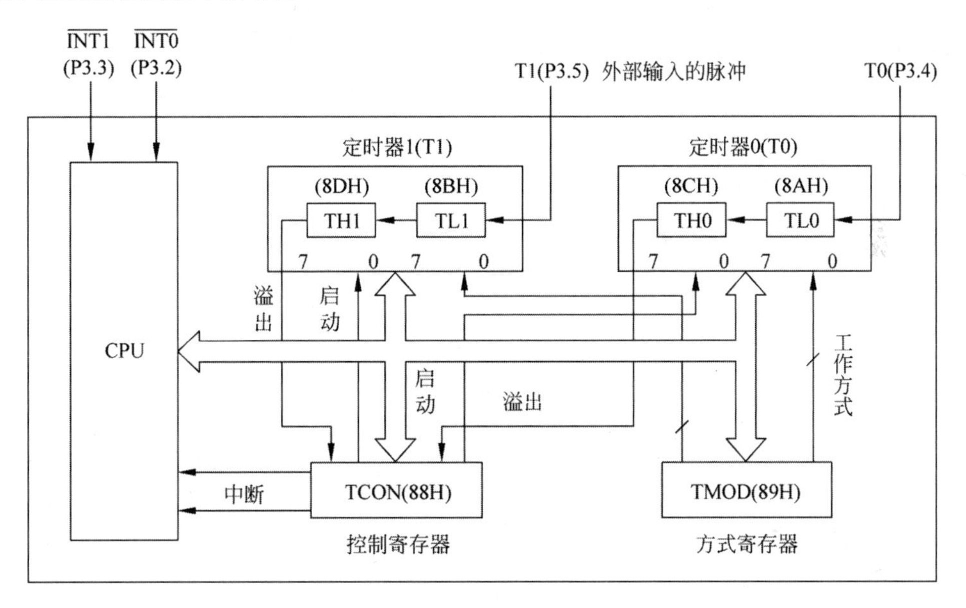

图 4-2 80C51 定时器/计数器逻辑结构图

1）定时器 0(T0)和定时器 1(T1)

(1) 80C51 单片机内部有两个 16 位的可编程定时器/计数器，称为定时器 0(简称 T0)和定时器 1(简称 T1)，通过编程来选择作为定时器用或作为计数器用。

(2) 16 位的定时器/计数器分别由两个 8 位寄存器组成，即：T0 由 TH0 和 TL0 构成，T1 由 TH1 和 TL1 构成，TL0、TL1、TH0、TH1 的访问地址依次为 8AH～8DH。每个寄存器均可单独访问，这些寄存器是用于存放定时初值或计数初值的。

(3) 定时器 0 或定时器 1 用作计数器时，对芯片引脚 T0(P3. 4)或 T1(P3. 5)上输入的脉冲计数，每输入一个脉冲，加法计数器加 1；其用作定时器时，对内部机器周期脉冲计数，由于机器周期是定值，故计数值确定时，时间也随之确定。

2）方式寄存器 TMOD 和控制寄存器 TCON

TMOD、TCON 与定时器 0、定时器 1 间通过内部总线及逻辑电路连接，TMOD 用于设置定时器的工作方式，TCON 用于控制定时器的启动与停止，并保存 T0、T1 的溢出和中断标志。

2. 80C51 定时器/计数器的原理

16 位的定时器/计数器实质上是一个加 1 计数器,可实现定时和计数两种功能,其功能由软件设置和控制。

1) 定时功能

当定时器/计数器设置为定时工作方式时,如果以 T0 为例,其定时工作原理框图如图 4-3 所示,计数器的加 1 信号由振荡器的 12 分频信号产生,即每过一个机器周期,计数器加 1,直至计满溢出。定时器的定时时间与系统的时钟频率有关。因一个机器周期等于 12 个时钟周期,所以计数频率 f_c 应为系统时钟频率 f_{osc} 的十二分之一,即 $f_c=\frac{1}{12}f_{osc}$。例如,单片机的晶振频率为 $f_{osc}=12\text{MHz}$,则计数周期为 $T_c=\frac{1}{12\text{MHz}}\times 12=1\mu s$。这是最短的定时周期,通过改变定时器的定时初值,并适当选择定时器的长度(8 位、13 位或 16 位),可以调整定时时间。

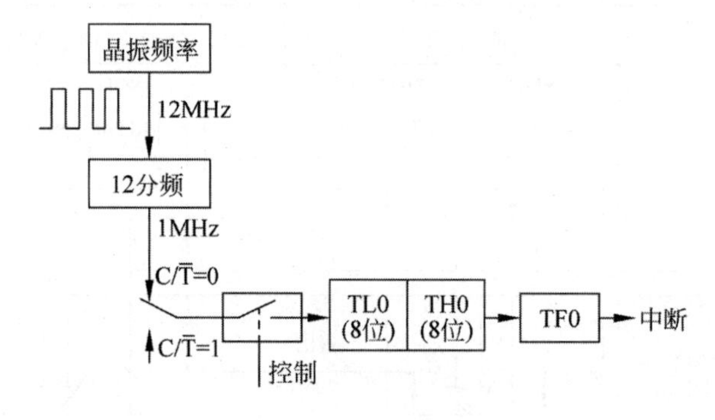

图 4-3 定时工作原理框图

2) 计数功能

当定时器/计数器设置为计数工作方式时,如果以 T0 为例,其计数工作原理框图如图 4-4 所示,计数器对来自外部输入引脚 T0(P3.4)和 T1(P3.5)的信号进行计数,外部脉冲的下降沿将触发计数。在每个机器周期的 S5P2 期间采样外部引脚输入电平,若前一个机器周期采样值为 1,后一个机器周期采样值为 0,则计数器加 1。新的计数值是在检测到外部输入引脚电平发生 1 到 0 的负跳变后,于下一个机器周期的 S3P1 期间装入计数器中的,可见,检测一个由 1 到 0 的负跳变需要两个机器周期,所以,最高检测频率为振荡频率的 1/24。如果晶振频率为 12MHz,则最高计数频率为 0.5MHz。虽然对外部输入信号的占空比无特殊要求,但为了确保给定电平在变化前至少被采样一次,外部计数脉冲的高电平与低电平保持时间均需在一个机器周期以上。

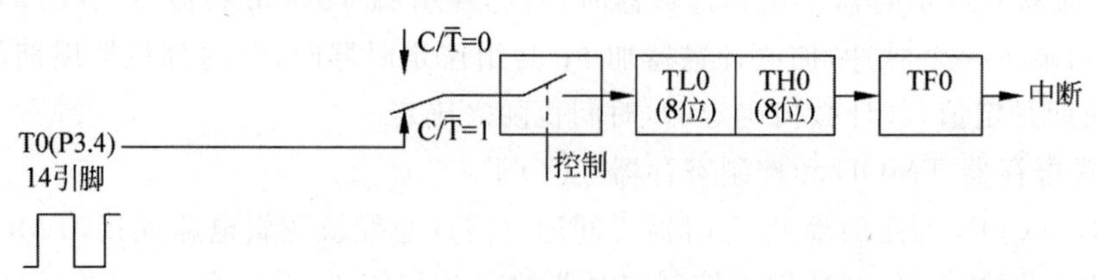

图 4-4 计数工作原理框图

3. 80C51 定时器/计数器的控制

微课 4-3

在定时器/计数器开始工作之前，CPU 必须将一些命令(称为控制字)写入定时器/计数器，这个过程叫定时/计数器的初始化。在初始化程序中，要将工作方式控制字写入定时器方式寄存器(TMOD)，工作状态控制字写入定时器控制寄存器(TCON)，赋定时/计数初值给 TH0(TH1)和 TL0(TL1)。

1) 定时器/计数器方式寄存器 TMOD

定时器/计数器方式寄存器 TMOD 的作用是设置 T0、T1 的工作方式。TMOD 的格式如下所示。

TMOD (89H)	D7	D6	D5	D4	D3	D2	D1	D0
	GATE	C/$\overline{T}$	M1	M0	GATE	C/$\overline{T}$	M1	M0
	定时器1(T1)				定时器0(T0)			

TMOD 的低 4 位为定时器 0 的方式字段，高 4 位为定时器 1 的方式字段，它们的含义完全相同，各位的功能含义如下所示。

(1) M1、M0 的功能。M1、M0 的功能见表 4-1。

表 4-1　M1、M0 的功能

M1　M0	工 作 方 式	功 能 说 明
0　0	方式 0	13 位计数器
0　1	方式 1	16 位计数器
1　0	方式 2	自动重装入初值 8 位计数器
1　1	方式 3	定时器 0：分为两个独立的 8 位计数器，定时器 1：停止计数

(2) C/$\overline{T}$：功能选择位。当 C/$\overline{T}$=0 时，以定时器方式工作；当 C/$\overline{T}$=1 时，以计数器方式工作。

(3) GATE：门控位。当 GATE=0 时，软件启动定时器，即用指令(SETB TR1)使 TCON 中的 TR1(TR0)置 1，即可启动定时器 1(定时器 0)。

当 GATE=1 时，软件和硬件共同启动定时器，即用指令使 TCON 中的 TR1(TR0)置 1 时，同时还需要外部中断$\overline{\text{INT0}}$(P3.2)或$\overline{\text{INT1}}$(P3.3)引脚输入高电平方可启动定时器 1(定时器 0)。TMOD 不能位寻址，只能用字节指令设置高 4 位定义定时器 1，低 4 位定义定时器 0 工作方式。复位时，TMOD=00H，即所有位均置 0。

2) 定时器/计数器控制寄存器 TCON

定时器/计数器控制寄存器 TCON 的作用是控制定时器的启动与停止，并保存 T0、T1 的溢出和中断标志。其 TCON 的格式如下所示。

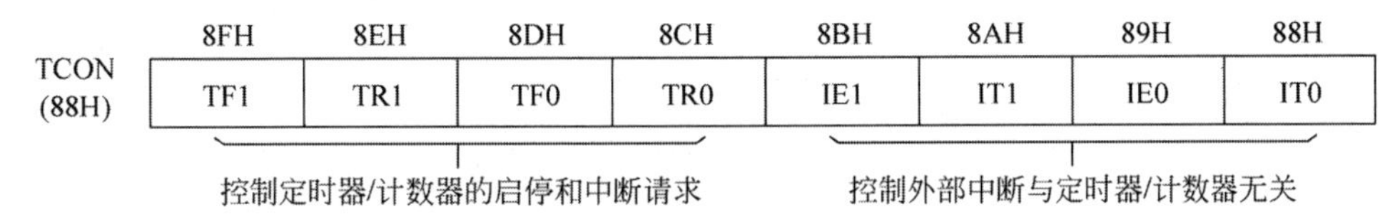

TCON 中的高 4 位用于控制定时器/计数器的启停和中断请求，各位的功能含义如下所示。

(1) TF1(TCON.7位):定时器1溢出标志位。当定时器1计满数产生溢出时,由硬件自动置TF1=1。在中断允许时,向CPU发出定时器1的中断请求,进入中断服务程序后,由硬件自动清0。在中断屏蔽(以查询方式工作)时,TF1可作溢出查询测试用(判断该位是否为1),此时只能由软件清0(用指令JBC TF1,rel)。

(2) TR1(TCON.6位):定时器1启停控制位。当GATE=0时,用指令使TR1置1即启动定时器1工作,若用指令使TR1清0,则停止定时器1工作。当GATE=1时,用指令使TR1置1的同时外部中断$\overline{\text{INT1}}$(P3.3)的引脚输入高电平才能启动定时器1工作。

(3) TF0(TCON.5位):定时器0溢出标志位。功能及操作情况同TF1。

(4) TR0(TCON.4位):定时器0启停控制位。功能及操作情况同TR1。

TCON中的低4位用于控制外部中断,与定时器/计数器无关,将在模块4的任务18-2:相关知识中详细介绍。

(5) IE1(TCON.3位):外部中断1($\overline{\text{INT1}}$)请求标志位。

(6) IT1(TCON.2位):外部中断1($\overline{\text{INT1}}$)触发方式选择位。

(7) IE0(TCON.1位):外部中断0($\overline{\text{INT0}}$)请求标志位。

(8) IT0(TCON.0位):外部中断0($\overline{\text{INT0}}$)触发方式选择位。

当系统复位时,TCON的所有位均清0。TCON的字节地址为88H,可以位寻址,清溢出标志位或启动定时器都可以用位操作指令(如SETB TR1、JBC TF1,LOOP)。

4. 定时器/计数器的初始化

1) 定时器/计数器的初始化步骤

由于定时器/计数器的功能是由软件编程确定的,所以一般在使用定时器/计数器前都要对其进行初始化。初始化步骤如下所示。

(1) 确定定时器/计数器的工作方式,确定方式控制字,并写入TMOD。

(2) 预置定时初值或计数初值,根据定时时间或计数次数,计算定时初值或计数初值,并写入TH0、TL0或TH1、TL1。

(3) 根据需要开启定时器/计数器的中断,直接对IE寄存器中的相应位(EA、EX0、EX1、ET0、ET1)赋值。

(4) 启动定时器/计数器工作,将TCON中的TR1或TR0置1。

微课4-4

2) 定时器或计数器初值的计算

定时器/计数器的初值由工作方式确定,其定时或计数初值的计算方法见表4-2。

表4-2 定时或计数初值的计算方法

工作方式	计数位数	最大计数值为M个脉冲 f_{osc}=12MHz	最大定时时间T		定时初值X	计数初值X
			f_{osc}=12MHz	f_{osc}=6MHz		
方式0	13	$M=2^{13}=8192$ =2000H	$T=2^{13}\times T_{机}$ =8.19ms	$T=2^{13}\times T_{机}$ =16.384ms	$X=2^{13}-\frac{T}{T_{机}}$	$X=2^{13}-$计数值
方式1	16	$M=2^{16}=65536$ =10000H	$T=2^{16}\times T_{机}$ =65.5ms	$T=2^{16}\times T_{机}$ =131.072ms	$X=2^{16}-\frac{T}{T_{机}}$	$X=2^{16}-$计数值
方式2	8	$M=2^{8}=256=100H$	$T=2^{8}\times T_{机}$ =256μs	$T=2^{8}\times T_{机}$ =0.512ms	$X=2^{8}-\frac{T}{T_{机}}$	$X=2^{8}-$计数值

续表

工作方式	计数位数		最大计数值为 M 个脉冲 $f_{osc}=12MHz$	最大定时时间 T		定时初值 X	计数初值 X
				$f_{osc}=12MHz$	$f_{osc}=6MHz$		
方式 3（T0）	TL0	8	$M=2^8=256=100H$	$T=2^8\times T_机=0.256ms$	$T=2^8\times T_机=0.512ms$	$X=2^8-\frac{T}{T_机}$	$X=2^8-$计数值
	TH0	8	$M=2^8=256=100H$	$T=2^8\times T_机=0.256ms$	$T=2^8\times T_机=0.512ms$	$X=2^8-\frac{T}{T_机}$	

注：1. 表中 T 表示定时时间，$T_机$ 表示机器周期（$T_机=12\times 1/f_{osc}$）。

2. 计数初值公式中的计数值为脉冲个数。

3. 在方式 3 中只讨论 T0。T0 被分为两个独立的 8 位计数器 TL0 和 TH0。TL0 可定时，也可计数；而 TH0 只能用作简单的内部定时，不能用作对外部脉冲进行计数。

【例 4-1】 定时器 1(T1)采用方式 1 定时，要求每 50ms 溢出一次，如采用 12MHz 晶振，则计数周期 $T_机=1\mu s$，求定时初值 X。

解：根据定时初值 X 的计算公式可得：

$$X=2^{16}-\frac{T}{T_机}=65\,536-\frac{50\times 1000\mu s}{1\mu s}=65\,536-50\,000=15\,536=3CB0H$$

【例 4-2】 要求定时器 1(T1)采用方式 0、方式 1 和方式 2 来计 100 个脉冲的计数初值 X。

解：根据计数初值 X 的计算公式，可得：

方式 0：$X=2^{13}-$计数值$=8192-100=8092=1F9CH$

方式 1：$X=2^{16}-$计数值$=65\,536-100=65\,436=FF9CH$

方式 2：$X=2^{8}-$计数值$=256-100=156=9CH$

3) 定时或计数初值的装入

现以例 4-2 的计数初值 X 为例，介绍定时器/计数器在不同工作方式下初值的装入方法。

(1) 方式 0 是 13 位定时器/计数器，若采用定时器/计数器 T1，则计数初值 X 的高 8 位装入 TH1，低 5 位装入 TL1 的低 5 位（TL1 的高 3 位无效，可填补 0）。所以，要装入 1F9CH 初值，应按照如下方法进行。

1F9CH=0001 1111 1001 1100B

把 13 位中的高 8 位 1111 1100B 装入 TH1，而把 13 位中的低 5 位 xxx1 1100B 装入 TL1(xxx 用“0”填入)。用指令装入计数初值如下所示。

```
TH1 = 0xFC;          //定时器 T1 的高 8 位赋初值
TL1 = 0x1C;          //定时器 T1 的低 5 位赋初值
```

(2) 方式 1 是 16 位定时器/计数器，若采用定时器/计数器 T1，则计数初值 X 的高 8 位装入 TH1，而低 8 位装入 TL1，用指令装入计数初值如下所示。

```
TH1 = 0xFF;          //定时器 T1 的高 8 位赋初值
TL1 = 0x9C;          //定时器 T1 的低 8 位赋初值
```

(3) 方式 2 是自动重装入初值 8 位定时器/计数器，只要装入一次，以后就自动装入初值。若采用定时器/计数器T1,则计数初值X既要装入TH1,也要装入TL1,用指令来装入计数初值如下所示。

```
TH1 = 0x9C;          //定时器 T1 的高 8 位赋初值
TL1 = 0x9C;          //定时器 T1 的低 8 位赋初值
```

项目19：认识定时器/计数器的工作方式

● 技能目标

掌握任务19-1：用定时器T0查询方式控制P1.0的蜂鸣器发出1kHz音频。

● 知识目标

学习目的：

(1) 掌握80C51定时器/计数器的方式0、方式1、方式2和方式3工作原理。

(2) 掌握80C51定时器/计数器的方式0、方式1、方式2应用及编程方法。

学习重点和难点：

(1) 80C51定时器/计数器的方式0、方式1、方式2和方式3工作原理。

(2) 80C51定时器/计数器的方式0、方式1、方式2应用及编程方法。

任务19-1：用定时器T0查询方式控制P1.0的蜂鸣器发出1kHz音频

1. 任务要求

微课4-5

(1) 掌握定时器/计数器的工作方式TMOD设置。

(2) 掌握定时器/计数器初始值的计算。

(3) 掌握定时器T0工作于方式1的编程方法。

2. 任务描述

使用定时器T0工作于方式1,采用查询方式控制P1.0的蜂鸣器发出1kHz音频,电路图如图4-5所示,设单片机晶振频率为12MHz。

3. 任务实现

1) 分析

用定时器T0、方式1,则TMOD=××××0001B

定时器T0初始值的设置：只要让单片机的P1.0引脚的电平信号每隔音频的半个周期取反一次,即可发出1kHz音频。音频的半个周期为T=1/1000Hz/2=0.0005s,即500μs。由于$T_{机}=12T_{时钟}=12\times 1/f_{osc}=1\mu s$,而方式1的最大定时时间为65.536ms,T0初始值$X=2^{16}-\frac{T}{T_{机}}$,则

```
TH0 = (65536 - 500)/256;          //定时器 T0 的高 8 位赋初值
TL0 = (65536 - 500) % 256;        //定时器 T0 的低 8 位赋初值
```

2）程序设计

先建立文件夹 XM19-1，然后建立 XM19-1 工程项目，最后建立源程序文件 XM19-1.c，输入如下源程序：

```
#include<reg51.h>                 //包含 51 单片机寄存器定义的头文件
sbit sound = P1^0;                //将 sound 位定义为 P1.0 引脚
/***************************************************************
  函数功能：主函数。
***************************************************************/
void main(void)
{
  TMOD = 0x01;                    //使用定时器 T0 的方式 1
  TH0 = (65536 - 500)/256;        //定时器 T0 的高 8 位赋初值
  TL0 = (65536 - 500) % 256;      //定时器 T0 的低 8 位赋初值
  TR0 = 1;                        //启动定时器 T0
  while(1)                        //无限循环,等待查询
  {
      while(TF0 == 0)             //查询标志位是否溢出
       ;
     TF0 = 0;                     //若计时时间到,TF0 = 0,需要软件将其清 0
    sound = ~sound;               //将 P1.0 引脚输出电平取反
     TH0 = (65536 - 500)/256;     //定时器 T0 的高 8 位赋初值
     TL0 = (65536 - 500) % 256;   //定时器 T0 的低 8 位赋初值
  }
}
```

3）用 Proteus 软件仿真

经过 Keil 软件编译通过后，在 Proteus ISIS 编辑环境中绘制仿真电路图，将编译好的 XM19-1.hex 文件加载到 AT89C51 里，然后启动仿真，就可以听到用定时器 T0 查询方式控制 P1.0 的蜂鸣器发出 1kHz 音频，效果图如图 4-5 所示。

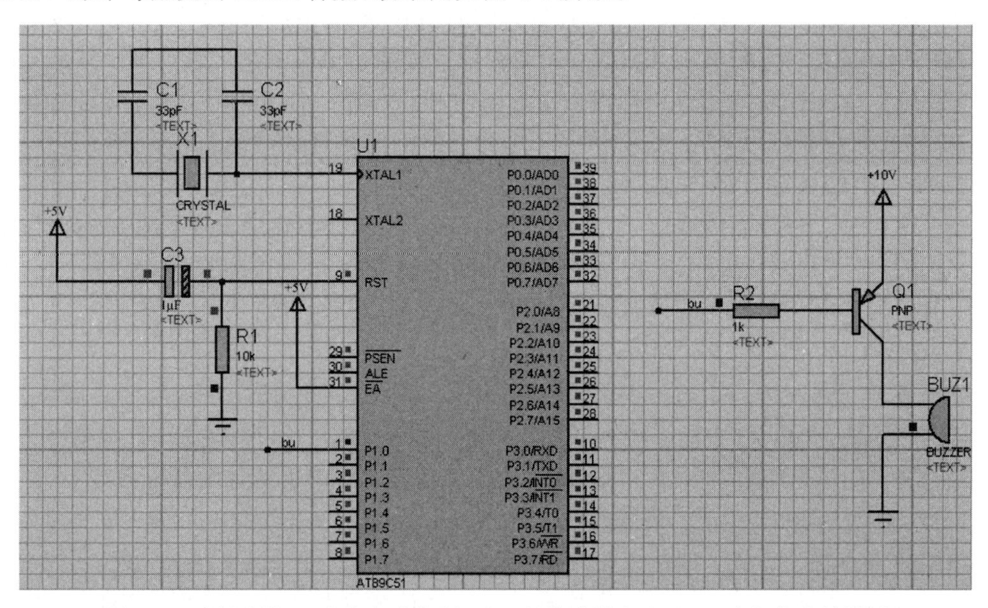

图 4-5　用定时器 T0 查询方式控制 P1.0 的蜂鸣器发出 1kHz 音频仿真效果图

任务19-2：相关知识

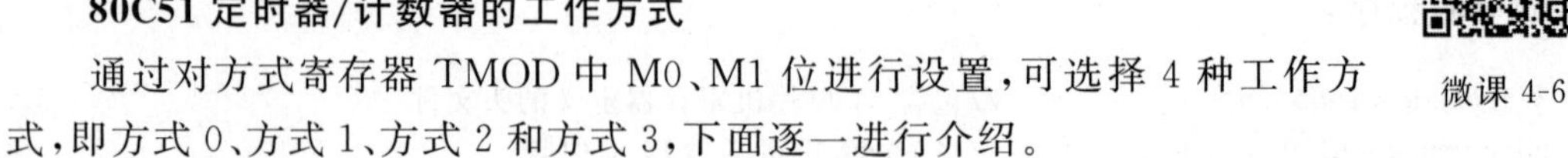

微课4-6

80C51定时器/计数器的工作方式

通过对方式寄存器TMOD中M0、M1位进行设置，可选择4种工作方式，即方式0、方式1、方式2和方式3，下面逐一进行介绍。

1）方式0

方式0构成一个13位定时器/计数器，以定时器0为例。图4-6是方式0的逻辑结构，定时器1的结构和操作与定时器0完全相同。

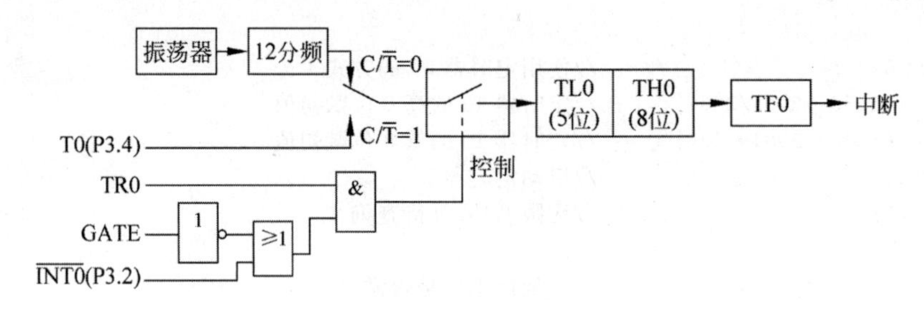

图4-6　定时器0工作于方式0时的逻辑结构图

由图4-6可知，定时器/计数器是由TL0中的低5位和TH0中的高8位组成一个13位加1计数器(TL0中的高3位不用)；若TL0中的第5位有进位，直接进到TH0中的最低位。而TH0溢出时向中断位TF0进位(硬件自动置位)，并申请中断。

当C/$\overline{T}$=0时，多路开关连接12分频器输出，定时器0对机器周期进行计数，此时，定时器0为定时器。

当C/$\overline{T}$=1时，多路开关与T0(P3.4)相连，外部计数脉冲由T0脚输入，当外部信号电平发生由1到0负跳变时，计数器加1，此时定时器0为计数器。

当门控位GATE=0时，或门输出始终为1，与门被打开，与门的输出电平始终与TR0的电平一致，实现由TR0控制定时器/计数器的启动和停止。若软件使TR0置1，接通控制开关，启动定时器0，13位加1计数器在定时初值或计数初值的基础上进行加1计数；溢出时，13位加1计数器为0，TF0由硬件自动置1，并申请中断。如要循环计数，则定时器0须重置初值，且需用软件将TF0复位，可采用重置初值语句和JBC命令。若软件使TR0清0，关断控制开关，停止定时器0，加1计数器停止计数。

当GATE=1时，与门的输出由输入电平和TR0位的状态确定。若TR0=1，则与门打开，外部信号$\overline{\text{INT0}}$电平通过引脚直接开启或关断定时器0，当为高电平时，允许计数，否则停止计数；若TR0=0，则与门被封锁，控制开关被关断，停止计数。

2）方式1

定时器0工作于方式1时的逻辑结构图如图4-7所示。在方式1下，以定时器0为例，定时器/计数器是由TL0中的8位和TH0中的8位组成的一个16位加1计数器。方式1的结构与操作几乎完全与方式0相同，最大的区别是方式1的加1计数器位数是16位。

3）方式2

定时器0工作于方式2时的逻辑结构图如图4-8所示。由图4-8可知，在方式2下，以定时器0为例，定时器/计数器是一个能自动装入初值的8位加1计数器。TH0中的8位

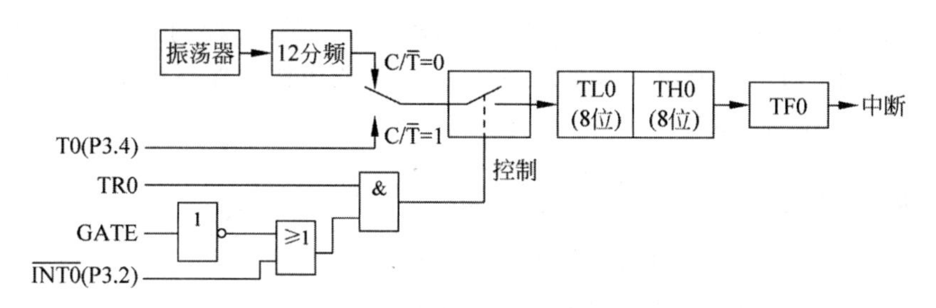

图 4-7　定时器 0 工作于方式 1 时的逻辑结构图

用于存放定时初值或计数初值，TL0 中的 8 位用于加 1 计数器，加 1 计数器溢出后，硬件使 TF0 自动置 1，同时自动将 TH0 中存放的定时初值或计数初值再装入 TL0，继续计数。方式 0 和方式 1 用于循环计数，每次计满溢出后，计数器都复 0，要进行新一轮计数，还须重置计数初值。这不仅导致编程麻烦，而且影响定时时间精度。而方式 2 具有初值自动装入功能，避免了这些缺陷，适合用于较高精确的定时信号发生器。

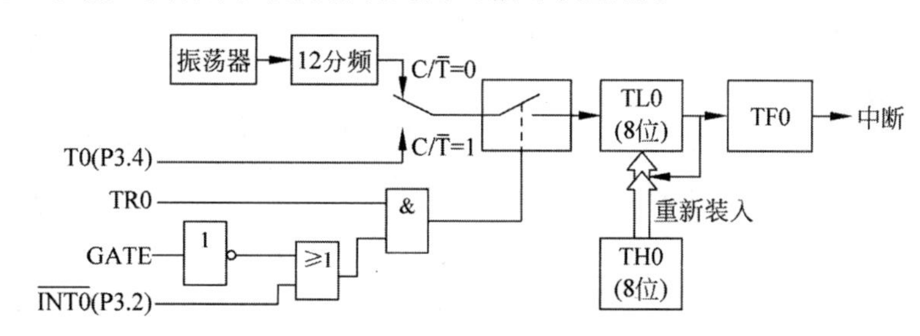

图 4-8　定时器 0 工作于方式 2 时的逻辑结构图

4）方式 3

定时器 0 工作于方式 3 时的逻辑结构图如图 4-9 所示。由图 4-9 可知，定时器/计数器 0 工作于方式 3 时，定时器 0 分为两个独立的 8 位加 1 计数器 TH0 和 TL0。其中，TL0 既可用于定时，也能用于计数；TH0 只能用于定时。

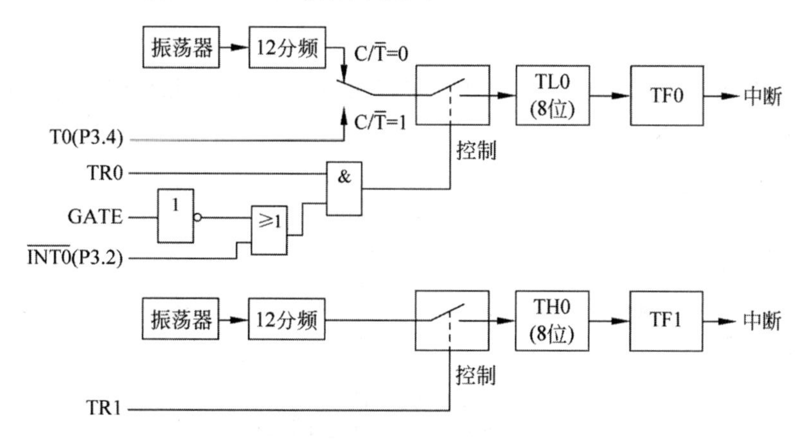

图 4-9　定时器 0 工作于方式 3 时的逻辑结构图

在方式 3 下，TL0 占用原 T0 的各控制位、引脚和中断源，即 C/T̄、GATE、TR0、TF0 和 T0(P3.4)引脚、$\overline{\text{INT0}}$(P3.2)引脚。而 TH0 占用原定时器 1 的控制位 TF1 和 TR1，同时还

占用了定时器1的中断源,其启动和关闭仅受TR1置1或清0控制。TH0只能对机器周期进行计数,因此,TH0只能用作简单的内部定时,不能用作对外部脉冲进行计数,是定时器0附加的一个8位定时器。

● 技能目标

(1) 掌握项目20:将T1计数的结果送P0口显示。

(2) 掌握项目21:单片机控制LED灯左循环亮。

*项目20:将T1计数的结果送P0口显示

微课4-7

1. 项目要求

(1) 掌握定时器/计数器方式寄存器TMOD设置。

(2) 掌握计数器T1工作于方式2的编程方法。

(3) 掌握定时器/计数器T0、T1的应用。

2. 项目描述

使用计数器T1工作于方式2,用查询方法统计S按键次数,并将结果送P0口8位LED显示。计数从0开始,计满100后清0,电路图如图4-10所示,设单片机晶振频率为12MHz。

3. 项目实现

1) 分析

用定时器T1、方式2,则TMOD=0010××××B=20H。

由于方式2是自动重装入初值8位定时器/计数器,所以只要装入一次,以后就自动装入初值。

```
TH1 = 256 - 100;                //定时器 T1 的高 8 位赋初值
TL1 = 256 - 100;                //定时器 T1 的低 8 位赋初值
```

2) 程序设计

先建立文件夹XM20,然后建立XM20工程项目,最后建立源程序文件XM20.c,输入如下源程序:

```
#include<reg51.h>               //包含 51 单片机寄存器定义的头文件
sbit S = P1^0;                  //把 S 按键定义为 P1.0
/**************************************************************
函数功能: 主函数。
**************************************************************/
void main(void)
{
  TMOD = 0x20;                  //使用定时器 T1 的方式 2
    TH1 = 256 - 100;            //定时器 T1 的高 8 位赋初值
    TL1 = 256 - 100;            //定时器 T1 的低 8 位赋初值
    TR1 = 1;                    //启动定时器 T1
    P0 = 0xff;                  //先熄灭 P0 口的灯
    while(1)                    //无限循环
      {
```

```
    while(TF1 == 0)                 //查询计数满 100,没有满,就等待
                {
                  if(S == 0)        //按键 S 按下为低电平为 0
                  P0 = TL1;         //计数器 TL1 加 1 后送 P0 显示
                }
              TF1 = 0;              //计数器溢出后,将 TF1 清 0
         }
  }
```

3）用 Proteus 软件仿真

经过 Keil 软件编译通过后，在 Proteus ISIS 编辑环境中绘制仿真电路图，将编译好的 XM20.hex 文件加载到 AT89C51 里，然后启动仿真，就可以看到 T1 计数的结果送 P0 口显示，效果图如图 4-10 所示。

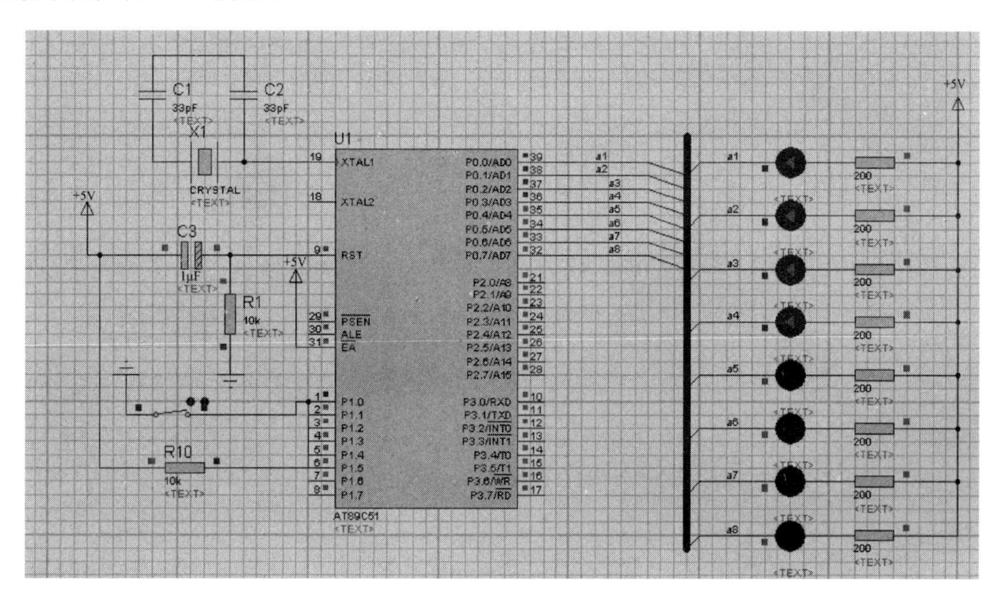

图 4-10　将 T1 计数的结果送 P0 口显示仿真效果图

课堂练习：设计根据开关 P3.0 引脚状态用定时器 T1 查询方式控制 P1.0 的蜂鸣器发出 2kHz 音频，要求仿真实现。

*项目 21：单片机控制 LED 灯左循环亮

微课 4-8

1．项目要求

用 AT89C51 单片机控制一组 LED 灯左循环亮，晶振频率采用 12MHz。要求如下：

（1）用发光二极管灯左循环亮为输出值。

（2）利用单片机的定时器完成此项目。

（3）每 1s 左循环一次。

2．项目描述

设计用 AT89C51 单片机控制 LED 灯左循环亮，采用 250μs 延时子程序调用达到 1s 延时，使用 P0 口输出控制发光二极管灯。

3. 项目实现

1）分析

用定时器 T1、方式 2，则 TMOD＝0010××××B＝20H。

由于方式 2 是自动重装入初值 8 位定时器/计数器，所以只要装入一次，以后就自动装入初值。

```
TH1 = 256 - 250;                    //定时器 T1 的高 8 位赋初值
TL1 = 256 - 250;                    //定时器 T1 的低 8 位赋初值
```

2）程序设计

先建立文件夹 XM21，然后建立 XM21 工程项目，最后建立源程序文件 XM21.c，输入如下源程序：

```
#include<reg51.h>
void DELAY()                        //1s 定时
{   int n = 0;
    TMOD = 0x20;                    //定时器 1,方式 2
    TR1 = 1;                        //启动定时器
    while(1)
    {
    TH1 = 256 - 250;                //定时器 T1 的高 8 位赋初值
    TL1 = 256 - 250;                //定时器 T1 的低 8 位赋初值
    n++;
    do{
    TF1 = 0;}
    while(!TF1);                    //溢出判断
    if(n == 4000)                   //4000 * 250μs = 1s 定时
    {n = 0;
     break;}
    }
}
void main()
{
    unsigned char a = 0xfe,temp;
    int i = 0;
    while(1)
    {
         P0 = a;                    //将 a 的值赋给 P0 口
    temp = a>>(8 - 1);              //保存最高位
    a = a<<1;                       //左移一位
    a = a|temp;                     //或运算,取得移位后的值

    DELAY();                        //调 1s 延时
    }
}
```

3）用 Proteus 软件仿真

经过 Keil 软件编译通过后，在 Proteus ISIS 编辑环境中绘制仿真电路图，将编译好的 XM21.hex 文件加载到 AT89C51 里，然后启动仿真，就可以看到单片机控制 LED 灯左循环

亮,效果图如图 4-11 所示。

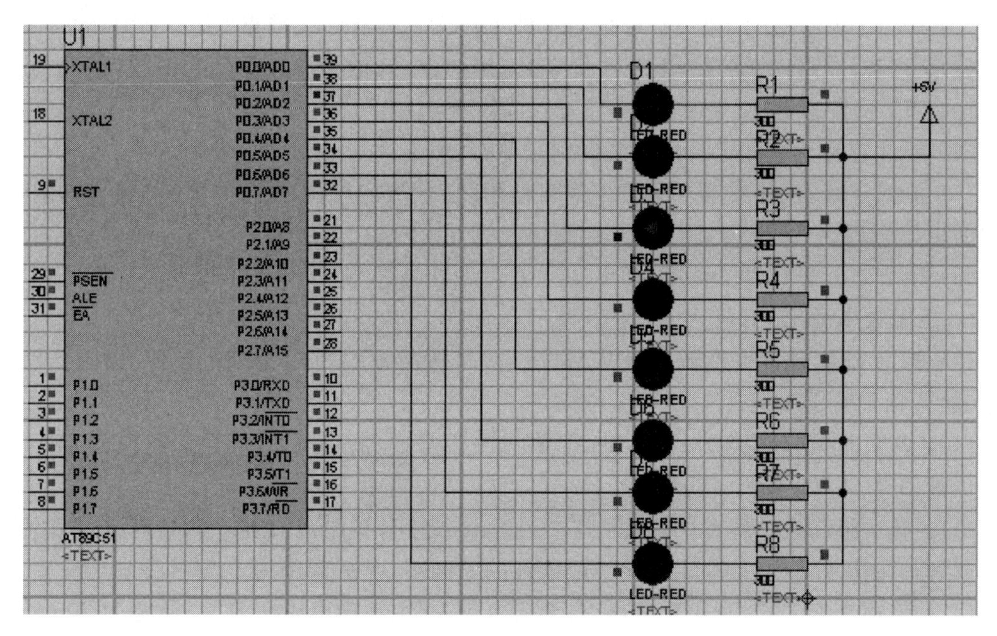

图 4-11　单片机控制 LED 灯左循环亮效果图

课堂练习：设计用 AT89C51 单片机控制 LED 灯右循环交叉亮,要求仿真实现。

模 块 小 结

(1) 80C51 单片机定时器/计数器有定时和计数两种功能,由定时器方式寄存器 TMOD 中的 C/$\overline{\text{T}}$ 位确定。当定时器/计数器工作在定时功能时,通过对单片机内部的时钟脉冲计数来实现可编程定时;当定时器/计数器工作在计数功能时,通过对单片机外部的脉冲计数来实现可编程计数。

(2) 当定时器/计数器的加 1 计数器计满溢出时,溢出标志位 TF1(TF0)由硬件自动置 1,对该标志位有两种处理方法:一种是以中断方式工作,即 TF1(TF0)置 1 并申请中断,响应中断后,执行中断服务程序,并由硬件自动使 TF1(TF0)清 0;另一种以查询方式工作,即通过查询该位是否为 1 来判断是否溢出,TF1(TF0)置 1 后必须用软件使 TF1 清 0。

(3) 定时器/计数器的初始化实际上就是通过对 TMOD、TH0(TH1)、TL0(TL1)、IE、TCON 专用寄存器中相关位的设置来实现,其中 IE、TCON 专用寄存器可进行位寻址。

课后练习题

(1) 80C51 单片机的定时器/计数器的定时和计数两种功能各有什么特点?

(2) 当定时器/计数器的加 1 计数器计满溢出时,溢出标志位 TF1 由硬件自动置 1,简述对该标志位的两种处理方法。

(3) 当定时器/计数器工作于方式 0 时,晶振频率为 12MHz,请计算最小定时时间、最大定时时间、最小计数值和最大计数值。

(4) 80C51单片机的定时器/计数器4种工作方式各有什么特点?

(5) 当定时器/计数器T0用作方式3时,定时器/计数器T1可以工作在何种方式下?如何控制T1的开启和关闭?

(6) 硬件定时与软件定时的最大区别是什么?

(7) 根据定时器/计数器0方式1逻辑结构图,分析门控位GATE取不同值时,启动定时器的工作过程。

(8) 用方式0设计两个不同频率的方波,P1.0输出频率为200Hz,P1.1输出频率为100Hz,晶振频率为12MHz。

(9) P1.0输出脉冲宽度调制(PWM)信号,即脉冲频率为2kHz、占空比为7∶10的矩形波,晶振频率为12MHz。

(10) 两只开关分别接入P3.0、P3.1,在开关信号4种不同的组合逻辑状态,使P1.0分别输出频率0.5kHz、1kHz、2kHz、4kHz的方波,晶振频率为12MHz。

(11) 有一组高电平脉冲的宽度在50~100ms之间,利用定时器0测量脉冲的宽度,结果存放到片内RAM区以50H单元为首地址的单元中,晶振频率为12MHz。

(12) 采用查询方式,利用定时器/计数器T0从P1.0输出周期为1s,脉宽为20ms的正脉冲信号,晶振频率为12MHz。试设计程序。

(13) 设计程序并仿真完成将T0计数的结果送P1口显示。

(14) 设计程序并仿真完成单片机控制LED灯右循环亮。

参考文献

[1] 杨居义. 单片机原理及应用项目教程(基于C语言)[M]. 北京:清华大学出版社,2014.
[2] 王东锋,王会良,董冠强. 单片机C语言应用100例[M]. 北京:电子工业出版社,2009.
[3] 杨居义. 单片机案例教程[M]. 北京:清华大学出版社,2015.
[4] 徐爱钧. Keil Cx51 V7.0单片机高级语言编程与μVision2应用实践[M]. 北京:电子工业出版社,2004.
[5] 江力. 单片机原理与应用技术[M]. 北京:清华大学出版社,2006.
[6] 陈有卿. 通用集成电路应用与实例分析[M]. 北京:中国电力出版社,2007.
[7] 伟福. Lab6000仿真实验系统使用说明书[M]. 江苏:南京伟福实业有限公司,2006.
[8] 王效华. 单片机原理及应用[M]. 北京:北京交通大学出版社,2007.

模块5 80C51单片机中断系统分析及应用

技能目标

(1) 掌握任务22-1：用定时器T1中断方式控制P3口8位LED闪烁。

(2) 掌握任务23-1：用外中断$\overline{INT1}$控制P2口8个LED亮灭。

(3) 掌握任务23-2：外部中断$\overline{INT0}$控制LED灯左循环亮。

(4) 掌握项目24：用外中断$\overline{INT1}$测量负跳变信号累计数，并将结果送P2口显示。

(5) 掌握项目25：用外中断$\overline{INT0}$测量外部负脉冲宽度，并将结果送P1口显示。

(6) 掌握项目26：基于AT89C51单片机交通灯控制器的设计。

知识目标

学习目的：

(1) 了解中断的概念和中断的功能。

(2) 掌握80C51中断系统结构、处理过程和使用方法。

(3) 掌握80C51中断各寄存器的设置。

(4) 掌握80C51中断应用的程序设计及仿真。

(5) 了解外部中断源的扩展方法。

学习重点和难点：

(1) 中断系统结构、处理过程和使用方法。

(2) 中断的综合应用。

(3) 外部中断源的扩展方法。

概要资源

1-1 学习要求

1-2 重点与难点

1-3 学习指导

1-4 学习情境设计

1-5 教学设计

1-6 评价考核

1-7 PPT

项目22：认识80C51中断系统

● 技能目标

掌握任务22-1：用定时器T1中断方式控制P3口8位LED闪烁。

● 知识目标

学习目的：

(1) 了解中断的概念。

(2) 了解中断的特点及功能。

(3) 掌握80C51中断系统的结构。

(4) 掌握80C51中断各寄存器的设置。

(5) 掌握80C51单片机5个中断源。

学习重点和难点：

(1) 80C51中断系统的结构。

(2) 80C51单片机5个中断源。

任务22-1：用定时器T1中断方式控制P3口8位LED闪烁

1. 任务要求

(1) 了解中断概念。

(2) 掌握TCON寄存器中断的设置。

(3) 掌握定时器/计数器中断编程方法及仿真。

微课5-1

2. 任务描述

使用定时器/计数器T1工作于方式1,采用中断方式控制P3口8位LED的闪烁,其闪烁周期为100ms,即亮50ms,熄灭50ms,电路图如图5-1所示,设单片机晶振频率为12MHz。

3. 任务实现

1) 分析

用定时器T1、方式1,则TMOD=0001××××B=10H。由于是采用中断方式,T1作为中断源,根据80C51中断系统的结构图5-2,则EA=1,ET1=1。

由于$T_{机}=12T_{时钟}=12\times 1/f_{osc}=1\mu s$,而方式1的最大定时时间为65.536ms,所以可选择50ms。所以,定时器初始值为：

```
TH1 = (65536 - 50000)/256;          //定时器 T1 的高 8 位赋初值
TL1 = (65536 - 50000) % 256;        //定时器 T1 的低 8 位赋初值
```

2) 程序设计

先建立文件夹XM22-1,然后建立XM22-1工程项目,最后建立源程序文件XM22-1.c,输入如下源程序：

```
#include<reg51.h>                    //包含 51 单片机寄存器定义的头文件
/***********************************************************
函数功能：主函数。
***********************************************************/
void main(void)
{
  EA = 1;                            //开总中断
  ET1 = 1;                           //定时器 T1 中断允许
  TMOD = 0x10;                       //使用定时器 T1 的方式 1
 TH1 = (65536 - 50000)/256;          //定时器 T1 的高 8 位赋初值
  TL1 = (65536 - 50000) % 256;       //定时器 T1 的低 8 位赋初值
  TR1 = 1;                           //启动定时器 T1
   while(1)                          //无限循环,等待中断
      ;                              //空操作
  }
/***********************************************************
函数功能：定时器 T1 的中断服务程序。
***********************************************************/
void Time1(void) interrupt3 using 0  //"interrupt"声明函数为中断服务函数
                      //其后的 3 为定时器 T1 的中断编号；0 表示使用第 0 组工作寄存器
 {
  P3 = ~P3;                          //按位取反操作,将 P3 引脚输出电平取反
   TH1 = (65536 - 50000)/256;        //定时器 T1 的高 8 位重新赋初值
   TL1 = (65536 - 50000) % 256;      //定时器 T1 的低 8 位重新赋初值
 }
```

3）用 Proteus 软件仿真

经过 Keil 软件编译通过后，在 Proteus ISIS 编辑环境中绘制仿真电路图，将编译好的 XM22-1.hex 文件加载到 AT89C51 里，然后启动仿真，就可以看到用定时器 T1 中断方式控制 P3 口 8 位 LED 闪烁，效果图如图 5-1 所示。

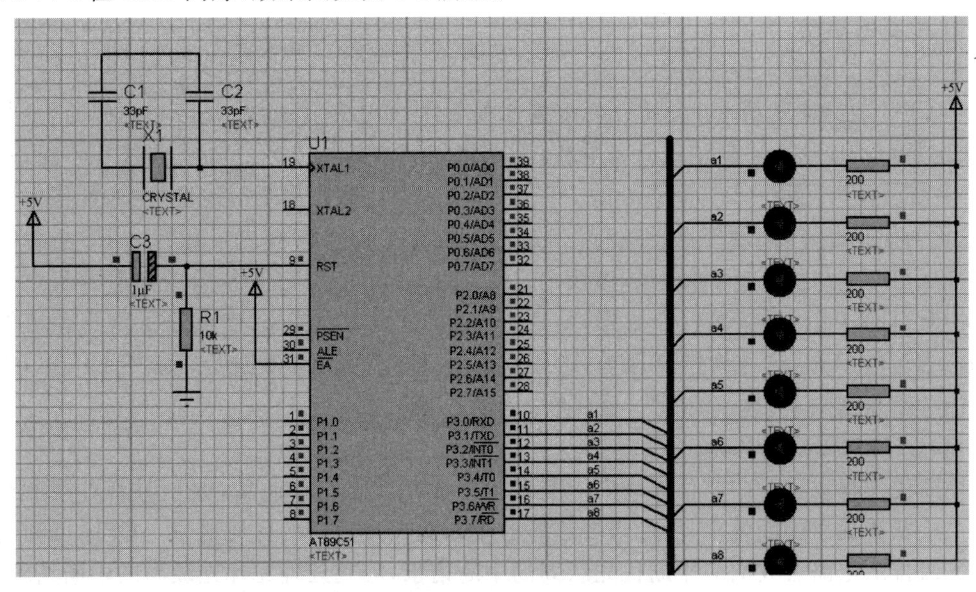

图 5-1　用定时器 T1 中断方式控制 P3 口 8 位 LED 闪烁效果图

任务22-2：相关知识

1. 中断的概念

中断是通过硬件来改变CPU的运行方向的。当CPU在执行程序时，由内部或外部的原因引起的随机事件要求CPU暂时停止正在执行的程序，而转向执行一个用于处理该随机事件的程序，处理完后又返回被中止的程序断点处继续执行，这一过程称为中断。

中断之后执行的相应的处理程序通常称为中断服务或中断处理子程序，原来正常运行的程序称为主程序。主程序被断开的位置(或地址)称为"断点"。引起中断的原因，或能发出中断申请的来源，称为"中断源"。中断源要求服务的请求称为"中断请求"(或中断申请)。

2. 中断的特点及功能

1) 中断的特点

(1) 提高CPU的效率。

中断可以解决高速的CPU与低速的外设之间的矛盾，使CPU和外设并行工作。CPU在启动外设工作后继续执行主程序，同时外设也在工作。每当外设做完一件事，就发出中断申请，请求CPU中断它正在执行的程序，转去执行中断服务程序，中断处理完之后，CPU恢复执行主程序，外设也继续工作。这样，CPU可启动多个外设同时工作，大大提高了CPU的效率。

(2) 实时处理。

在实时控制系统中，工业现场的各种参数和信息都会随时间而变化。这些外界变量可根据要求随时向CPU发出中断申请，请求CPU及时处理中断请求。如果满足中断条件，CPU就立刻响应，转入中断处理，从而实现实时处理。

(3) 故障处理。

控制系统的故障和紧急情况是难以预料的，如掉电、设备运行出错等，可通过中断系统由故障源向CPU发出中断请求，再由CPU转到相应的故障处理程序进行处理。

2) 中断的功能

(1) 实现中断响应和中断返回。

当CPU收到中断请求后，CPU要根据相关条件(如中断优先级、是否允许中断)进行判断，决定是否响应这个中断请求。若响应，则在执行完当前指令后立刻响应这一中断请求。CPU中断过程为：第一步将断点处的PC值(即下一条应执行指令的地址)压入堆栈保留下来(这称为保护断点，由硬件自动执行)。第二步将有关的寄存器内容和标志PSW状态压入堆栈保留下来(这称为保护现场，由用户自己编程完成)。第三步执行中断服务程序。第四步中断返回，CPU继续执行原主程序。中断返回过程为：首先，恢复原保留寄存器的内容和标志位的状态，这称为恢复现场，由用户编程完成。然后，再加返回指令RETI，RETI指令的功能是恢复PC值，使CPU返回断点，这称为恢复断点。

(2) 实现优先权排队。

中断优先权也称为中断优先级。中断系统中存在着多个中断源，同一时刻可能会有不止一个中断源提出中断请求，因此需要给所有中断源安排不同的优先级别。CPU可通过中断优先级排队电路首先响应中断优先级高的中断请求，等到处理完优先级高的中断请求后，再来响应优先级低的中断请求。

(3) 实现中断嵌套。

当 CPU 响应某一中断时，若有中断优先级更高的中断源发出中断请求，CPU 会暂停正在执行的中断服务程序，并保留这个程序的断点，转向执行中断优先级更高的中断源的中断服务程序，等处理完这个高优先级的中断请求后，再返回继续执行被暂停的中断服务程序。这个过程称为中断嵌套。

80C51 中断可实现两级中断嵌套。高优先级中断源可中断正在执行的低优先级中断服务程序，除非执行了低优先级中断服务程序的 CPU 关中断指令。同级或低优先级的中断不能中断正在执行的中断服务程序。

3. 80C51 中断系统的结构及中断源

微课 5-2

1) 80C51 中断系统的结构

80C51 的中断系统有 5 个中断源，2 个优先级，可实现二级中断嵌套。80C51 中断系统的结构图如图 5-2 所示。由图 5-2 可知，与中断有关的有：①4 个寄存器，分别为中断源寄存器 TCON 和 SCON、中断允许控制寄存器 IE 和中断优先级控制寄存器 IP；②5 个中断源，分别为外部中断 0 请求($\overline{INT0}$)、外部中断 1 请求($\overline{INT1}$)、定时器 0 溢出中断请求 TF0、定时器 1 溢出中断请求 TF1 和串行中断请求 RI 或 TI；③中断优先级控制寄存器 IP 和顺序查询逻辑电路，共同决定 5 个中断源的排列顺序。5 个中断源分别对应 5 个固定的中断入口地址。

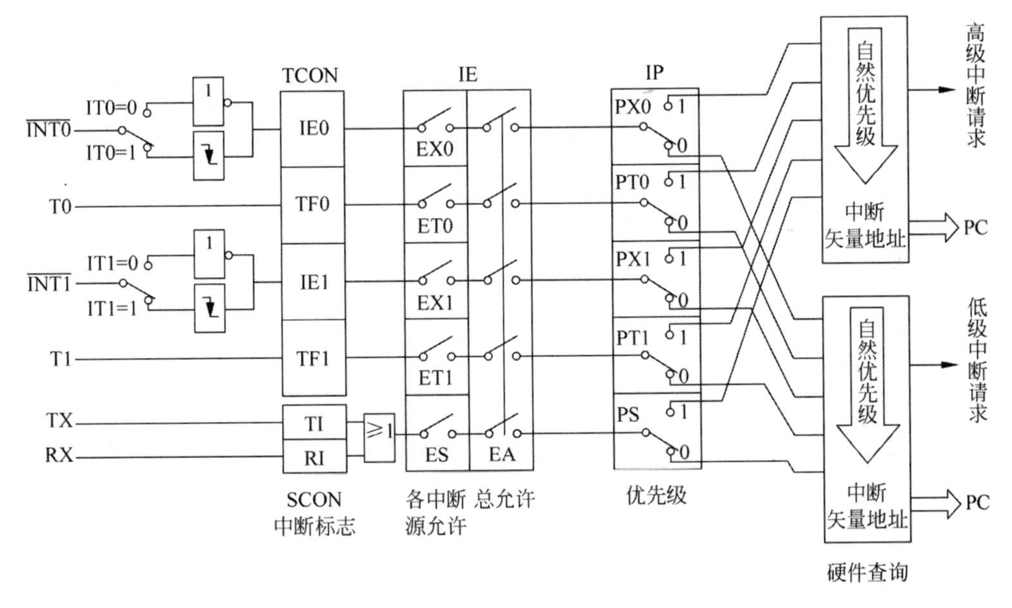

图 5-2　80C51 中断系统的结构图

2) 80C51 的中断源

80C51 有以下 5 个中断源。

(1) $\overline{INT0}$：外部中断 0 请求，由 80C51 的 P3.2 引脚输入。可由 IT0(TCON.0 位)选择其为低电平有效，还是下降沿有效。当 CPU 检测到 P3.2 引脚上出现有效的中断信号时，中断标志 IE0(TCON.1 位)置 1，向 CPU 申请中断。中断服务程序的入口地址为 0003H。

(2) $\overline{INT1}$：外部中断1请求，由80C51的P3.3引脚输入。可由IT1(TCON.2位)选择其为低电平有效，还是下降沿有效。当CPU检测到P3.3引脚上出现有效的中断信号时，中断标志IE1(TCON.3位)置1，向CPU申请中断。中断服务程序的入口地址为0013H。

(3) TF0：定时器T0溢出中断请求。当定时器T0产生溢出时，定时器T0中断请求标志位(TCON.5位)置1(由硬件自动执行)，向CPU申请中断。中断服务程序的入口地址为000BH。

(4) TF1：定时器T1溢出中断请求。当定时器T1产生溢出时，定时器T1中断请求标志位(TCON.7位)置1(由硬件自动执行)，向CPU申请中断。中断服务程序的入口地址为001BH。

(5) RI或TI：串行中断请求。当串行口接收完一帧串行数据时置位RI(SCON.0位)(由硬件自动执行)，或当串行口发送完一帧串行数据时置位TI(SCON.1位)，向CPU申请中断。中断服务程序的入口地址为0023H。

项目23：认识80C51中断控制器

● 技能目标

(1) 掌握任务23-1：用外中断$\overline{INT1}$控制P2口8个LED亮灭。
(2) 掌握任务23-2：外部中断$\overline{INT0}$控制LED灯左循环亮。

● 知识目标

学习目的：

(1) 掌握定时器控制寄存器TCON设置。
(2) 掌握串行口控制寄存器SCON设置。
(3) 掌握中断允许寄存器IE设置。
(4) 掌握中断优先级寄存器IP设置。
(5) 了解中断优先级别。
(6) 了解80C51中断处理过程。
(7) 掌握80C51外部中断扩展。
(8) 掌握中断系统的应用。

学习重点和难点：

(1) 定时器控制寄存器TCON设置。
(2) 串行口控制寄存器SCON设置。
(3) 中断允许寄存器IE设置。
(4) 中断优先级寄存器IP设置。
(5) 80C51外部中断扩展。
(6) 中断系统的应用。

任务 23-1：用外中断$\overline{\text{INT1}}$控制 P2 口 8 个 LED 亮灭

微课 5-3

1. 任务要求

(1) 了解外中断$\overline{\text{INT0}}$、$\overline{\text{INT1}}$应用。

(2) 掌握 TCON 寄存器的设置。

(3) 掌握 IE 寄存器的设置。

(4) 掌握$\overline{\text{INT0}}$、$\overline{\text{INT1}}$中断编程方法。

2. 任务描述

在 P3.3 引脚($\overline{\text{INT1}}$)上接按键 S,使用外中断$\overline{\text{INT1}}$控制 P2 口 8 个 LED 亮灭。当第一次按下按键 S 时,P2 口 8 个 LED 亮,再次按下 S 按键,P2 口 8 个 LED 熄灭,如此循环,就可看见 LED 灯的亮、灭两种状态,电路图如图 5-3 所示。

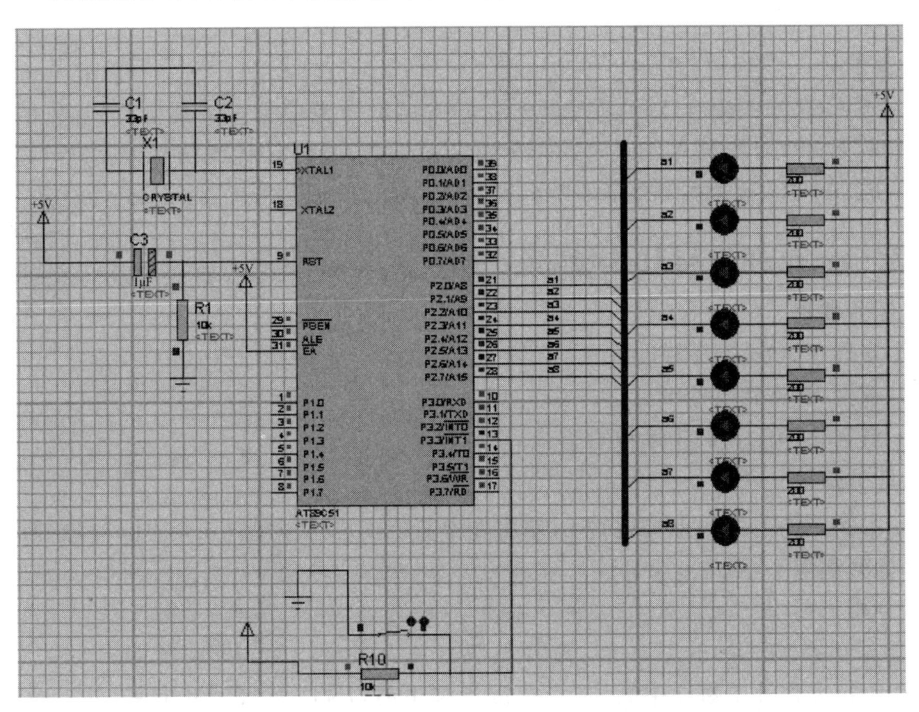

图 5-3 用外中断$\overline{\text{INT1}}$控制 P2 口 8 个 LED 亮、灭效果图

3. 任务实现

1) 分析

设置寄存器 TCON 的 IT1=1,选择负跳变来触发外中断,IE 设置即 EA=1(开总中断)、EX1=1(允许外中断 1 中断)。当按键 S 按下时,$\overline{\text{INT1}}$引脚为低电平,外中断$\overline{\text{INT1}}$产生中断请求,在执行外中断服务程序时,P2 口按位取反,就可达到控制 LED 亮、灭。

2) 程序设计

先建立文件夹 XM23-1,然后建立 XM23-1 工程项目,最后建立源程序文件 XM23-1.c,输入如下源程序：

```
#include<reg51.h>                    //包含51单片机寄存器定义的头文件
```

```
void main(void)
{
  EA = 1;                                  //开总中断
  EX1 = 1;                                 //允许外中断 1 中断
  IT1 = 1;                                 //负跳变来触发外中断
  P2 = 0xff;                               //使 8 个 LED 熄灭
     while(1)                              //无限循环,等待中断
     ;                                     //空操作
}
/*************************************************************
函数功能：外中断INT1的中断服务程序。
*************************************************************/
void int1(void) interrupt 2 using 0    //"interrupt"声明函数为中断服务函数
          //其后的 2 为外中断 INT1 的中断编号；0 表示使用第 0 组工作寄存器
{
   P2 = ~P2;                               //每产生一次中断请求,P2 按位取反操作一次
}
```

3）用 Proteus 软件仿真

经过 Keil 软件编译通过后，在 Proteus ISIS 编辑环境中绘制仿真电路图，将编译好的 XM23-1.hex 文件加载到 AT89C51 里，然后启动仿真，就可以看到用外中断$\overline{\text{INT1}}$控制 P2 口 8 个 LED 亮、灭，效果图如图 5-3 所示。

任务 23-2：外部中断$\overline{\textbf{INT0}}$控制 LED 灯左循环亮

微课 5-4

1. 任务要求

（1）掌握 TCON 寄存器的设置。

（2）掌握 IE 寄存器的设置。

（3）掌握$\overline{\text{INT0}}$、$\overline{\text{INT1}}$中断编程方法。

2. 任务描述

在 P3.2 引脚（$\overline{\text{INT0}}$）上接按键 S，使用外中断$\overline{\text{INT0}}$控制 P0 口 8 个 LED 灯左循环亮。

3. 任务实现

1）分析

设置寄存器 TCON 的 IT0＝1，选择负跳变来触发外中断，IE 设置即 EA＝1（开总中断）、EX0＝1（允许外中断 0 中断）。当按键 S 按下时，$\overline{\text{INT0}}$引脚为低电平，外中断$\overline{\text{INT0}}$产生中断请求，在执行外中断服务程序时，使 LED 灯左循环亮。

2）程序设计

先建立文件夹 XM23-2，然后建立 XM23-2 工程项目，最后建立源程序文件 XM23-2.c，输入如下源程序：

```
#include<reg51.h>                          //包含 51 单片机寄存器定义的头文件
  sbit S = P3^2;                           //位操作,将 S 定义为 P3.2 引脚
unsigned char Count;                       //设置全局变量,存储中断次数
/**********************************************************************
函数功能：主函数。
**********************************************************************/
   void main(void)
   {
     EA = 1;                               //开放总中断
```

```
    EX0 = 1;                          //允许使用外中断 0
     IT0 = 1;                         //选择负跳变来触发外中断
     P0 = 0x01;                       //使 P0.0 输出高电平,经过反相器后使 LED0 亮
     Count = 0;                       //从 0 开始累计中断次数
     while(1)
       ;                              //无限循环,防止程序跑飞
    }
/ ************************************************************************
函数功能：外部中断INT0的中断服务程序。
************************************************************************ /
   void int0(void) interrupt0 using 0 //外中断 0 的中断编号为 0
   {
      Count++;                        //中断次数自动加 1
      if(Count == 8)                  //若中断次数累计满 8 次
        {
          P0 = 0x01;                  //重新设置初值
          Count = 0;                  //将 Count 清零,重新从 0 开始计数
        }
      else P0 = P0 << 1;              //每产生一次中断,P0 左移一次
   }
```

3）用 Proteus 软件仿真

经过 Keil 软件编译通过后，在 Proteus ISIS 编辑环境中绘制仿真电路图，将编译好的 XM23-2.hex 文件加载到 AT89C51 里，然后启动仿真，就可以看到用外中断$\overline{\text{INT0}}$控制 LED 灯左循环亮，效果图如图 5-4 所示。

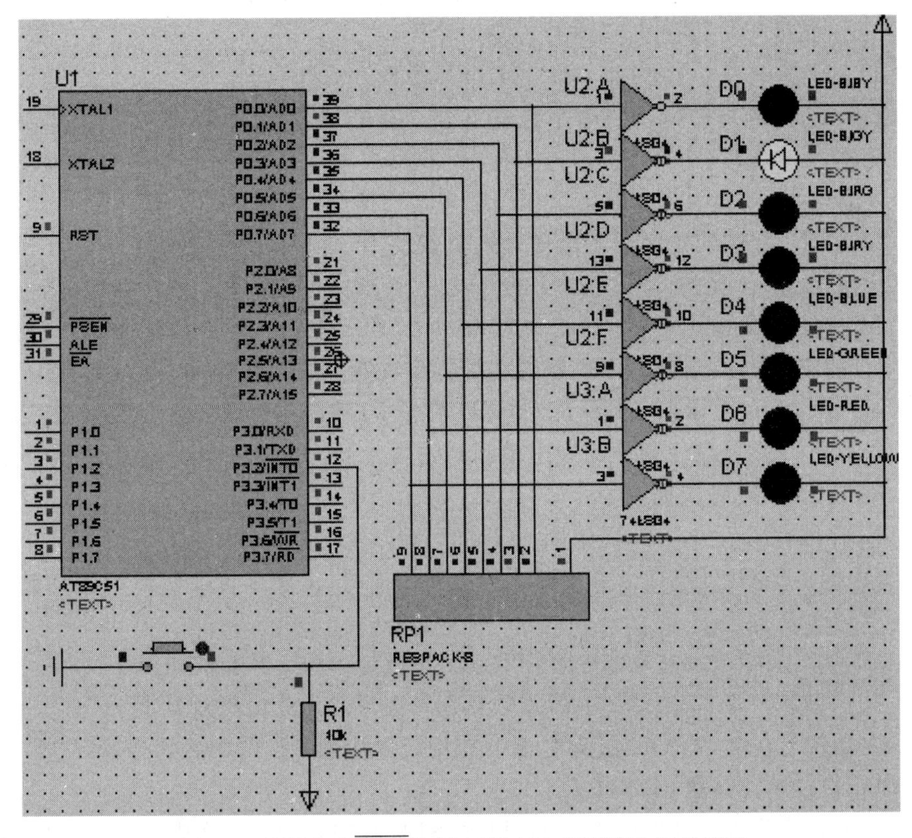

图 5-4　外部中断$\overline{\text{INT0}}$控制 LED 灯左循环亮仿真效果图

任务 23-3：相关知识

微课 5-5

80C51 中断系统各寄存器的设置如下。

1. 定时器控制寄存器 TCON

定时器控制寄存器 TCON 的作用是控制定时器的启动与停止，并保存 T0、T1 的溢出中断标志和外部中断$\overline{\text{INT0}}$、$\overline{\text{INT1}}$的中断标志。

TCON 寄存器的格式和各位定义如下所示。

	8FH	8EH	8DH	8CH	8BH	8AH	89H	88H
TCON (88H)	TF1	TR1	TF0	TR0	IE1	IT1	IE0	IT0
	控制定时器/计数器的启停和中断请求				控制外部中断与定时器/计数器无关			

其中，TF1、TR1、TF0 和 TR0 这 4 位是控制定时器的启动与停止的，在模块 4 的任务 18-2：相关知识中已经详细讨论过，下面只作简单介绍。

(1) TF1(TCON.7 位)：定时器 1 溢出标志位。定时器 1 被启动计数后，从初值开始做加 1 计数，计满溢出后由硬件自动使 TF1 置 1，并申请中断。此标志一直保持到 CPU 响应中断后，才由硬件自动清 0。也可用软件查询该标志，并由软件清 0。

(2) TR1(TCON.6 位)：定时器 1 启停控制位。

(3) TF0(TCON.5 位)：定时器 0 溢出标志位。其功能同 TF1。

(4) TR0(TCON.4 位)：定时器 0 启、停控制位。其功能同 TR1。

以下 4 位直接与中断有关，需进行详细讨论。

(5) IT1(TCON.2 位)：外部中断 1($\overline{\text{INT1}}$)触发方式选择位。

当 IT1＝0 时，外部中断 1 为电平触发方式。在这种方式下，CPU 在每个机器周期的 S5P2 期间对$\overline{\text{INT1}}$(P3.3)引脚采样，若为低电平，则认为有中断申请，硬件自动使 IE1 标志置 1；若为高电平，则认为无中断申请或中断申请已撤除，硬件自动使 IE1 标志清 0。在电平触发方式中，CPU 响应中断后不能由硬件自动使 IE1 清 0，也不能由软件使 IE1 清 0，所以在中断返回前，必须撤销$\overline{\text{INT1}}$引脚上的低电平，否则将再次中断，导致出错。

当 IT1＝1 时，外部中断 1 为边沿触发方式。CPU 在每个机器周期的 S5P2 期间采样$\overline{\text{INT1}}$(P3.3)引脚。若在连续两个机器周期采样到先高电平后低电平，则认为有中断申请，硬件自动使 IE1 置 1，此标志一直保持到 CPU 响应中断时，才由硬件自动清 0。在边沿触发方式下，为保证 CPU 在两个机器周期内检测到先高后低的负跳变，输入高低电平的持续时间至少要保持 12 个时钟周期。

(6) IE1(TCON.3 位)：外部中断 1($\overline{\text{INT1}}$)请求标志位。IE1＝1 表示外部中断 1 向 CPU 申请中断。当 CPU 响应外部中断 1 的中断请求时，由硬件自动使 IE1 清 0(边沿触发方式)。

(7) IE0(TCON.1 位)：外部中断 0($\overline{\text{INT0}}$)请求标志位。其功能同 IE1。

(8) IT0(TCON.0 位)：外部中断 0 触发方式选择位。其功能同 IT1。

80C51 系统复位后，TCON 初值均清 0，应用时要注意各位的初始状态。

2. 串行口控制寄存器 SCON

串行口控制寄存器 SCON 的低 2 位 TI 和 RI 保存串行口的发送中断和接收中断标志。

SCON 寄存器的格式和各位定义如下所示。

							99H	98H
SCON (98H)							TI	RI

(1) TI (SCON.1 位)：串行发送中断请求标志。CPU 将一个字节数据写入发送缓冲器 SBUF 后，就启动发送，每发送完一个串行帧数据，硬件自动使 TI 置 1。但 CPU 响应中断后，硬件并不能自动使 TI 清 0，必须由软件使 TI 清 0。

(2) RI (SCON.0 位)：串行接收中断请求标志。在串行口允许接收时，每接收完一个串行帧数据，硬件自动使 RI 置 1。但 CPU 响应中断后，硬件并不能自动使 RI 清 0，必须由软件使 RI 清 0。

80C51 系统复位后，SCON 初值均清 0，应用时要注意各位的初始状态。

3. 中断允许寄存器 IE

80C51 单片机有 5 个中断源都是可屏蔽中断，其中断系统内部设有一个专用寄存器 IE，用于控制 CPU 对各中断源的开放或屏蔽。IE 寄存器的格式和各位定义如下所示。

	AFH			ACH	ABH	AAH	A9H	A8H
IE (A8H)	EA	—	—	ES	ET1	EX1	ET0	EX0

(1) EA(IE.7 位)：CPU 中断总允许控制位。EA=1，CPU 开放所有中断。各中断源的允许还是禁止，分别由各中断源的中断允许位单独加以控制；EA=0，CPU 禁止所有的中断，称为关中断。

(2) ES(IE.4 位)：串行口中断允许位。ES=1，允许串行口中断；ES=0，禁止串行口中断。

(3) ET1(IE.3 位)：定时器 1 中断允许位。ET1=1，允许定时器 1 中断；ET1=0，禁止定时器 1 中断。

(4) EX1(IE.2 位)：外部中断 1($\overline{INT1}$)中断允许位。EX1=1，允许外部中断 1 中断；EX1=0，禁止外部中断 1 中断。

(5) ET0(IE.1 位)：定时器 0 中断允许位。ET0=1，允许定时器 0 中断；ET0=0，禁止定时器 0 中断。

(6) EX0(IE.0 位)：外部中断 0($\overline{INT0}$)中断允许位。EX0=1，允许外部中断 0 中断；EX0=0，禁止外部中断 0 中断。

80C51 单片机系统复位后，IE 中各中断允许位均被清 0，即禁止所有中断。

开中断过程是：首先开总中断“SETB　EA”，然后，开 T1 中断“SETB　ET1”，这两条位操作指令也可合并为 1 条字节指令“MOV　IE，#88H”。

4. 中断优先级寄存器 IP

80C51 单片机有两个中断优先级，每个中断源都可以通过编程确定为高优先级中断或低优先级中断，因此，可实现二级嵌套。同一优先级别中的中断源可能不止一个，也有中断优先权排队的问题。专用寄存器 IP 为中断优先级寄存器，锁存各中断源优先级控制位，IP 中的每一位均可由软件来置 1 或清 0，且 1 表示高优先级，0 表示低优先级。IP 寄存器的格式和各位定义如下所示。

	BCH	BBH	BAH	B9H	B8H
IP (B8H)	—	—	—	PS	PT1	PX1	PT0	PX0

(1) PS(IP.4位)：串行口中断优先级控制位。PS=1,串行口为高优先级中断；PS=0,串行口为低优先级中断。

(2) PT1(IP.3位)：定时器1中断优先级控制位。PT1=1,定时器1为高优先级中断；PT1=0,定时器1为低优先级中断。

(3) PX1(IP.2位)：外部中断1($\overline{INT1}$)中断优先级控制位。PX1=1,外部中断1为高优先级中断；PX1=0,外部中断1为低优先级中断。

(4) PT0(IP.1位)：定时器0中断优先级控制位。PT0=1,定时器0为高优先级中断；PT0=0,定时器0为低优先级中断。

(5) PX0(IP.0位)：外部中断0($\overline{INT0}$)中断优先级控制位。PX0=1,外部中断0为高优先级中断；PX0=0,外部中断0为低优先级中断。

5. 中断优先级别

当80C51系统复位后,IP低5位全部清0,所有中断源均设定为低优先级中断。

如果几个同一优先级的中断源同时向CPU申请中断,CPU通过内部硬件查询逻辑,按自然优先级顺序确定先响应哪个中断请求。自然优先级由硬件形成,排列见表5-1。

表5-1 80C51单片机中断源的自然优先级、入口地址及中断编号

中 断 源	自然优先级	中断入口地址	C51编译器对中断的编号
外部中断0	高	0003H	0
定时器T0溢出中断		000BH	1
外部中断1	↓	0013H	2
定时器T1溢出中断	低	001BH	3
串口通信中断R1或T1		0023H	4

80C51有5个中断源,应有相应的中断服务程序,这些中断服务程序有规定的存放位置,如表5-1中的中断入口地址,当有中断请求后,CPU可以根据入口地址找到中断服务程序并执行,大大提高了执行效率。

为了方便用C语言编写中断程序,C51编译器也支持80C51单片机的中断服务程序,而且用C语言编写中断服务程序,比用汇编语言方便很多。C语言编写中断服务函数的格式为：

```
函数类型  函数名(形式参数列表)[interrupt n][using m]
```

其中：interrupt后面的n是中断编号,取值为0～4；using中的m表示使用的工作寄存器组号(如不声明,则默认用第0组)。

6. 80C51中断处理过程

中断处理过程可分为3个阶段,即中断响应、中断处理和中断返回。不同的计算机因其中断系统的硬件结构不同,因此,中断响应的方式也有所不同。这里仅以80C51单片机为例进行介绍。

1) 中断响应

中断响应是CPU对中断源中断请求的响应,包括保护断点和将程序转向中断服务程序的入口地址。CPU 并不是任何时刻都响应中断请求，而是在中断响应条件满足之后才会响应。CPU 响应中断必须首先满足以下 3 个基本条件。

(1) 中断源要有中断请求。

(2) 中断总允许位 EA=1。

(3) 中断源的中断允许位为 1。

在满足以上条件的基础上，CPU 一般会响应中断，但若有下列任何一种情况存在，中断响应都会受到阻碍。

(1) CPU 正在响应同级或高优先级的中断服务程序。

(2) 当前执行的指令尚未执行完。

(3) 正在执行指令 RET、RETI 或任何对专用寄存器 IE、IP 进行读/写的指令。CPU 在执行完上述指令之后，要再执行一条指令，才能响应中断请求。

若由于上述条件的阻碍，中断未能得到响应，当条件消失时，该中断标志却已不再有效，那么该中断将不被响应。

2) 中断响应时间

在控制系统中，为了满足控制精度和时间要求，需要弄清 CPU 响应中断所需的时间。响应中断的时间分为最短时间(需要 3 个机器周期)和最长时间(需要 8 个机器周期)。

3) 中断处理

中断处理就是执行中断服务程序。中断服务程序从中断入口地址开始执行，到返回指令 RETI 为止。此过程一般包括三部分内容：一是保护现场；二是处理中断源的请求；三是恢复现场。通常，主程序和中断服务程序都会用到累加器 A、状态寄存器 PSW 及其他一些寄存器。执行中断服务程序时，CPU 若用到上述寄存器，就会破坏原先存在这些寄存器中的内容，一旦中断返回，将会造成主程序混乱。因此，进入中断服务程序后，一般要先保护现场，然后再执行中断处理程序，在中断返回主程序之前，再恢复现场。

7. 80C51 外部中断扩展

80C51 单片机只有两个外部中断请求输入端$\overline{INT0}$和$\overline{INT1}$，实际应用中，若外部中断源超过两个，就不够用了，因此需扩充外部中断源，这里介绍两种简单的方法，即定时器扩展法和中断加查询扩展法。定时器扩展法用于外部中断源个数不太多并且定时器有空余的场合。中断加查询扩展法用于外部中断源个数较多的场合，但因查询时间较长，在实时控制中要注意能否满足实时控制要求。

8. 中断系统的应用

中断系统的初始化实质上是针对 4 个与中断有关的特殊功能寄存器 TCON、SCON、IE 和 IP 进行控制和管理的，具体步骤如下所示。

(1) 开 CPU 中断总开关(EA)。

(2) 设置中断允许寄存器 IE 中相应的位，确定各个中断源是否允许中断。

(3) 对多级中断设置中断优先级寄存器 IP 中相应的位，确定各中断源的优先级别。

(4) 设置定时器控制寄存器 TCON 中相应的位，确定外部中断的触发方式是边沿触发，还是电平触发。

● 技能目标

(1) 掌握项目 24：用外中断$\overline{\mathrm{INT1}}$测量负跳变信号累计数，并将结果送 P2 口显示。

(2) 掌握项目 25：用外中断$\overline{\mathrm{INT0}}$测量外部负脉冲宽度，并将结果送 P1 口显示。

(3) 掌握项目 26：基于 AT89C51 单片机交通灯控制器的设计。

* 项目 24：用外中断$\overline{\mathrm{INT1}}$测量负跳变信号累计数，并将结果送 P2 口显示

微课 5-6

1. 项目要求

(1) 掌握 TCON 寄存器的设置。

(2) 掌握 IE 寄存器的设置。

(3) 掌握$\overline{\mathrm{INT0}}$、$\overline{\mathrm{INT1}}$中断编程方法。

2. 项目描述

使用外中断$\overline{\mathrm{INT1}}$(P3.3 引脚)测量从 P3.7 引脚输出负跳变信号累计数，并将结果送 P2 口显示，电路图如图 5-5 所示。

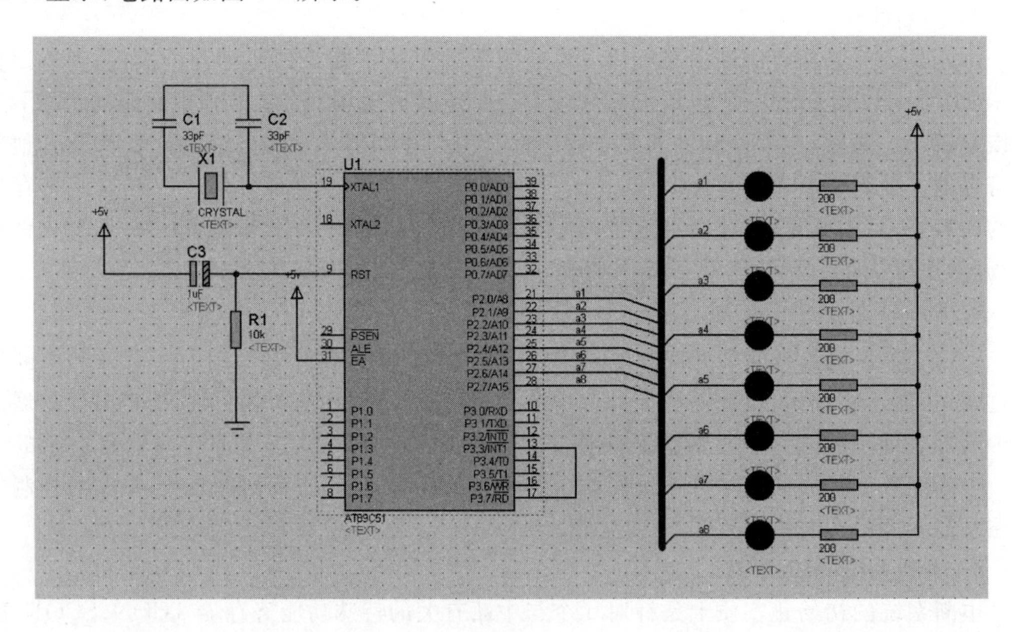

图 5-5 用外中断$\overline{\mathrm{INT1}}$测量负跳变信号累计数，并将结果送 P2 口显示效果图

3. 项目实现

1) 分析

设置寄存器 TCON 的 IT1=1，选择负跳变触发外中断，IE 设置即 EA=1(开总中断)、EX1=1(允许外中断 1 中断)。负跳变由软件控制 P3.7 引脚输出电平产生。负跳变信号累计由外中断$\overline{\mathrm{INT1}}$的中断服务程序完成，每产生一次中断，计数变量加 1，将结果送 P2 口显示。

2）程序设计

先建立文件夹 XM24，然后建立 XM24 工程项目，最后建立源程序文件 XM24.c，输入如下源程序：

```
#include<reg51.h>                    //包含 51 单片机寄存器定义的头文件
sbit M=P3^7;                         //变量 M 定义为 P3.7，从该引脚输出负跳变脉冲
unsigned char Countor;               //设置全局变量，负跳变信号累计数
/**************************************************************
函数功能：延时约 60ms(3×200×100=60000μs=60ms)。
**************************************************************/
void delay60ms(void)
{
  unsigned char m,n;
  for(m=0;m<200;m++)
  for(n=0;n<100;n++)
       ;
}
/**************************************************************
函数功能：延时约 30ms(3×100×100=30000μs=30ms)。
**************************************************************/
void delay30ms(void)
{
  unsigned char m,n;
  for(m=0;m<100;m++)
  for(n=0;n<100;n++)
       ;
}
/**************************************************************
函数功能：主函数。
**************************************************************/
void main(void)
{
unsigned char i;
  EA=1;                              //开总中断
  EX1=1;                             //允许外中断 1 中断
  IT1=1;                             //负跳变来触发外中断
  Countor=0;                         //计数变量清 0
  for(i=0;i<100;i++)                 //输出 100 个负跳变
     {
       M=1;                          //P3.7 引脚输出高电平
       delay60ms();
       M=0;                          //P3.7 引脚输出低电平
       delay30ms();
     }
  While(1)
   ;                                 //无限循环
}
/************************************************************
```

```
函数功能：外中断INT1的中断服务程序。
*********************************************************/
void int1(void) interrupt2 using 0    //"interrupt"声明函数为中断服务函数
          //其后的 2 为外中断INT1的中断编号；0 表示使用第 0 组工作寄存器
{
Countor++;                            //每产生一次外中断,计数变量加 1
P2 = Countor;                         //计数结果送 P2 口显示
}
```

3）用 Proteus 软件仿真

经过 Keil 软件编译通过后，在 Proteus ISIS 编辑环境中绘制仿真电路图，将编译好的 XM24.hex 文件加载到 AT89C51 里，然后启动仿真，就可以看到用外中断$\overline{\text{INT1}}$测量负跳变信号累计数，并将结果送 P2 口显示，效果图如图 5-5 所示。

课堂练习：用定时器 T0 中断方式控制 P1.0 的蜂鸣器发出 1kHz 音频，要求仿真实现。

*项目 25：用外中断$\overline{\text{INT0}}$测量外部负脉冲宽度，并将结果送 P1 口显示

微课 5-7

1. 项目要求

(1) 掌握 TCON 寄存器的设置。

(2) 掌握 IE 寄存器的设置。

(3) 掌握$\overline{\text{INT0}}$、$\overline{\text{INT1}}$中断编程方法。

2. 项目描述

使用外中断$\overline{\text{INT0}}$(P3.2 引脚)和定时器 T1 测量外部输入的负脉冲宽度。由单片机 U1(P1.0 引脚)输出方波，再由单片机 U2(P3.2 引脚)接收并检测负脉冲宽度，结果送 P1 口 8 个 LED 显示，电路图如图 5-6 所示。

3. 项目实现

1）分析

设置寄存器 TCON 的 IT0=1，选择负跳变来触发外中断，IE 设置即 EA=1(开总中断)、EX0=1(允许外中断 0 中断)。负跳变由定时器 T1 控制 P1.0 引脚输出电平产生。

2）程序设计

(1) 产生负脉冲宽度为 250μs 方波的程序。

先建立一个文件夹 XM25，然后再建立子文件夹 XM25-1 工程项目，最后建立源程序文件 XM25-1.c，输入如下源程序：

```
#include<reg51.h>                     //包含 51 单片机寄存器定义的头文件
sbit M = P1^0;                        //变量 M 定义为 P1.0,从该引脚输出负跳变脉冲
/*********************************************************
函数功能：主函数。
*********************************************************/
void main(void)
{
  EA = 1;                             //开总中断
```

```
  ET1 = 1;                          //定时器 T1 中断允许
  TMOD = 0x20;                      //使用定时器 T1 的方式 2
  TH1 = 256 - 250;                  //定时器 T1 的高 8 位赋初值
  TL1 = 256 - 250;                  //定时器 T1 的低 8 位赋初值
  TR1 = 1;                          //启动定时器 T1
  while(1)                          //无限循环,等待中断
     ;                              //空操作
}
/************************************************************
函数功能: 定时器 T1 的中断服务程序。
************************************************************/
void Time1(void) interrupt3 using 0   //"interrupt"声明函数为中断服务函数
                        //其后的 3 为定时器 T1 的中断编号; 0 表示使用第 0 组工作寄存器
    {
     M = ~M;                      //将 P1.0 引脚输出电平取反,产生负脉冲宽度为 500μs 的方波
}
```

(2) 测量负脉冲宽度的程序。

在文件夹 XM25 下,建立子文件夹 XM25-2 工程项目,最后建立源程序文件 XM25-2.c,输入如下源程序:

```
#include<reg51.h>                   //包含 51 单片机寄存器定义的头文件
sbit W = P3^2;                      //变量 W 定义为 P3.2
/************************************************************
函数功能: 主函数。
************************************************************/
void main(void)
{
  EA = 1;                           //开总中断
  EX0 = 1;                          //允许外中断 0 中断
  TMOD = 0x20;                      //使用定时器 T1 的方式 2
  IT0 = 1;                          //负跳变来触发外中断
  ET1 = 1;                          //允许定时器 T1 中断
  TH1 = 0;                          //定时器 T1 的高 8 位赋初值设置为 0
  TL1 = 0;                          //定时器 T1 的低 8 位赋初值设置为 0
  TR1 = 0;                          //先关闭定时器 T1
  while(1)                          //无限循环,等待中断
      ;                             //空操作
}

/************************************************************
函数功能: 外中断INT0的中断服务程序。
************************************************************/
  void int0(void) interrupt0 using 0  //"interrupt"声明函数为中断服务函数
                      //其后的 0 为外中断INT0的中断编号; 0 表示使用第 0 组工作寄存器
   {
   TR1 = 1;                         //外中断到来即启动定时器 T1
    TL1 = 0;                        //从 0 开始计时
   while(W == 0)                    //低电平时,等待 T1 计时
    ;                               //空操作
```

```
    P1 = TL1;                    //计数结果送 P1 口显示
    TR1 = 0;                     //关闭定时器 T1
    }
```

3）用 Proteus 软件仿真

经过 Keil 软件编译通过后，在 Proteus ISIS 编辑环境中绘制仿真电路图，将编译好的 XM25-1.hex、XM25-2.hex 文件分别加载到 U1、U2 单片机 AT89C51 里，然后启动仿真，就可以看到用外中断$\overline{\text{INT0}}$测量外部负脉冲宽度，并将结果送 P1 口显示，效果图如图 5-6 所示。

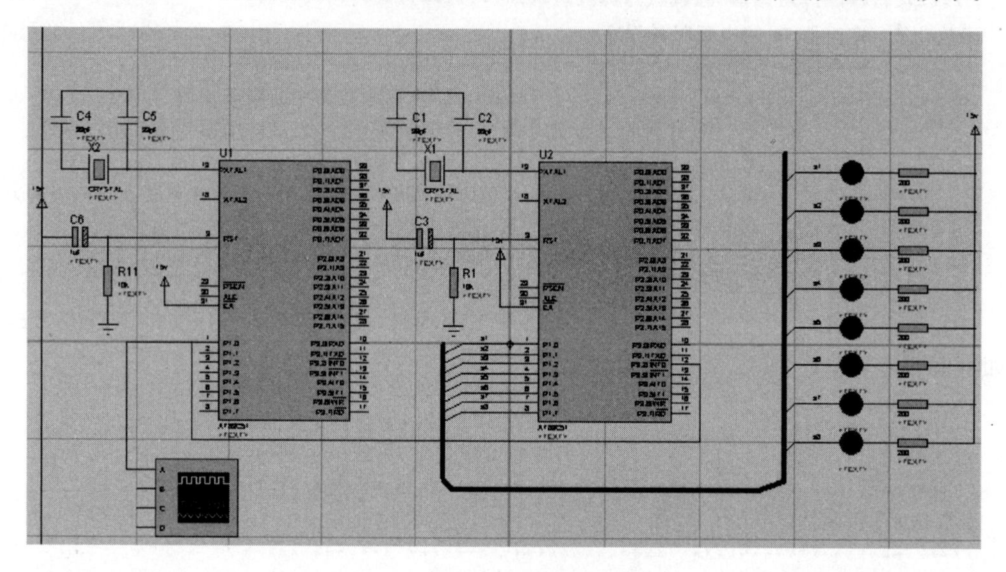

图 5-6　用外中断$\overline{\text{INT0}}$测量外部负脉冲宽度，并将结果送 P1 口显示效果图

课堂练习：(1) 用中断方式实现将 T1 计数的结果送 P0 口显示，要求仿真。

(2) 用中断方式实现单片机控制 LED 灯左循环亮，要求仿真。

*项目 26：基于 AT89S52 单片机交通灯控制器的设计

1. 项目要求

用 AT89S52 单片机控制一个交通信号灯系统，晶振频率采用 12MHz。设 A 车道与 B 车道交叉组成十字路口，A 是主道，B 是支道。设计要求如下所示。

微课 5-8

(1) 用发光二极管模拟交通信号灯，用按键开关模拟车辆检测信号。

(2) 正常情况下，A、B 两车道轮流放行，A 车道放行 50s，其中 5s 用于警告；B 车道放行 30s，其中 5s 用于警告。

(3) 在交通繁忙时，交通信号灯控制系统应有手控开关，可人为地改变信号灯的状态，以缓解交通拥挤状况。在 B 车道放行期间，若 A 车道有车，而 B 车道无车，按下开关 K1 使 A 车道放行 15s；在 A 车道放行期间，若 B 车道有车，而 A 车道无车，按下开关 K2 使 B 车道放行 15s。

(4) 有紧急车辆通过时，按下 K0 开关使 A、B 车道均为红灯，禁行 20s。

2. 项目描述

交通控制系统主要控制 A 车道、B 车道的交通，以 AT89S52 单片机为核心芯片，通过控制三色 LED 的亮灭来控制各车道的通行；另外，通过 3 个按键来模拟各车道有没车辆的情况和紧急车辆情况。根据设计要求，制定总体设计思想如下所示。

- 正常情况下运行主程序，采用 0.5s 延时子程序的反复调用来实现各种定时时间。
- 一道有车而另一道无车时，采用外部中断 1 执行中断服务程序，并设置该中断为低优先级中断。
- 有紧急车辆通过时，采用外部中断 0 执行中断服务程序，并设置该中断为高优先级中断，实现二级中断嵌套。

交通信号灯模拟控制电路图如图 5-7 所示。

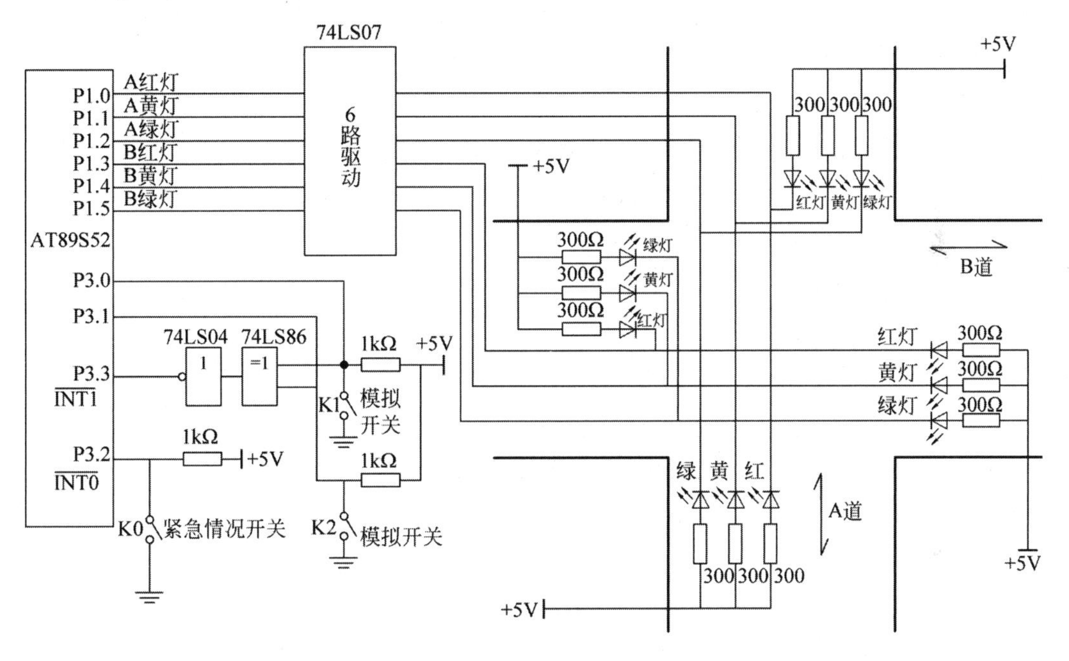

图 5-7 交通信号灯模拟控制电路图

3. 项目实现

1）分析

（1）硬件设计。

用 12 只发光二极管模拟交通信号灯，以 AT89S52 单片机的 P1 口控制这 12 只发光二极管，由于单片机带负载能力有限，因此，在 P1 口与发光二极管之间用 74LS07 作驱动电路，P1 口输出低电平时，信号灯亮；输出高电平时，信号灯灭。在正常情况和交通繁忙时，A、B 两车道的 6 只信号灯的控制状态有 5 种形式，即 P1 口控制功能及相应控制码，见表 5-2。分别以按键 K1、K2 模拟 A、B 道的车辆检测信号，开关 K1 按下时，A 车道放行；开关 K2 按下时，B 车道放行；开关 K1 和 K2 的控制信号经异或取反后，产生中断请求信号（低电平有效），通过外部中断 1 向 CPU 发出中断请求；因此产生外部中断 1 中断的条件应是：$\overline{INT1}=\overline{K1 \oplus K2}$，可用集成块 74LS266（如无 74LS266，可用 74LS86 与 74LS04 组合）来实现。采用中断加查询扩展法，可以判断出要求放行的是 A 车道（按下开关 K1），还是 B 车道（按下开关K2)。

以按键K0模拟紧急车辆通过开关,当K0为高电平时,属正常情况,当K0为低电平时,属紧急车辆通过的情况,直接将K0信号接至$\overline{INT0}$(P3.2)脚即可实现外部中断0中断。

表5-2 交通信号灯与控制状态对应关系

控制状态	P1口控制码	P1.7	P1.6	P1.5	P1.4	P1.3	P1.2	P1.1	P1.0
		未用	未用	B道绿灯	B道黄灯	B道红灯	A道绿灯	A道黄灯	A道红灯
A道放行,B道禁止	F3H	1	1	1	1	0	0	1	1
A道警告,B道禁止	F5H	1	1	1	1	0	1	0	1
A道禁止,B道放行	DEH	1	1	0	1	1	1	1	0
A道禁止,B道警告	EEH	1	1	1	0	1	1	1	0
A道禁止,B道禁止	F6H	1	1	1	1	0	1	1	0

(2) 软件设计。

交通信号灯模拟控制系统程序流程图如图5-8所示。

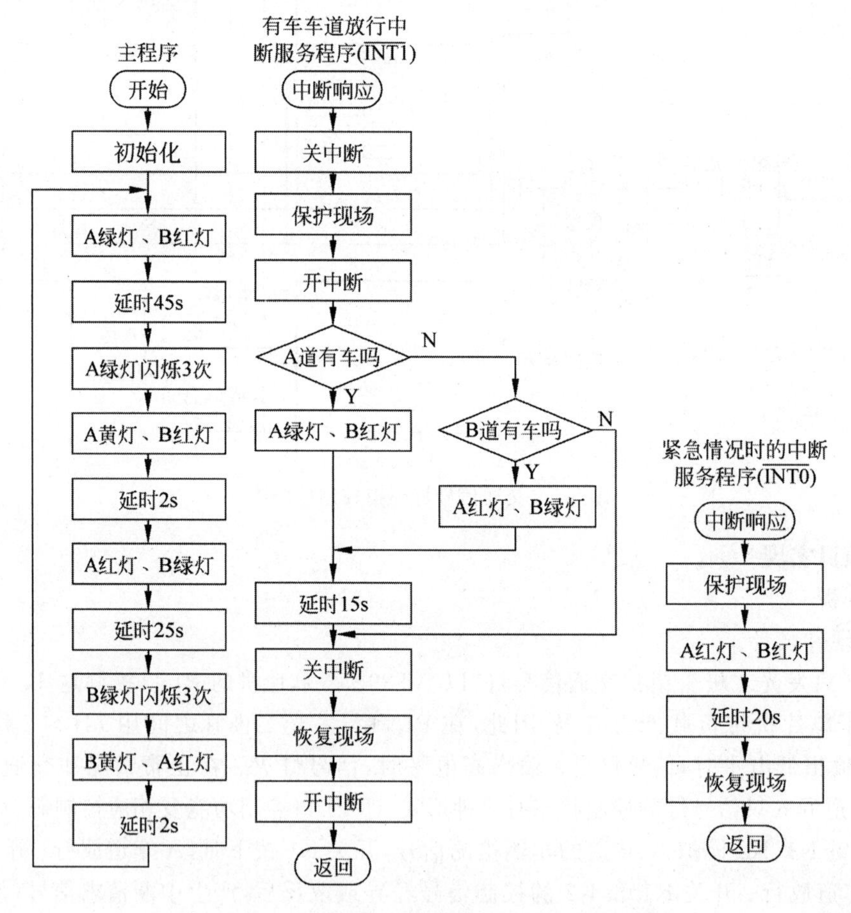

图5-8 交通信号灯模拟控制系统程序流程图

2) 程序设计

先建立一个文件夹XM26,然后再建立子文件夹XM26工程项目,最后建立源程序文件

XM26. c，输入如下源程序：

```
#include<reg51.h>
  sbit P1_2 = P1^2;                    //A 道绿灯
  sbit P1_5 = P1^5;                    //B 道绿灯
  sbit P3_0 = P3^0;                    //A 车道放行
  sbit P3_1 = P3^1;                    //B 车道放行
void DELAY()                           //0.5s 定时
 {  int n1 = 0;
    TMOD = 0x01;
    TR0 = 1;
    while(1)
    {
    TH0 = (65536 - 50000)/256;
    TL0 = (65536 - 50000) % 256;
    n1++;
    do{
    TF0 = 0;
    }
    while(!TF0);
    if(n1 == 10)
    {n1 = 0;
     break;}
    }
}
void timer0(void) interrupt 0 using 0 //外部中断 0 入口
{
    int n2;
    for(n2 = 0;n2 < 40;n2++)           //20s 定时
    {
    DELAY();
    P1 = 0xF6;
     }
}
void timer1(void) interrupt 2 using 2 //外部中断 1 入口
{  int n2,n3;
    if(P3_1 == 0)                      //B 车道开关闭合放行
    {
    P3_0 = 1;
     for(n2 = 0;n2 < 30;n2++)          //15s 定时
     {
        DELAY();
        P1 = 0xde;
     }
     }
     if(P3_0 == 0)                     //A 车道开关闭合放行 15s
   {
    P3_1 = 1;
     for(n3 = 0;n3 < 30;n3++)
     {
        DELAY();
        P1 = 0xf3;
     }
  }
```

```
}
void main()
{
    int n = 0;
    int i;
    IP = 0x01;                          //外部中断1最高优先级
    IE = 0x85;                          //开中断
    TCON = 0x00;                        //置外部中断为电平触发
     while(1)
     {
        P1 = 0xF3;                      //A道放行,B道禁止
        DELAY();                        //调延时函数
        n++;
        if(n == 90)                     //45s计时,90×0.5s = 45s
        {
            for(i = 0;i<6;i++)          //A道绿灯闪烁3s,每0.5s灭一次,0.5×6 = 3s
            {
                DELAY();
                P1_2 = !P1_2;
            }
            for(i = 0;i<4;i++)          //A道黄灯亮2s,0.5×4 = 2s
            {
                DELAY();
                P1 = 0xF5;
            }
            n = 0;
            break;                      //A道结束
        }
     }
     while(1)
     {

        DELAY();
        n++;
        P1 = 0xDE;                      //B道放行,A道禁止
        if(n == 50)                     //25s计时,50×0.5s = 25s
        {
            for(i = 0;i<6;i++)          //B道绿灯闪烁3s,每0.5s灭一次,0.5×6 = 3s
            {
                DELAY();
            P1_5 = !P1_5;

            }
            for(i = 0;i<4;i++)          //B道黄灯亮2s,0.5×4 = 2s
            {
                DELAY();
                P1 = 0xEE;

            }
            n = 0;
            break;                      //B道结束
        }
     }

}
```

3）用 Proteus 软件仿真

经过 Keil 软件编译通过后，在 Proteus ISIS 编辑环境中绘制仿真电路图，将编译好的 XM26. hex 文件分别加载到 AT89C51 里，然后启动仿真，就可以看到交通灯，效果图如图 5-9 所示。

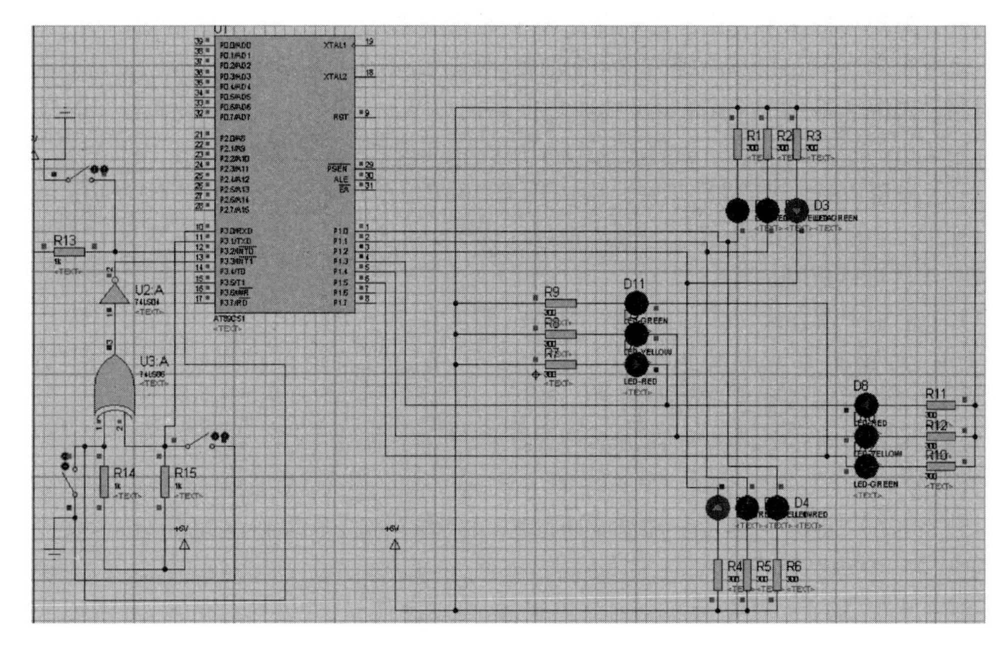

图 5-9　交通灯仿真效果图

模块小结

（1）80C51 中断系统主要由定时器控制寄存器 TCON、串行口控制寄存器 SCON、中断允许寄存器 IE、中断优先级寄存器 IP 和硬件查询电路等组成。

（2）中断处理过程包括中断响应、中断处理和中断返回 3 个阶段。

（3）中断系统初始化的内容包括开放中断允许、确定中断源的优先级别和外部中断的触发方式。

（4）扩展外部中断源的方法有定时器扩展法和中断加查询扩展法两种。

课后练习题

（1）什么是中断？中断系统的功能和特点有哪些？

（2）8051 单片机的中断源有几个？自然优先级是如何排列的？

（3）外部中断触发方式有几种？它们的特点是什么？

（4）中断处理过程包括几个阶段？

（5）请简述中断响应的过程。

（6）外部中断请求撤销时要注意哪些事项？

(7) 中断系统的初始化一般包括哪些内容?

(8) 扩展外部中断源的方法有几种?

(9) 采用中断方式,利用定时器/计数器 T0 从 P1.0 输出周期为 1s,脉宽为 20ms 的正脉冲信号,晶振频率为 12MHz,用 Proteus 软件进行仿真。

(10) 采用中断方式,用方式 0 设计两个不同频率的方波,P1.0 输出频率为 200Hz,P1.1 输出频率为 100Hz,晶振频率为 12MHz,用 Proteus 软件进行仿真。

(11) 采用中断方式,P1.0 输出脉冲宽度调制(PWM)信号,即脉冲频率为 2kHz、占空比为 7∶10 的矩形波,晶振频率为 12MHz,用 Proteus 软件进行仿真。

(12) 采用中断方式,两只开关分别接入 P3.0、P3.1,在开关信号 4 种不同的组合逻辑状态,使 P1.0 分别输出频率 0.5kHz、1kHz、2kHz、4kHz 的方波,晶振频率为 12MHz,用 Proteus 软件进行仿真。

(13) 采用中断方式,有一组高电平脉冲的宽度在 50～100ms 之间,利用定时器 0 测量脉冲的宽度,结果存放到片内 RAM 区以 50H 单元为首地址的单元中,晶振频率为 12MHz,用 Proteus 软件进行仿真。

(14) 用外中断$\overline{\text{INT0}}$测量负跳变信号累计数,并将结果送 P1 口显示,用 Proteus 软件进行仿真。

(15) 用外中断$\overline{\text{INT1}}$测量外部负脉冲宽度,并将结果送 P2 口显示,用 Proteus 软件进行仿真。

(16) 基于 AT89C51 单片机交通灯控制器,要求硬件、软件设计并仿真,具体技术指标如下:

用 AT89S52 单片机控制一个交通信号灯系统,晶振频率采用 12MHz。设 A 车道与 B 车道交叉组成十字路口,A 是主道,B 是支道。设计要求如下所示。

① 用发光二极管模拟交通信号灯,用按键开关模拟车辆检测信号。

② 正常情况下,A、B 两车道轮流放行,A 车道放行 60s,其中 5s 用于警告;B 车道放行 40s,其中 5s 用于警告。

③ 有紧急车辆通过时,按下 K3 开关使 A、B 车道均为红灯,禁行 15s。

参考文献

[1] 杨居义.单片机原理及应用项目教程(基于 C 语言)[M].北京:清华大学出版社,2014.

[2] 王东锋,王会良,董冠强.单片机 C 语言应用 100 例[M].北京:电子工业出版社,2009.

[3] 杨居义.单片机案例教程[M].北京:清华大学出版社,2015.

[4] 杨居义,等.单片机原理与工程应用[M].北京:清华大学出版社,2009.

[5] 杨居义.单片机课程实例教程[M].北京:清华大学出版社,2010.

[6] 楼然苗.8051 系列单片机 C 程序设计[M].北京:北京航空航天大学出版社,2007.

[7] 求是科技.单片机应用技术[M].2 版.北京:人民邮电出版社,2008.

[8] 马忠梅.单片机的 C 语言程序设计[M].4 版.北京:北京航空航天出版社,2007.

[9] 张道德.单片机接口技术(C51 版)[M].北京:中国水利水电出版社,2007.

[10] 吕凤翥.C 语言程序设计[M].北京:清华大学出版社,2006.

[11] 徐爱钧.Keil Cx51 V7.0 单片机高级语言编程与 μVision2 应用实践[M].北京:电子工业出版社,2004.

模块6 80C51单片机串行通信技术分析及应用

技能目标

(1) 掌握任务27-1：方式0控制流水灯循环点亮。
(2) 掌握任务28-1：单片机U1与单片机U2进行通信。
(3) 掌握项目29：单片机向PC发送数据。
(4) 掌握项目30：PC向单片机发送数据，并用LED显示出来。
(5) 掌握项目31：串口驱动数码管。
(6) 掌握项目32：单片机与单片机双机通信。

知识目标

学习目的：

(1) 了解通信的概念及串行通信和并行通信原理。
(2) 理解串行通信的3种制式。
(3) 掌握串行通信的标准。
(4) 掌握80C51串行口各寄存器的设置。
(5) 掌握80C51单片机与单片机之间进行通信的程序设计及仿真。
(6) 掌握80C51单片机与PC之间进行通信的程序设计及仿真。

学习重点和难点：

(1) 串行通信的原理和数据帧格式。
(2) RS-232C的接口标准及电气标准。
(3) 80C51串行口的通信方式设置及波特率设置方法。
(4) 80C51单片机间的通信和单片机与PC的通信程序设计方法。

概要资源

1-1 学习要求
1-2 重点与难点
1-3 学习指导
1-4 学习情境设计
1-5 教学设计
1-6 评价考核
1-7 PPT

项目 27：认识 80C51 串行通信

● 技能目标

掌握任务 27-1：方式 0 控制流水灯循环点亮。

● 知识目标

学习目的：

(1) 了解串行通信概述。

(2) 掌握串行通信的分类。

(3) 掌握串行通信制式及通信协议。

(4) 了解 RS-232C 的机械特性。

(5) 掌握 RS-232C 的电气特性。

学习重点和难点：

(1) 串行通信的分类。

(2) 串行通信制式及通信协议。

(3) RS-232C 的机械特性。

(4) RS-232C 的电气特性。

任务 27-1：方式 0 控制流水灯循环点亮

微课 6-1

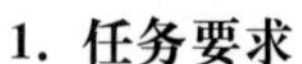

1. 任务要求

(1) 了解 80C51 串行通信的概念。

(2) 了解串/并转换芯片 74LS164 工作原理。

(3) 了解单片机串行口 RXD(P3.0 引脚)、TXD(P3.1 引脚)。

(4) 掌握用 Proteus 软件仿真串行通信方法。

(5) 掌握 80C51 串行通信的编程方法。

2. 任务描述

在许多单片机应用项目中，单片机的端口是不够用的，需要进行扩展，本任务就是利用串/并转换芯片来完成端口扩展的。使用单片机串行口 RXD 端将一组流水灯控制码送至串/并转换芯片 74LS164，循环点亮 8 位 LED，电路如图 6-1 所示。

3. 任务实现

1) 分析

使用方式 0，需要设置串行控制寄存器 SCON，使 SM0=0，SM1=0。先让 P1.0 发出一个低电平信号到串/并转换芯片 74LS164 的第 9 引脚，然后将数据写入 SBUF，单片机即可自动启动数据发送，移位脉冲由 TXD 自动送出。

2) 程序设计

方案 1：先建立文件夹 XM27-1，然后建立 XM27-1 工程项目，最后建立源程序文件 XM27-1.c，输入如下源程序：

```
#include<reg51.h>                       //包含 51 单片机寄存器定义的头文件
#include<intrins.h>                     //包含函数_nop_()定义的头文件
unsigned char code Tab[] = {0xFE,0xFD,0xFB,0xF7,0xEF,0xDF,0xBF,0x7F}; //流水灯控制码,该数组
                                                                      //被定义为全局变量
sbit S = P1^0;                          //将 S 位定义为 P1.0 引脚
/**************************************************************
函数功能：延时约 150ms。
**************************************************************/
void delay(void)
{
   unsigned char m,n;
     for(m = 0;m<200;m++)
      for(n = 0;n<250;n++)
           ;
}
/**************************************************************
函数功能：发送一个字节的数据。
**************************************************************/
void Send(unsigned char dat)
{
    S = 0;                              //S 输出 0 信号,对 74LS164 清 0
  _nop_();                              //空操作,延时一个机器周期
  _nop_();                              //延时一个机器周期,保证清 0 完成
    S = 1;                              //结束对 74LS164 的清 0
  SBUF = dat;                           //将数据写入发送缓冲器,启动发送
  while(TI == 0)                        //若没有发送完毕,等待
     ;
   TI = 0;                              //发送完毕,TI 被置"1",需用软件将其清 0
}
/*******************************************
函数功能：主函数。
*******************************************/
void main(void)
  {
   unsigned char i;
   SCON = 0x00;                         //SCON = 0000 0000B,使串行口工作于方式 0
    while(1)
      {
         for(i = 0;i<8;i++)
            {
               Send(Tab[i]);            //发送数据
               delay();                 //延时
            }
         }
   }
```

方案 2：先建立文件夹 XM27-1，然后建立 XM27-1 工程项目，最后建立源程序文件 XM27-1.c，输入如下源程序：

```
#include "reg51.h"                      //包含 51 单片机寄存器定义的头文件
#include "intrins.h"                    //包含函数_crol_()定义的头文件
```

```
sbit S = P1 ^0;                          //将 S 位定义为 P1.0 引脚
void main()                              //主函数开始
   { int i;                              //定义一个整型变量
char datas = 0xfe;                       //定义字符型变量,并赋初值
 SCON = 0x00;                            //串行控制方式 0
    S = 1;                               //选通 74LS164
 while(1)                                //无限循环
 {SBUF = datas;                          //将数据送入 SBUF 缓冲器中
    while(TI == 0);                      //等待发送完数据
    TI = 0;                              //发送完数据后置 TI 为 0
    datas = _crol_(datas,1);             //初始数据位左移动一位
 for(i = 0;i<10000;i++);                 //延时
 }                                       //进入下次循环
}
```

3）用 Proteus 软件仿真

经过 Keil 软件编译通过后，在 Proteus ISIS 编辑环境中绘制仿真电路图，将编译好的 XM27-1.hex 文件加载到 AT89C51 里，然后启动仿真，就可以看到 8 位 LED 循环点亮，效果图如图 6-1 所示。

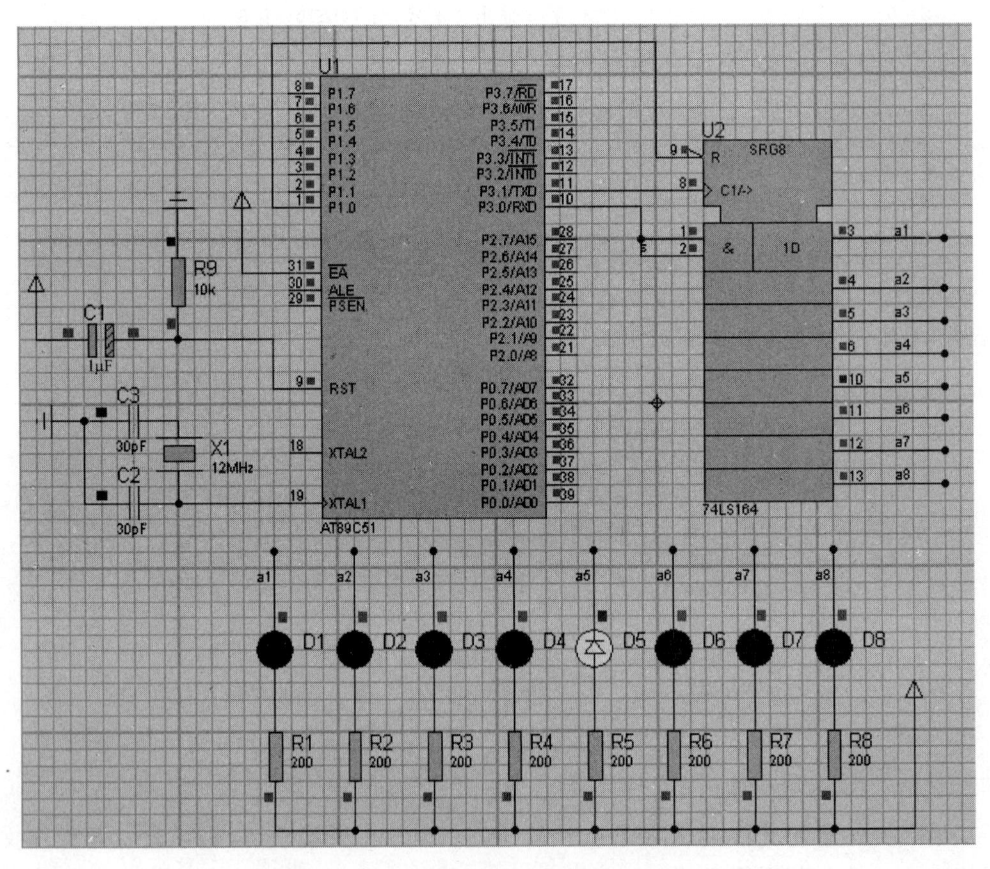

图 6-1　方式 0 控制流水灯循环点亮效果图

任务27-2：相关知识

微课6-2

1. 串行通信概述

计算机与计算机之间，计算机与外设之间的数据交换称为通信。计算机与外部设备的通信有两种基本方式：并行通信和串行通信。信息的各位数据被同时传送的通信方式称为并行通信，在并行通信中，数据有多少位，就需要多少条信号传输线，这种通信方式的速度快，但由于传输线数较多，成本高，仅适合近距离通信，通常传送距离小于30m，常用的并行通信协议有SPP、EPP、ECP等。当距离大于30m时，多采用串行通信方式。串行通信是指信息的各位数据被逐位顺序传输的通信方式，这种通信方式较并行通信而言，具有如下优点：

(1) 传输距离长，可达数千千米。

(2) 长距离内串行数据传输速率比并行数据传输速率快，串行通信的通信时钟频率较并行通信更容易提高。

(3) 抗干扰能力强，串行通信信号间的相互干扰完全可以忽略。

(4) 通信成本低。

(5) 传输线既传数据，又传联络信息。

2. 串行通信的分类及协议

通常情况下，串行通信根据信息传送的格式分为：异步串行通信和同步串行通信。同步串行通信是按软件识别同步字符来实现数据的传送；异步串行通信是一种利用字符的再同步技术的通信方式。80C51单片机中主要使用异步串行通信方式。

同步通信方式是以数据块的方式传送的，数据传输速率高，适合高速率、大容量的数据通信。同步通信在数据开始处用1～2个同步字符来指示。同步通信中，由同一频率的时钟脉冲实现发送和接收的同步。在发送时要插入同步字符，接收端在检测到同步字符后，就开始接收任意位的串行数据，如图6-2所示。可见，同步通信具有较高的数据传输速率，通常在几十至几百千波特，但对硬件要求较高。

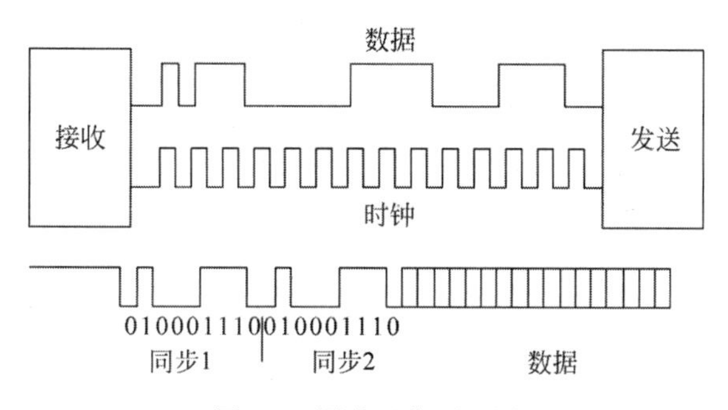

图6-2 同步通信原理图

异步通信是以字符为单位传送的，数据传送可靠性高，适合低速通信的场合。异步通信用起始位"0"表示字符的开始，然后从低位到高位逐位传送数据，最后用停止位"1"表示字符的结束。一个字符又称为一帧信息。

在异步通信中，对字符的编码形式规定位：每个串行字符由4个部分：起始位、数据位、奇偶校验位和停止位组成。在帧格式中，一个字符由起始位"0"开始，到停止位结束，两相邻字符帧之间可以无空闲位，也可以有若干空闲位，这由用户根据需要决定，如图6-3所示。

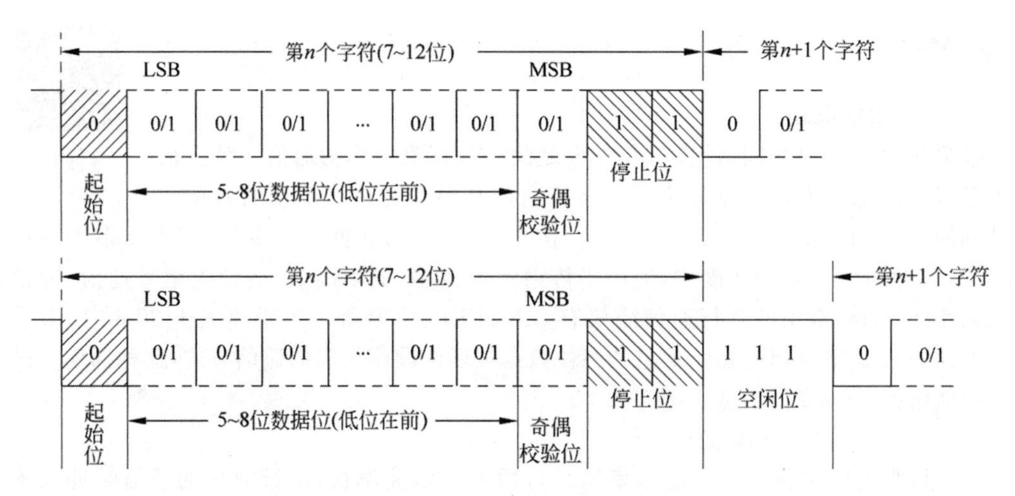

图 6-3 异步通信字符帧格式

(1) 起始位：逻辑“0”信号，占 1 位，用以通知接收端有一个新的字符数据到达，应准备接收。当信道上没有数据传送时，保持为高电平“1”，也就是空闲信号。对于接收端，不断检测线路状态，若连续为“1”后又检测到一个“0”，则立即准备接收数据。

(2) 数据位：逻辑“0”“1”信号，占 5～8 位，数据发送时，总是低位在先，高位最后。

(3) 奇偶校验位：逻辑“0”或“1”信号，占 1 位，用于在数据传送时作正确性检查，通常有：奇校验、偶校验和无校验 3 种情况。当该位不用于校验时，可作为控制位，用于判定该字符代表的信息(1 代表地址或 0 代表数据等)。

(4) 停止位：逻辑“1”信号，用于表征字符的结束，表示一帧字符信息发送结束。该位可以是 1、1.5 或 2 个比特位，实际应用中由用户根据需要设定。

在异步通信中，发送方和接收方必须保持相同的波特率(Baud Rate)，才能实现正确的数据传送。波特率是指单位时间内传送的信息量，即每秒钟传送的二进制位数(也称比特数)，单位是 b/s，即位/秒。字符的传输速率是指每秒内传送的字符帧数，和字符帧格式有关。常用的标准波特率是：110b/s、300b/s、600b/s、1200b/s、1800b/s、2400b/s、4800b/s、9600b/s 和 19 200b/s。

例如：在异步通信中使用 1 位起始位，8 位数据位，无校验位，1 位停止位，即一帧数据长度为 10 位，如果要求数据传送的速率是 1s 传送 120 帧字符，则传送波特率为 1200b/s。

3. 串行通信制式

在串行通信中，数据通常在发送器和接收器(如 A 和 B)之间进行双向传送。这种传送根据需要又可分为单工通信、半双工通信和全双工通信。在 80C51 单片机中使用全双工异步串行通信方式。单工通信是指从 A 设备向 B 设备发送；半双工通信是指既能从 A 设备发送到 B 设备，也能从 B 设备发送到 A 设备，但在任何时候不能同时在两个方向上传送；全双工通信是指允许通信双方同时进行发送和接收，全双工方式相当于把两个方向相反的单工方式组合在一起，因此它需要两条数据传输线。

4. RS-232C 接口

微课 6-3

本质上说，通信就是 CPU 与外部设备间交换信息。所有的串行通信接口电路都是以并行方式与 CPU 连接，而以串行数据形式与外部设备进行数据传送。它们的基本功能都是从外部设备接收串行数据,转换为并行数据后传送给CPU;或从CPU接收并行数据,转换成串行数据后输出给外部设备。能够实现异步通信的硬件电路称为UART(Universal Asynchronous Receive/Transmitter),即通用异步接收器/发送器;能够实现同步通信的硬件电路称为USRT(Universal Synchronous Receive/Transmitter)。

所谓接口标准,就是明确地定义若干条信号线,使接口电路标准化、通用化。在单片机控制系统中,常用的串行通信接口标准有RS-232C、I^2C及SPI等总线接口标准。

RS-232C标准(协议)的全称是EIA-RS-232C标准,其中EIA(Electronic Industry Association)代表美国电子工业协会,RS(Recommended Standard)代表推荐标准,232是标识号,C代表RS232的最新一次修改(1969),在这之前,有RS232B、RS232A。它规定连接电缆和机械、电气特性、信号功能及传送过程。目前在IBM PC上的COM1、COM2接口,就是RS-232C接口。

1) RS-232C的机械特性

RS-232C标准规定使用符合ISO 2110标准的25芯D型连接器,该标准还规定了:在具有一定的数据处理能力和数据收发能力的数据终端设备(Data Terminal Equipment,DTE)上使用插座,在DTE和传输线路之间提供信号变换和编码功能,并负责建立、保持和释放链路的连接器称为数据通信设备(Data Communication Equipment,DCE)上使用插头,如Modem。DCE设备通常是与DTE对接的,因此针脚的分配相反。RS-232C总线标准设有25条信号线,其中:4条数据线、11条控制线、3条定时线、7条备用和未定义线,常用的只有9条。因此,串行口连接器分为9芯D型连接器和25芯D型连接器两种,如图6-4所示。两种连接器引脚(DB-25与DB-29引脚)的对应关系见表6-1。

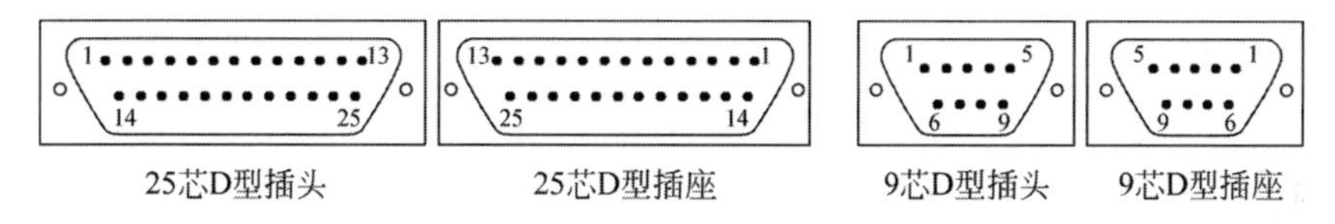

图6-4 RS-232C连接器示意图

表6-1 DB-25与DB-9引脚的对应关系

DB-25	DB-9	信号名称	信号传送方向	含　义
2	3	TXD	输出	数据发送端
3	2	RXD	输入	数据接收端
4	7	RTS	输出	请求发送(计算机要求发送数据)
5	8	CTS	输入	清除发送(MODEM准备接收数据)
6	6	DSR	输入	数据设备准备就绪
7	5	SG		信号地
8	1	DCD	输入	数据载波检测
20	4	DTR	输出	数据终端准备就绪(计算机)
22	9	RI	输入	响铃指示

尽管RS-232C使用20条信号线,大多数情况下,微型计算机、计算机终端和一些外部设备都配有RS-232C串行接口。近距离通信时,可以通过RS-232C直接将通信双方连接,这种方式称为"零调制解调",只需三条连接线,即"发送数据""接收数据"和"信号地",发送

方和接收方的“发送数据”“接收数据”端交叉连接,传输线采用屏蔽双绞线即可实现。9芯三线制连接原理图如图6-5所示。

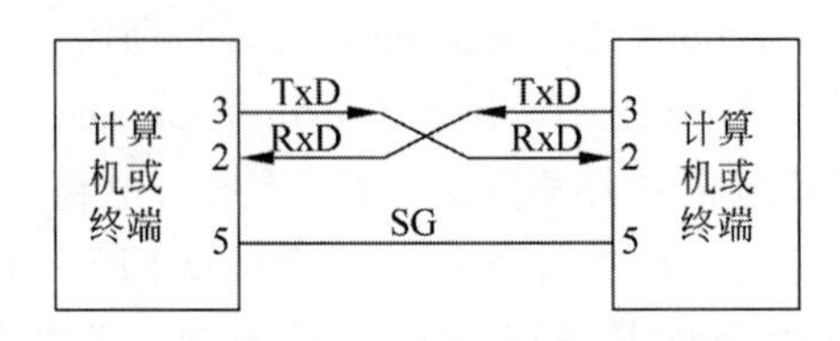

图6-5　9芯三线制连接原理图

当使用RS-232C进行远距离传送数据时,必须配合调制解调器(modem)和电话线进行通信,其连接及通信原理如图6-6所示。

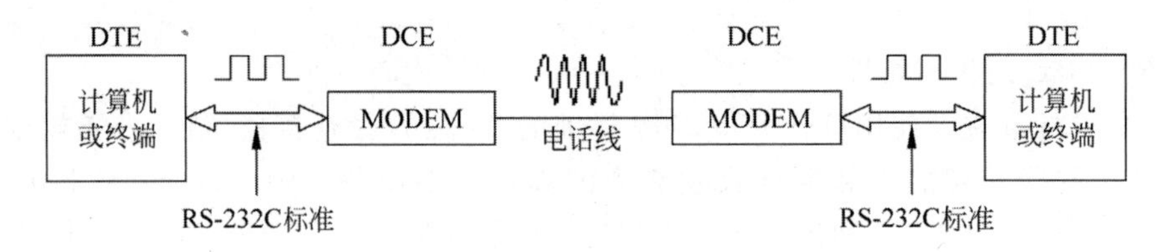

图6-6　远程串行通信原理图

2) RS-232C的电气特性

由于RS-232C是在TTL集成电路之前制定的,所以RS-232C标准规定了数据和控制信号的电压范围,它使用负逻辑约束,其低电平“0”在+3～+15V之间,高电平“1”在−3～−15V之间,而单片机的逻辑“1”是以+5V表示的,因此RS-232C不能和TTL电平直接相连。为了保证数据正确地传送,设备控制能准确地完成,必须使所用的信号电平保持一致,把单片机的信号电平(TTL电平)转换成计算机的RS-232C电平,或者把计算机的RS-232C电平转换成单片机的TTL电平。

因此,使用时必须加上适当的电平转换电路。常用的电平转换器有MC1488、MC1489、MAX232等。MAX232是单电源双RS-232发送/接收芯片,如图6-7所示。

采用单一+5V电源供电,外接只需4个电容,便可以构成标准的RS-232通信接口,硬件接口简单,所以被广泛采用,其主要特性如下所示。

(1) 符合所有的RS-232C技术规范。

(2) 只要单一+5V电源供电。

(3) 具有升压、电压极性反转能力,能够产生+10V和−10V电压V+、V−。

(4) 低功耗,典型供电电流为5mA。

(5) 内部集成2个RS-232C驱动器。

(6) 内部集成2个RS-232C接收器。

RS-232C既是一种协议标准,又是一种电气标准,它采用单端、双极性电源供电电路,可用于最远距离为15m、最高传输速率达20kb/s的串行异步通信。但是,RS-232C仍有一些不足之处,主要表现如下所示。

(1) 传输速率不够快:RS-232C标准规定最高传输速率为20kb/s,尽管能满足异步通信要求,但不能适应高速的同步通信。

(2) 传输距离不够远:RS-232C标准规定各装置之间电缆长度不超过50英尺(1英尺=

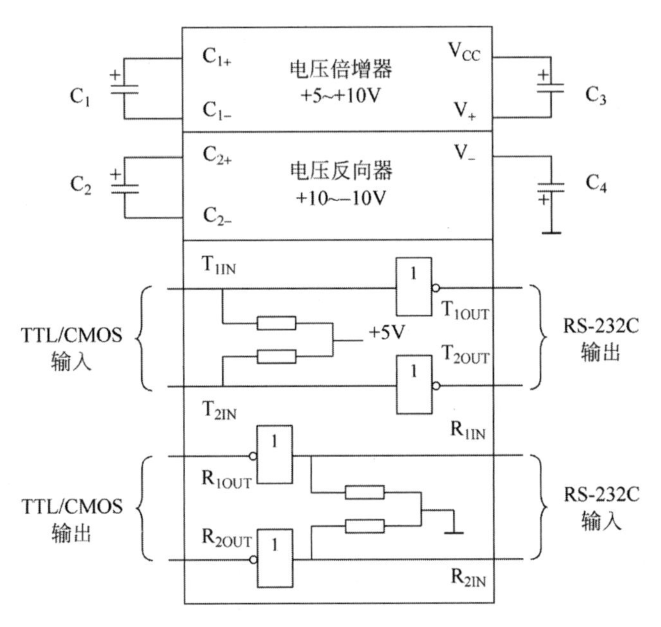

图 6-7　MAX232 实现 TTL 电平与 RS-232 电平转换

0.3048m)。实际上,RS-232C 能够实现 100 英尺或 200 英尺的传输,但在使用前,一定要先测试信号的质量,以保证数据正确传输。

(3) RS-232C 接口采用不平衡的发送器和接收器,每个信号只有一根导线,两个传输方向仅有一个信号线地,因而电气性能不佳,容易在信号间产生串扰。

项目 28:认识 80C51 串口的通信方式

● 技能目标

掌握任务 28-1:单片机 U1 与单片机 U2 进行通信。

● 知识目标

学习目的:

(1) 了解 80C51 的串行接口的结构。

(2) 掌握串行口控制寄存器 SCON 设置。

(3) 掌握电源及波特率选择寄存器 PCON 设置。

(4) 掌握方式 0、方式 1、方式 2、方式 3 工作原理及波特率的计算。

(5) 掌握串行口的初始化。

(6) 了解 80C51 之间的通信。

学习重点和难点:

(1) 80C51 的串行接口的结构。

(2) 串行口控制寄存器 SCON 设置。

(3) 电源及波特率选择寄存器 PCON 设置。

(4) 方式 0、方式 1、方式 2、方式 3 工作原理及波特率的计算。

(5) 串行口的初始化。

任务 28-1：单片机 U1 与单片机 U2 进行通信

微课 6-4

1. 任务要求

(1) 了解 80C51 串行口的通信方式。

(2) 掌握单片机串行口 RXD(P3.0 引脚)、TXD(P3.1 引脚)。

(3) 掌握用 Proteus 软件仿真串行通信方法。

(4) 掌握 80C51 串行通信的编程方法。

2. 任务描述

在许多单片机应用项目中，常常要完成单片机与单片机进行通信。本任务就是用单片机 U1 通过串行口 TXD(P3.1 引脚)端将控制码以方式 1 发至单片机 U2 的 RXD(P3.0 引脚)端，U2 单片机接收后把控制码送 8 位 LED 显示，效果图如图 6-8 所示。

3. 任务实现

1) 分析

本任务用到了单片机 U1 和单片机 U2，因此需要对单片机 U1 和单片机 U2 分别设计两个程序：单片机 U1 负责完成数据发送任务；单片机 U2 负责完成数据接收任务。

对单片机 U1 编程时，由于使用方式 1，所以需要设置串行控制寄存器 SCON，使 SM0=0，SM1=1，选波特率为 9600b/s，SMOD=0，计算出 TH1=FAH；对单片机 U2 编程时，需要设置 SM0=0，SM1=1 和 REN=1(允许接收)。

2) 程序设计

(1) 单片机 U1 数据发送程序。

先建立文件夹 XM28-1，然后建立 send 工程项目，最后建立源程序文件 send.c，输入如下源程序：

```
#include<reg51.h>                        //包含单片机寄存器的头文件
unsigned char code Tab[ ] =
{0xFE,0xFD,0xFB,0xF7,0xEF,0xDF,0xBF,0x7F,0xaa,0x0f,0xf0,0x55};
//流水灯控制码,该数组被定义为全局变量
/*************************************************
函数功能：发送一个字节数据。
*************************************************/
void Send(unsigned char dat)
{
   SBUF = dat;                           //将数据写入发送缓冲器,启动发送
   while(TI == 0)                        //若没有发送完毕,等待
     ;
    TI = 0;                              //发送完毕,TI 被置"1",需将其清 0
}
/*************************************************************
函数功能：延时约 150ms。
*************************************************************/
```

```
void delay(void)
{
unsigned int j;
     for(j = 0;j < 50000;j++)
            ;
}
/ ****************************************************
函数功能: 主函数。
**************************************************** /
void main(void)
{
   unsigned char i;
   TMOD = 0x20;                      //TMOD = 0010 0000B,定时器 T1 工作于方式 2
   SCON = 0x40;                      //SCON = 0100 0000B,串口工作方式 1
   PCON = 0x00;                      //PCON = 0000 0000B,波特率为 9600b/s
   TH1 = 0xfd;                       //根据规定,给定时器 T1 高 8 位赋初值
   TL1 = 0xfd;                       //根据规定,给定时器 T1 低 8 位赋初值
   TR1 = 1;                          //启动定时器 T1
  while(1)
   {
     for(i = 0;i < 12;i++)           //模拟检测数据
        {
            Send(Tab[i]);            //发送数据 i
            delay();                 //150ms 发送一次检测数据
        }
     }
}
```

(2) 单片机 U2 数据接收程序。

先建立文件夹 XM28-1,然后建立 receive 工程项目,最后建立源程序文件 receive. c,输入如下源程序:

```
#include < reg51.h >                //包含单片机寄存器的头文件
/ ****************************************************
函数功能: 接收一个字节数据。
**************************************************** /
unsigned char Receive(void)
{
   unsigned char dat;
   while(RI == 0)                    //只要接收中断标志位 RI 没有被置"1"
         ;                           //等待,直至接收完毕(RI = 1)
     RI = 0;                         //为了接收下一帧数据,需用软件将 RI 清 0
     dat = SBUF;                     //将接收缓冲器中的数据存于 dat
      return dat;                    //将接收到的数据返回
}
/ ********************************************************************
函数功能: 主函数。
******************************************************************** /
void main(void)
{
   TMOD = 0x20;                      //定时器 T1 工作于方式 2
```

```
    SCON = 0x50;                //SCON = 0101 0000B,串口工作方式 1,允许接收(REN = 1)
    PCON = 0x00;                //PCON = 0000 0000B,波特率为 9600b/s
    TH1 = 0xfd;                 //根据规定,给定时器 T1 高 8 位赋初值
    TL1 = 0xfd;                 //根据规定,给定时器 T1 低 8 位赋初值
    TR1 = 1;                    //启动定时器 T1
    REN = 1;                    //允许接收
  while(1)
  {
   P2 = Receive();             //将接收到的数据送 P2 口显示
   }
}
```

3）用 Proteus 软件仿真

经过 Keil 软件编译通过后，在 Proteus ISIS 编辑环境中绘制仿真电路图，将编译好的 send.hex、receive.hex 文件分别加载到 U1、U2 单片机 AT89C51 里，然后启动仿真，就可以看到 8 位 LED 循环点亮，效果图如图 6-8 所示。

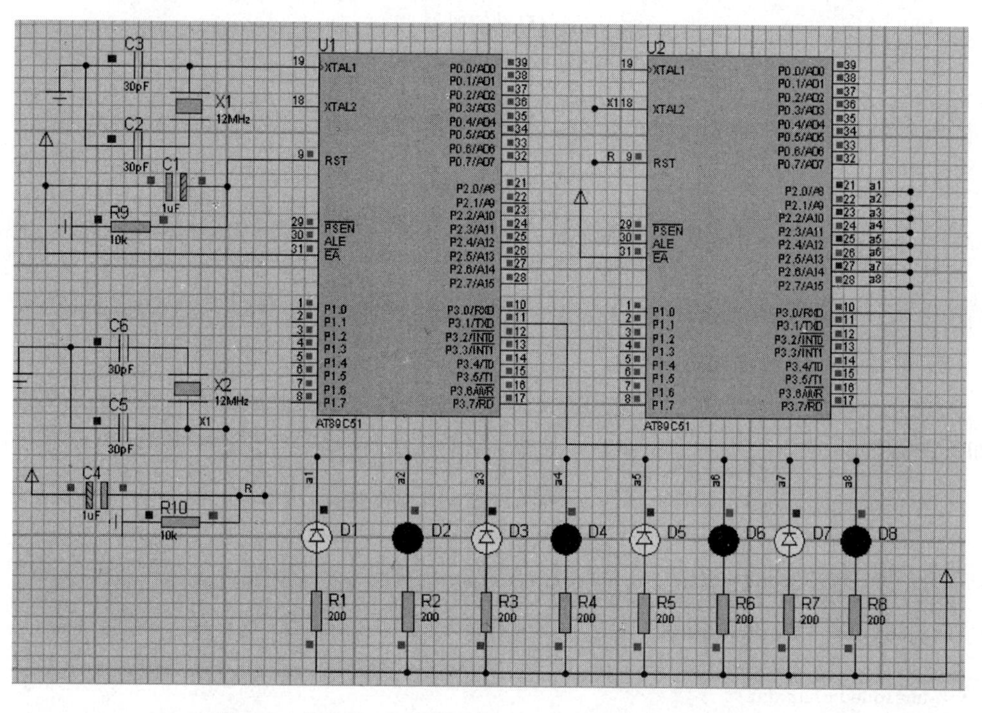

图 6-8　单片机 U1 与单片机 U2 进行通信仿真效果图

任务 28-2：相关知识

微课 6-5

1. 80C51 串行接口的结构

MCS-51 单片机通过串行数据接收引脚 RxD(P3.0)和串行数据发送引脚 TxD(P3.1)与外界进行通信。串行口内有一个可直接寻址的专用寄存器——串行口缓冲寄存器 SBUF。SBUF 由两个寄存器组成，一个发送寄存器、一个接收寄存器，两者共用一个物理地址 99H，可同时发送、接收数据，CPU 写 SBUF 就是修改发送寄存器，读 SBUF 就是读接收寄存器。80C51 串行口结构框图如图 6-9 所示。

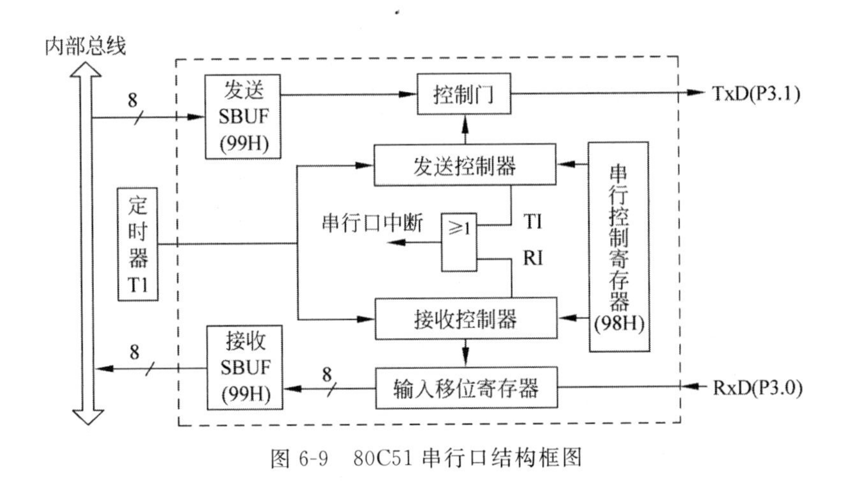

图 6-9　80C51 串行口结构框图

2. 80C51 的串行接口的控制寄存器

单片机串行接口是可编程的接口，使用其串行接口时，必须先对串行口控制寄存器(SCON)和电源及波特率选择寄存器(PCON)进行初始化。

1) SCON——串行口控制寄存器

SCON 是一个特殊功能寄存器，用于设定串行接口的工作方式，字节地址为 98H，具有位寻址能力。各位的功能如下所示。

	9FH	9EH	9DH	9CH	9BH	9AH	99H	98H
SCON (98H)	SM0	SM1	SM2	REN	TB8	RB8	TI	RI

SM0、SM1 为工作方式选择位。80C51 串行有 4 种工作方式，见表 6-2。

表 6-2　串行接口工作方式、功能对照表

SM0 SM1	方式	功　　能	说　　明	波　特　率
00	0	8 位同步移位寄存器	常用于扩展 I/O 口	$f_{osc}/12$
01	1	10 位异步收发器(8 位数据)	8 位数据、起始位 1 位、停止位 1 位	可变(取决于定时器 1 的溢出率)
10	2	11 位异步收发器(9 位数据)	8 位数据、起始位 1 位、停止位 1 位和奇偶校验位 1 位	$f_{osc}/32$ 或 $f_{osc}/64$
11	3	11 位异步收发器(9 位数据)	8 位数据、起始位 1 位、停止位 1 位和奇偶校验位 1 位	可变(取决于定时器 1 的溢出率)

RI 为接收中断标志位。在方式 0 下，当接收到第 8 位数据，或在其他 3 种方式下接收停止位的一半(与 SM2 的设置有关)时，由硬件置位。RI＝1 时，表示一帧数据接收完成。RI 被置位后，可向 CPU 产生中断请求，也可供软件查询。RI 必须用软件清 0。

TI 为发送中断标志位。在方式 0 下，当发送第 8 位数据结束，或在其他 3 种方式下发送停止位时，由硬件置位。TI＝1 时，表示一帧数据发送完成。TI 被置位后，可向 CPU 产生中断请求，也可供软件查询。TI 必须用软件清 0。

RB8 为帧接收标志位。在方式 2、方式 3 下为接收数据的第 9 位，它可以是奇偶校验位,也可以作为多机通信控制位,用于判定该字符代表的信息(地址或数据等)。在方式1下,若SM2=0,则RB8位为接收到的停止位。在方式0下,该位不用。

TB8为帧发送标志位。方式2、方式3下为要发送数据的第9位,由软件置位或复位,表示奇偶校验位,也可以作为多机通信控制位,用于判定该字符代表的信息(地址或数据等)。在方式0和方式1下,该位不用。

REN为串行口接收允许控制位,由软件置位或复位。REN=1,允许接收;REN=0,禁止接收。

SM2为串行口多机通信控制位(作为方式2、方式3的附加控制位)。在方式2或方式3下,若SM2=0,则不允许多机通信,即不管接收到的第9位数据为0或1,前8位数据都送入SBUF,并使RI=1;若SM2=1,则允许多机通信。多机通信协议规定:若接收到的第9位数据RB8=1,说明本帧数据为地址数据,若接收到的第9位数据RB8=0,说明本帧为数据帧。在方式1下,若SM2=1,则只有接收到有效的停止位时,才能置位RI。在方式0下,SM2必须为0。

例如:设串行口工作在方式1,允许接收,则指令为

```
MOV   SCON, #01010000B
```

2)PCON——电源及波特率选择寄存器

PCON寄存器主要是为CHMOS单片机的电源控制设置的专用寄存器,单元地址为87H,不能位寻址。各位的功能如下所示。

PCON (87H)	SMOD	×	×	×	GF1	GF0	PD	IDL

SMOD:串行口波特率的倍增位。在HMOS单片机中,该寄存器中除最高位之外,其他位都是虚设的。单片机工作在方式1、方式2和方式3时,SMOD=1,串行口波特率提高一倍;SMOD=0时,则波特率不加倍。系统复位时,SMOD=0。

GF1、GF0:通用标志位,由软件置位、复位。

PD:掉电方式控制位,PD=1,进入掉电方式。

IDL:待机方式控制位,IDL=1,进入待机方式。

微课6-6

3. 80C51串行口的工作方式及波特率

根据SCON寄存器的SM0、SM1位设置的不同,80C51串行口有4种工作方式,其中方式0和方式2的波特率相同,方式1和方式3的波特率可变,取决于定时器T1的溢出率。

1)方式0

在方式0下,串行口作同步移位寄存器用,其波特率固定为$f_{osc}/12$。串行数据从RxD(P3.0)端输入或输出,同步移位脉冲由TxD(P3.1)送出。这种方式常用于扩展I/O口。

移位输出:方式0输出数据的原理图和工作时序如图6-10所示,采用74LS164串入并出移位寄存器实现,P1.0线提供片选信号(高电平有效)。当一个数据写入串行口发送缓冲器时,串行口将8位数据以$f_{osc}/12$的固定波特率从RxD引脚输出,从低位到高位。发送完成后,置中断标志TI为1,请求中断,再次发送数据之前,必须用软件将TI清0。

移位输入:方式0输入数据的原理图和工作时序如图6-11所示,采用74LS165并入串出移位寄存器实现,P1.0线提供控制信号,当$S/\overline{L}=0$时,允许置入并行数据,当$S/\overline{L}=1$

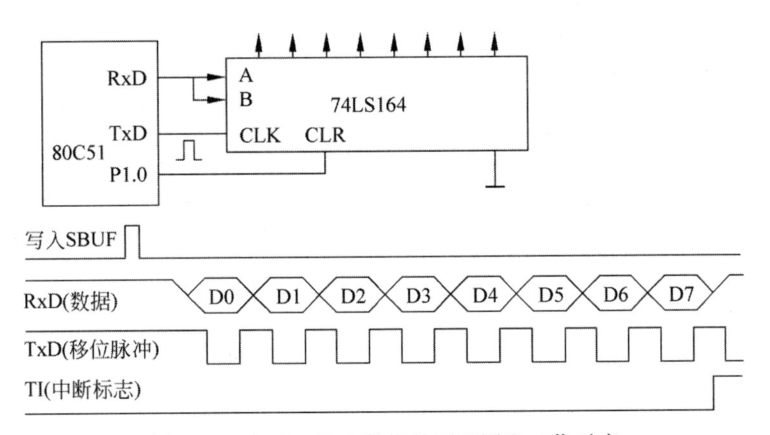

图 6-10　方式 0 输出数据的原理图和工作时序

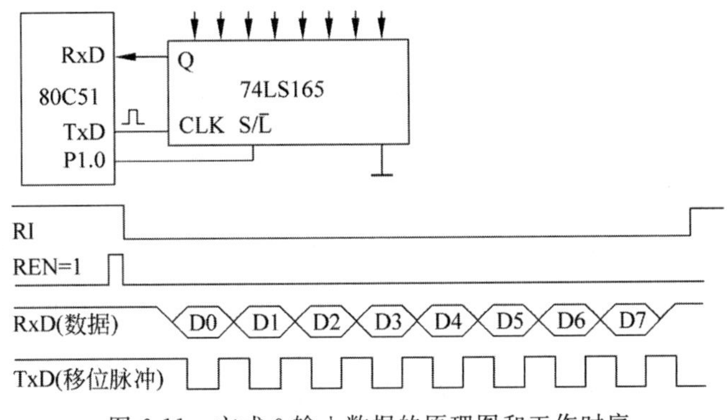

图 6-11　方式 0 输入数据的原理图和工作时序

时，允许数据串行移位输出。在 REN＝1 和 RI＝0 的条件下，接收器以 $f_{osc}/12$ 的波特率对 RxD 引脚输入的数据信息采样，当接收器接收完 8 位数据后，置中断标志 RI＝1 为请求中断，再次接收前，必须用软件将 RI 清 0。

2）方式 1

方式 1 是 10 位数据的异步通信，多用于双机通信。TxD 为数据发送端，RxD 为数据接收端，传送的每一帧数据中包括：1 位起始位，8 位数据位，1 位停止位。波特率可变，由 PCON 寄存器的 SMOD 位和 T1 的溢出率共同决定。

$$\text{波特率}=2^{SMOD}\times \text{T1 的溢出率}/32$$

当 T1 作为波特率发生器时，最典型的用法是使 T1 工作在自动再装入的 8 位定时器方式（即方式 2，且 TCON 的 TR1＝1，以启动定时器），使用这种方式，使得编程操作方便，也可避免因重装初值（时间常数初值）而带来的定时误差。

$$\text{T1 的溢出率}=\frac{f_{osc}}{12(256-N)},\quad \text{N 为定时器 T1 的计数初值}$$

所以，方式 1 下的波特率$=\dfrac{2^{SMOD}}{32}\cdot\dfrac{f_{osc}}{12(256-N)}$或者 $N=256-\dfrac{f_{osc}\times(2^{SMOD})}{384\times\text{波特率}}$

方式 1 发送：数据发送是从数据写入发送缓冲器（SBUF）开始的，随后在串行口由硬件自动加入起始位和停止位，构成一个完整的帧格式，然后在移位脉冲的作用下，由 TxD 端串行输出。一个字符帧发送完后，使 TxD 输出线维持在“1”状态下，并将 SCON 寄存器的 TI

位置“1”,该位的状态可供查询或请求中断,再次发送数据前,必须用软件将 TI 清 0。方式 1 串行发送时序如图 6-12 所示。

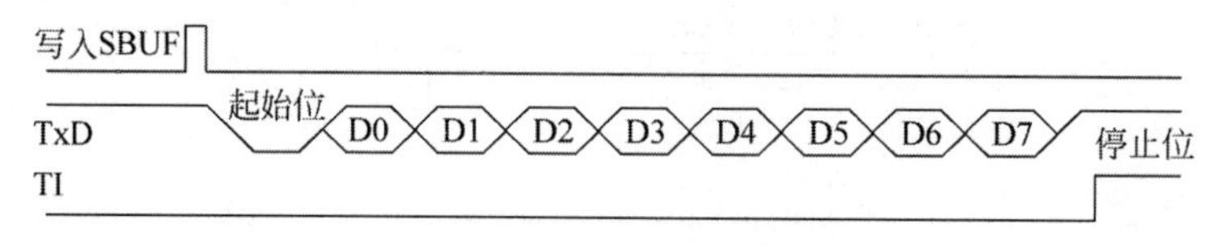

图 6-12　方式 1 串行发送时序

方式 1 接收：方式 1 串行接收时序如图 6-13 所示。

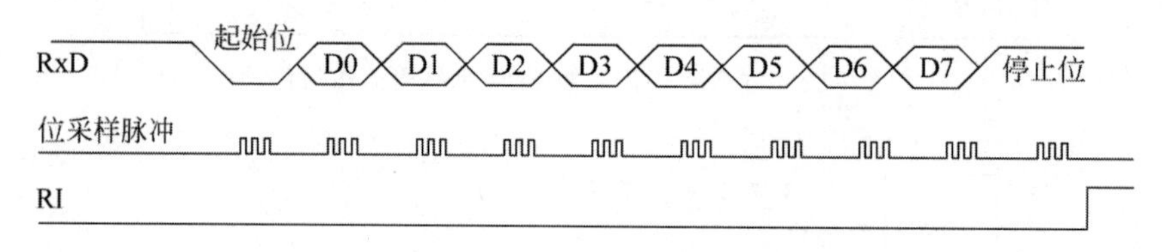

图 6-13　方式 1 串行接收时序

REN 为 1 时,接收器以所选择波特率的 16 倍速率采样 RxD 引脚电平,当检测到 RxD 引脚输入电平产生负跳变时,说明起始位有效,将其移入移位寄存器,并开始接收这一帧信息的其余位。接收过程中,数据从输入移位寄存器右边移入,起始位移至输入移位寄存器最左边时,控制电路进行最后一次移位。当 RI=0,且 SM2=0(或接收到的停止位为 1)时,将接收到的 9 位数据的前 8 位数据装入接收 SBUF,第 9 位(停止位)进入 RB8,并将 SCON 寄存器的 RI 位置“1”,该位的状态可供查询或请求中断,再次发送数据之前,必须用软件将 RI 清 0。

3) 方式 2 和方式 3

方式 2 和方式 3 是 11 位数据的异步通信,多用于多机通信。TxD 为数据发送端,RxD 为数据接收端,传送的每一帧数据中包括：1 位起始位,9 位数据位(含 1 位附加的第 9 位,发送时为 SCON 中的 TB8,接收时为 RB8),1 位停止位。方式 2 的波特率为晶振频率的 64 分频或 32 分频,方式 3 的波特率设置方法与方式 1 相同。

接收时,数据从右边移入输入移位寄存器,在起始位 0 移到最左边时,当接收器接收到第 9 位数据后,在 RI=0,且 SM2=0(或接收到的第 9 位数据为 1)时,接收到的数据装入接收缓冲器 SBUF 和 RB8(接收数据的第 9 位),并置位 RI,供查询或向 CPU 请求中断。如果条件不满足,则数据丢失,且不置位 RI,继续搜索 RxD 引脚的负跳变。方式 2、3 接收的时序如图 6-14 所示。

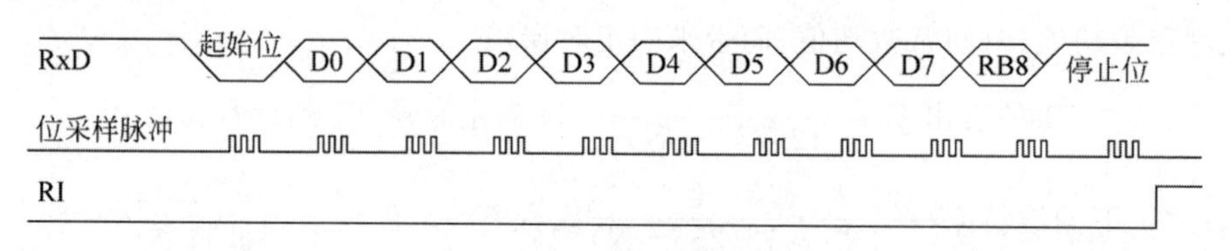

图 6-14　方式 2、3 接收的时序

发送数据由 TxD 端输出,一帧信息中的 9 位数据包括 8 位数据位(先低位,后高位)、一位附加可控位(1 或 0)。附加的第 9 位数据为 SCON 中的 TB8 的状态,它由软件置位或复位,可作为多机通信中地址/数据信息的标志位,也可作为数据的奇偶校验位。一个字符帧发送完毕后,自动将 TI 位置"1",供查询或向 CPU 请求中断。方式 2、3 发送的时序如图 6-15 所示。

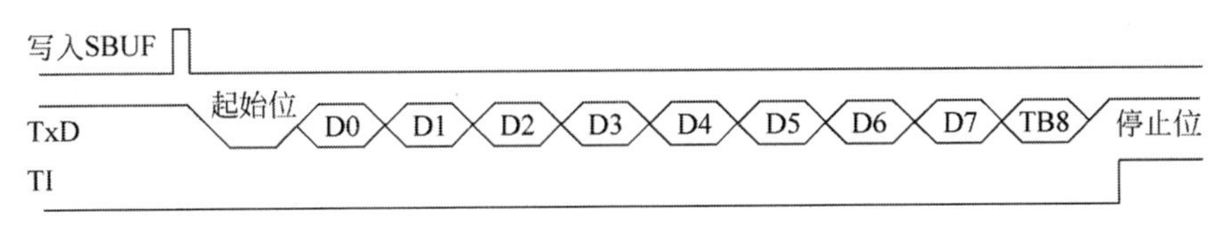

图 6-15　方式 2、3 发送的时序

4. 串行口的初始化

采用 80C51 进行串行通信前,必须对其进行初始化。初始化的主要内容是:设置产生波特率的定时器 1 的初始值、设置串行口的工作方式和控制方式、设置中断控制。具体步骤如下所示。

(1) 确定 T1 的工作方式(TMOD 寄存器编程)。

(2) 计算 T1 的初值,装载 TH1、TL1。

(3) 确定 SMOD 值(PCON 寄存器编程)。

(4) 启动 T1(TCON 中的 TR1 位置位)。

(5) 确定串行口通信方式(SCON 寄存器编程)。

(6) 若串行口在中断方式工作时,进行中断设置(IE、IP 寄存器编程)。

5. 80C51 之间的通信

在计算机分布式测控系统中,经常要利用串行通信方式进行数据传输。80C51 单片机的串行口为计算机间的通信提供了极为便利的条件。利用单片机的串行口还可以方便地扩展键盘和显示器。下面介绍利用 80C51 单片机进行双机通信和多机通信的应用方法。

1) MCS-51 双机通信技术

双机通信也称为点对点通信。如果两个 80C51 应用系统相距很近,将它们的串行口直接相连,即可实现双机通信,如图 6-16(a)所示。

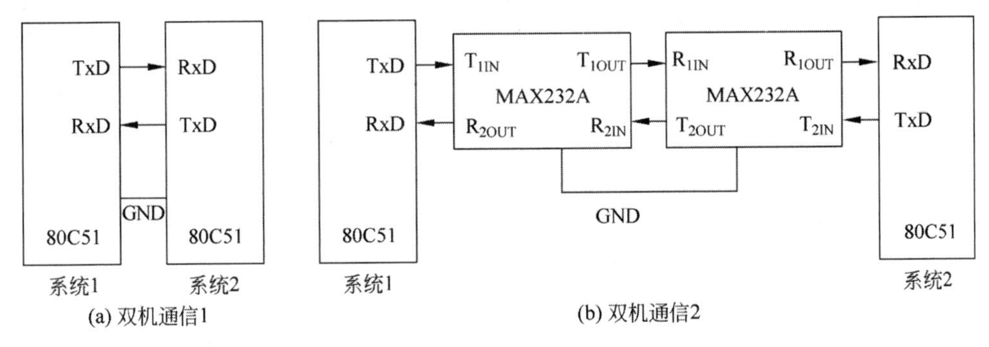

图 6-16　MCS-51 双机通信原理图

如果为了增加通信距离,减少通道及电源干扰,可以在通信线路上采取光电隔离的方法,利用 RS-232C 或 RS-422 标准实现双机通信,如图 6-16(b)所示。

2) MCS-51 多机通信技术

计算机与计算机的通信不仅限于点对点的通信,还体现在一对多或多对多之间的通信,以此构成计算机网络控制系统。MCS-51单片机构成的多机系统常采用总线型主从式结构。所谓主从式,即在数个单片机中,有一个是主机,其余的是从机,从机服从主机的调度、支配。在实际的多机应用系统中,常采用RS-485串行标准总线进行数据传输,如图6-17所示。

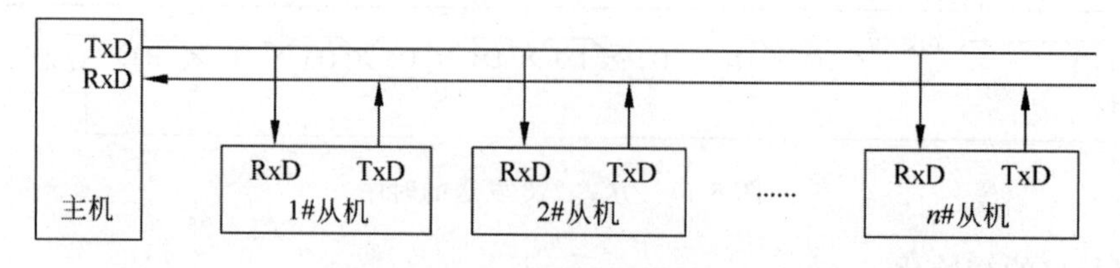

图6-17　多机通信原理图

要保证主机与所选择的从机实现可靠的通信,必须保证通信接口具有识别功能。MCS-51串行控制寄存器中的SM2就是为了满足这一要求而设置的多机控制位。

若SM2=1(在串行口以方式2或方式3接收时),表示多机通信功能,这时出现如下两种情况。

- 接收到的第9位数据为1,数据装入SBUF,并置RI=1,向CPU发出中断请求。
- 接收到的第9位数据为0,不产生中断,信息将被丢失。

若SM2=0,则接收到的第9位信息无论是0,还是1,都产生RI=1的中断标志,接收到的数据装入SBUF。根据这个功能,便可实现多个MCS-51系统的串行通信。

● 技能目标

(1) 掌握项目29:单片机向PC发送数据。

(2) 掌握项目30:PC向单片机发送数据,并用LED显示出来。

(3) 掌握项目31:串口驱动数码管。

(4) 掌握项目32:单片机与单片机双机通信。

*项目29:单片机向PC发送数据

微课6-7

1. 项目要求

(1) 掌握用Proteus软件仿真串行通信方法。

(2) 掌握单片机向PC发送数据编程方法。

2. 项目描述

在单片机应用项目中,常常要完成单片机向PC发送数据。本任务就是用单片机U1通过串行口TxD(P3.1引脚)端向PC发送数据,由于单片机的电压是0～5V,而PC上RS-232C的电压是−12～12V,因此需要接MAX232芯片进行转换,电路如图6-18所示。

3. 项目实现

1) 分析

为了在PC能够看到单片机发来的数据,最方便的方法就是在网上下载一个"调试助手"软件,运行界面如图6-19所示,该软件可以设置串口号、波特率、校验位、数据位、停止位等,使用非常方便。

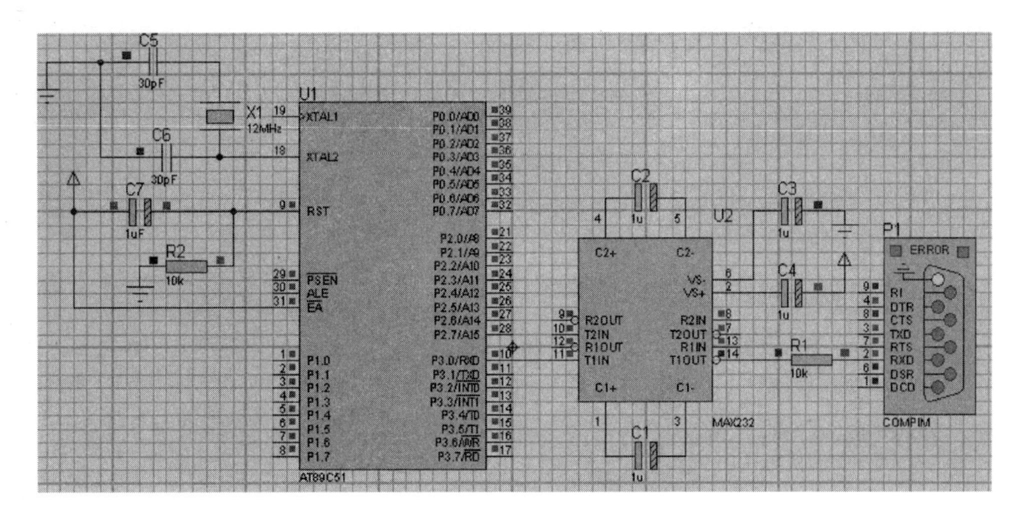

图 6-18　单片机向 PC 发送数据仿真电路图

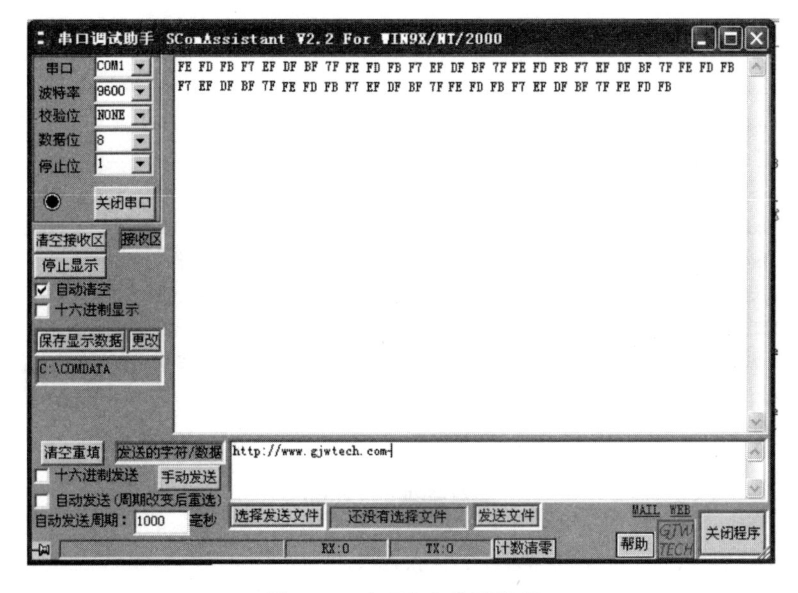

图 6-19　在 PC 上收到数据

单片机 U1 编程时，由于使用方式 1，需要设置串行控制寄存器 SCON，使 SM0＝0，SM1＝1，选波特率为 9600b/s，SMOD＝0，计算出 TH1＝fdH。

2）程序设计

先建立文件夹 XM29，然后建立 XM29 工程项目，最后建立源程序文件 XM29.c，输入如下源程序：

```
#include<reg51.h>                    //包含单片机寄存器的头文件
unsigned char code Tab[ ] = {0xFE,0xFD,0xFB,0xF7,0xEF,0xDF,0xBF,0x7F};
//流水灯控制码,该数组被定义为全局变量
/*****************************************************
函数功能:向 PC 发送一个字节数据。
*****************************************************/
```

```
void Send(unsigned char dat)
{
   SBUF = dat;                          //将数据写入发送缓冲器,启动发送
   while(TI == 0)                       //若没有发送完毕,等待
      ;                                 //空操作
    TI = 0;                             //发送完毕,TI 被置"1",需将其清 0
}
/*************************************************************
函数功能: 延时约 150ms。
*************************************************************/
 void delay(void)
{
  unsigned int m;
  for(m = 0;m < 50000;m++)
        ;

}
/***************************************************
函数功能: 主函数。
***************************************************/
void main(void)
{
   unsigned char i;
   TMOD = 0x20;                         //TMOD = 0010 0000B,定时器 T1 工作于方式 2
   SCON = 0x40;                         //SCON = 0100 0000B,串口工作方式 1
   PCON = 0x00;                         //PCON = 0000 0000B,波特率为 9600b/s
   TH1 = 0xfd;                          //根据规定,给定时器 T1 高 8 位赋初值
   TL1 = 0xfd;                          //根据规定,给定时器 T1 低 8 位赋初值
   TR1 = 1;                             //启动定时器 T1
  while(1)
   {
     for(i = 0;i < 8;i++)               //一共 8 位数据
        {
            Send(Tab[i]);               //发送数据 i
            delay();                    //150ms 发送一次数据
          }
    }
}
```

3）用 Proteus 软件仿真

经过 Keil 软件编译通过后,在 Proteus ISIS 编辑环境中绘制仿真电路图,如图 6-18 所示,将编译好的 XM29. hex 加载到 U1 单片机 AT89C51 里,然后启动仿真,运行“调试助手”软件,就可以在 PC 上看到数据,效果图如图 6-19 所示。

课堂练习:

(1) 用单片机 U1 的 P3.0 引脚状态去控制单片机 U2 的 P1 口 8 只 LED 亮,要求仿真实现。

(2) 单片机 U1 的 P3 口 8 只开关状态在 PC 显示出来,要求仿真实现。

*项目 30：PC 向单片机发送数据，并用 LED 显示出来

微课 6-8

1. 项目要求

(1) 掌握用 Proteus 软件仿真串行通信方法。

(2) 掌握 PC 向单片机发送数据编程方法。

2. 项目描述

在单片机应用项目中，常常要完成 PC 向单片机发送数据。本任务就是 PC 向单片机 U1 通过串行口 RxD(P3.0 引脚)发送数据，由于单片机的电压是 0～5V，而 PC 上 RS-232C 的电压是 −12～12V，因此需要接入 MAX232 芯片进行转换，电路图如图 6-20 所示。

3. 项目实现

1) 分析

为了在 PC 上能够看到向单片机发送的数据，需要借助串口调试助手，发送十六进制数到单片机。

单片机接收 PC 发出的数据，并把接收到的数据送 P1 口用 LED 显示出来。

单片机 U1 编程时，需要设置 SM0＝0，SM1＝1 和 REN＝1(允许接收)。

2) 程序设计

先建立文件夹 XM30，然后建立 XM30 工程项目，最后建立源程序文件 XM30.c，输入如下源程序：

```
#include<reg51.h>                   //包含单片机寄存器的头文件
/*****************************************************
函数功能：接收一个字节数据。
*****************************************************/
unsigned char Receive(void)
{
   unsigned char dat;
   while(RI==0)                     //只要接收中断标志位 RI 没有被置"1"
         ;                          //等待，直至接收完毕(RI=1)
     RI=0;                          //为了接收下一帧数据，需将 RI 清"0"
    dat=SBUF;                       //将接收缓冲器中的数据存于 dat
     return dat;                    //将接收到的数据返回
}
/*****************************************************
函数功能：主函数。
*****************************************************/
void main(void)
{
   TMOD=0x20;                       //定时器 T1 工作于方式 2
   SCON=0x50;                       //SCON=0101 0000B，串口工作方式 1，允许接收(REN=1)
   PCON=0x00;                       //PCON=0000 0000B，波特率为 9600b/s
   TH1=0xfa;                        //根据规定，给定时器 T1 高 8 位赋初值
   TL1=0xfa;                        //根据规定，给定时器 T1 低 8 位赋初值
   TR1=1;                           //启动定时器 T1
   REN=1;                           //允许接收
  while(1)
   {
    P2=Receive();                   //将接收到的数据送 P2 口显示
   }
}
```

3) 用 Proteus 软件仿真

经过 Keil 软件编译通过后，在 Proteus ISIS 编辑环境中绘制仿真电路图，如图 6-20 所示，将编译好的 XM30. hex 加载到 U1 单片机 AT89C51 里，然后启动仿真，运行“调试助手”软件，就可以在 LED 上看到显示出来的数据。

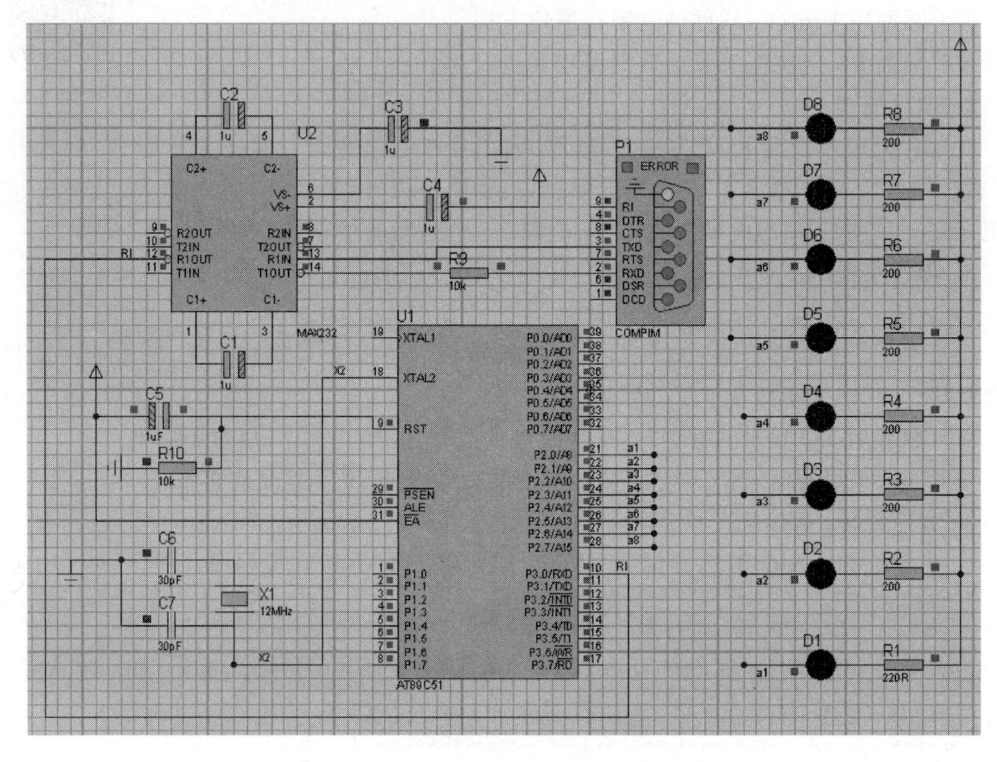

图 6-20　PC 向单片机发送数据仿真电路图

课堂练习：PC 向单片机发送“AA”数据，并用 LED 显示出来，要求仿真实现。

*项目 31：串口驱动数码管

微课 6-9

1. 项目要求

(1) 了解串/并转换芯片 74LS164 工作原理。

(2) 了解单片机串行口 RxD(P3.0 引脚)、TxD(P3.1 引脚)。

(3) 掌握用 Proteus 软件仿真串行通信方法。

(4) 掌握 80C51 串行通信的编程方法。

2. 项目描述

利用 AT89C51 单片机串行输入、输出分别接上 74LS164 的数据输入端与使能端，P1.7 接上 74LS164 的 CS 端；74LS164 并行输出端接共阴极数码管，实现当按下按键时，依次循环显示数字 0～9。

3. 项目实现

1) 分析

发送单片机循环查询键是否按下，如有键按下并释放后，查询将要发送的数据，再将数据送入 SBUF 缓冲器，发送到 74LS164 中显示；再返回键位扫描，循环重复以上步骤。使用方式 0，需要设置串行控制寄存器 SCON，使 SM0=0，SM1=0。先让 P1.0 发出一个低电平信号到串/并转换芯片 74LS164 的第 9 引脚，然后将数据写入 SBUF，单片机即可自动启动数据发送，移位脉冲由 TxD 自动送出。

2）程序设计

先建立文件夹 XM31，然后建立 XM31 工程项目，最后建立源程序文件 XM31.c，输入如下源程序：

```
#include "reg51.h"                  //包含 51 单片机寄存器定义的头文件
  sbit S = P1 ^0;                   //申明键位
  const code tab[ ] = { 0x3f,0x06,0x5b,0x4f,0x66,0x6d,0x7d,0x07,0x7f,0x6f,0x77,0x7c }; //0～9
  void main()
  { int i = 0;                      //定义一个整形变量,并赋值 0
  S = 1;                            //对键位赋予初值 1
    SCON = 0x00;                    //SCON = 000 0000B,串口工作方式 0
    PCON = 0X80;                    //PCON = 1000 0000B,波特率为 19200b/s
    while(1)                        //无限循环
   {  while(S == 1);                //等待键按下
   while(S == 0);                   //等待键释放
      SBUF = tab[i];                //将数字代码送入 SBUF,准备发送
      while(TI == 0);               //等待数据发送完
     TI = 0;                        //发送完数据后,置 TI 为 0
      if(i++> 4) i = 0;             //查表指针指向下一个数字代码
     }
   }
```

3）用 Proteus 软件仿真

经过 Keil 软件编译通过后，在 Proteus ISIS 编辑环境中绘制仿真电路图，将编译好的 XM31.hex 加载到 U1 单片机 AT89C51 里，然后启动仿真，就可以看到串口驱动数码管仿真效果，如图 6-21 所示。

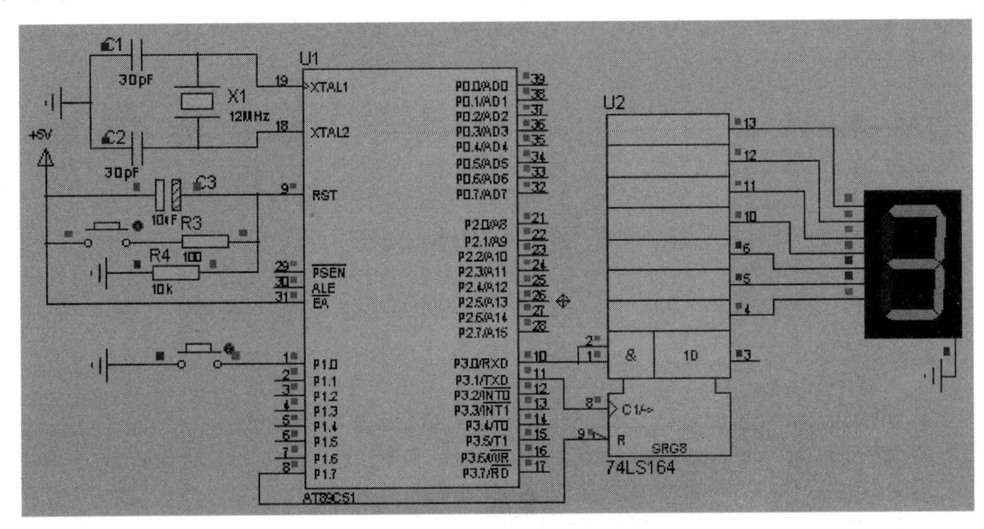

图 6-21　串口驱动数码管仿真效果

*项目32：单片机与单片机双机通信

微课6-10

1. 项目要求

(1) 掌握用Proteus软件仿真串行通信方法。

(2) 掌握80C51串行通信的编程方法。

2. 项目描述

如图6-22所示，单片机U1的P1口接有D1、D2两个发光二极管，单片机U2的P1口接有一个7段数码管，以实现单片机U1通过键位控制向单片机U2发送数据代码，单片机U2接收到代码后驱动数码管显示，当数码管显示数据后再向单片机U1回送一数据，使D1灯亮时，证明两单片机之间的第一次通信成功；再返回键扫描，查询键是否按下，如有键按下，U1向U2发送点亮数码管的数据代码，然后U2向U1回送一数据点亮D2。

3. 项目实现

1) 分析

本项目用到单片机U1和单片机U2，因此需要对单片机U1和单片机U2分别设计两个程序。

对单片机U1编程时，由于使用方式2，需要设置串行控制寄存器SCON，使SM0=1，SM1=0和REN=1(允许接收)，选波特率为9600b/s，SMOD=0，计算出TH1=fdH；对单片机U2编程时，需要设置SM0=0，SM1=1和REN=1(允许接收)。

2) 程序设计

(1) 单片机U1数据发送接收程序

先建立文件夹XM32-1，然后建立U1工程项目，最后建立源程序文件U1.c，输入如下源程序：

```
#include "reg51.h"                    //包含51单片机寄存器定义的头文件
const code tab[] = {0x3f,0x06,0x5b,0x4f,0x66,0x6d,0x7d,0x07,0x7f,0x6f,0x77,0x7c};
//共阴极段选码0～9
    sbit red = P1^1;                  //定义红灯
    sbit green = P1^0;                //定义绿灯
    sbit jian = P1^7;                 //定义按键
    void main()                       //主函数
    { int i = 0;                      //定义一个整形变量
      SCON = 0x50;                    //SCON = 01010000B,串行控制方式1,REN = 1,允许接收
      PCON = 0x00;                    //PCON = 00000000B,波特率为9600b/s
      TMOD = 0x20;                    //定时器T1工作于方式2
      TH1 = 0xfd;                     //根据规定,给定时器T1赋初值
      TL1 = 0xfd;                     //根据规定,给定时器T1赋初值
      TR1 = 1;                        //启动定时器T1
      while(1)                        //无限循环
      {
      while(jian == 1);               //判断键位是否按下
```

```
        red = 0;green = 1;            //点亮红灯,绿灯熄灭
         while(jian == 0);            //判断键位是否被释放
        SBUF = tab[i++];              //给串口缓冲寄存器赋值
        while(TI == 0);               //判断是否发送完数据代码
           TI = 0;                    //发送完数据代码,将 TI 赋 0 值
           red = 1;                   //将红灯熄灭
         while(RI == 0);              //判断是否收到反馈信息
           RI = 0;                    //收到信息后,将 RI 赋 0 值
           green = SBUF;              //将收到的数据代码值赋给绿灯
         if(i>12) i = 0;              //如果 i 值大于 5,则 i = 0
        }
    }
```

(2) 单片机 U2 接收发送程序

先建立文件夹 XM32-1,然后建立 U2 工程项目,最后建立源程序文件 U2.c,输入如下源程序:

```
#include "reg51.h"                    //包含 51 单片机寄存器定义的头文件
void main()                           //主函数
{
   P1 = 0X00;                         //给口赋初值 00000000B
   TMOD = 0x20;                       //定时器 T1 工作于方式 2
   SCON = 0x50;                       //SCON = 0101 0000B,串口工作方式 1,允许接收(REN = 1)
   PCON = 0x00;                       //PCON = 0000 0000B,波特率为 9600b/s
   TH1 = 0xfd;                        //根据规定,给定时器 T1 赋初值
   TL1 = 0xfd;                        //根据规定,给定时器 T1 赋初值
   TR1 = 1;                           //启动定时器 T1
   while(1)                           //无限循环
   {
       while(RI == 0);                //判断是否收到数据信息
       RI = 0;                        //如果收到,将 RI 清 0
       P1 = SBUF;                     //将数据送 P1 显示
       SBUF = 0;                      //将 SBUF 清 0
       while(TI == 0);                //向 U1 返回一数据
       TI = 0;                        //发送完数据,用软件将 TI 清 0
   }
}
```

3) 用 Proteus 软件仿真

经过 Keil 软件编译通过后,在 Proteus ISIS 编辑环境中绘制仿真电路图,将编译好的 U1.hex 加载到 U1 单片机 AT89C51 里,U2.hex 加载到 U2 单片机 AT89C51 里,然后启动仿真,就可以看到单片机与单片机双机通信仿真效果,如图 6-22(a)、(b)所示。

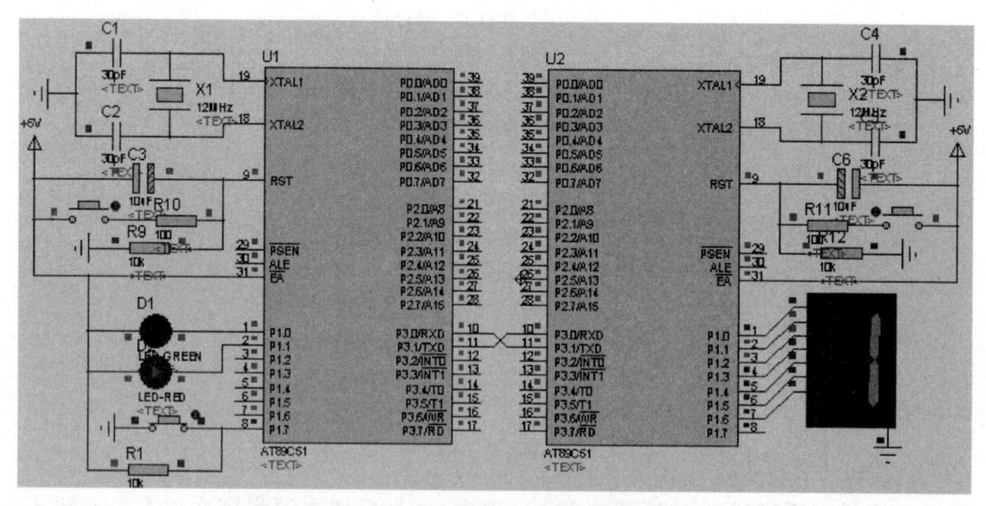

(a) U1单片机向U2单片机回送一数据点亮D2通信仿真效果

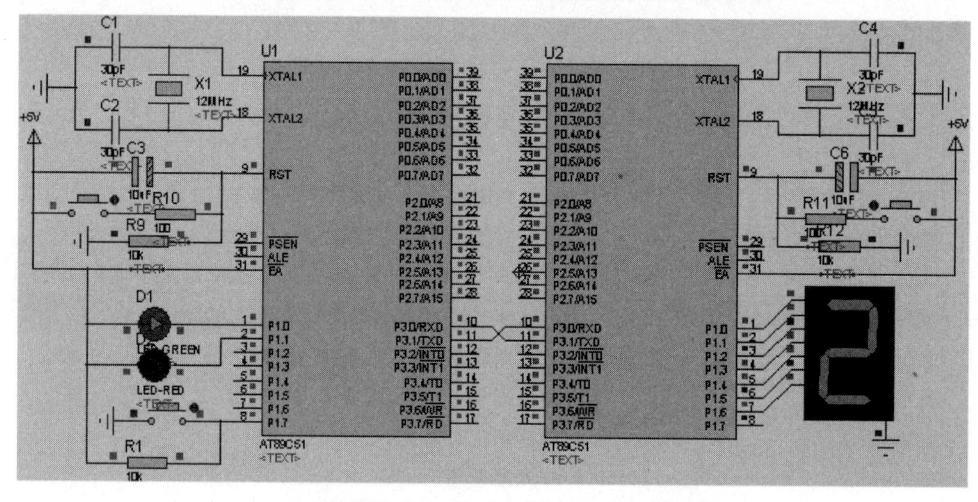

(b) U1单片机与U2单片机第一次通信成功仿真效果

图 6-22　单片机与单片机双机通信仿真效果

模块小结

(1) 计算机之间的通信分为并行通信和串行通信两种方式。以单片机为控制器的测控系统中,信息交换多采用串行通信。

(2) 80C51单片机内部有一个全双工的异步串行通信口,该串行口的波特率和帧格式可以编程设定。该串行口有4种工作方式:方式0、1、2、3。方式0和方式2的传送波特率是固定的,方式1和方式3的传送波特率是可变的,由定时器T1的溢出率决定。

(3) 单片机与单片机之间以及单片机与PC之间都可以进行通信,异步通信程序通常采用两种方法:查询法和中断法。

课后练习题

(1) 串行数据传送与并行数据传送相比的主要优点和用途是什么?

(2) 串行通信的接口标准有哪几种?

(3) 在串行通信中,通信速率与传输距离之间的关系如何?

(4) 在利用 RS-422/RS-485 通信的过程中,如果通信距离(波特率固定)过长,应如何处理?

(5) 80C51 单片机串行口有几种工作方式? 如何选择? 简述其特点。

(6) 在串行控制寄存器 SCON 中,TB8 和 RB8 的作用是什么?

(7) 简述 MCS-51 单片机串行口 4 种工作方式的接收和发送数据的过程。

(8) 若晶体振荡器频率为 11.0592MHz,串行口工作于方式 1,波特率为 4800b/s,写出用 T1 作为波特率发生器的方式控制字和计数初值。

(9) 使用 80C51 的串行口按工作方式 1 进行串行数据通信,假定波特率为 2400b/s,以中断方式传送数据,请编写全双工通信程序。

(10) 利用单片机串行口扩展 24 个发光二极管和 8 个按键,要求画出电路图,并编写程序,使 24 个发光二极管按照不同的顺序发光(发光的时间间隔为 1s)。

(11) 简述 80C51 单片机多机通信的特点。

(12) 简述利用串行口进行多机通信的原理。

(13) 微机与单片机构成的测控网络中,要提高通信的可靠性,要注意哪些问题?

(14) 编写程序实现单片机 U1 的数据"55"发向单片机 U2,并用 LED 显示出来,需要用 Proteus 软件仿真。

(15) 单片机向 PC 发送数据,需要用 Proteus 软件仿真。

(16) 编写程序,实现 PC 向单片机发送"88"数据,并用 LED 显示出来,需要用 Proteus 软件仿真。

参 考 文 献

[1] 杨居义. 单片机原理及应用项目教程(基于 C 语言)[M]. 北京: 清华大学出版社,2014.

[2] 王东锋,王会良,董冠强. 单片机 C 语言应用 100 例[M]. 北京: 电子工业出版社,2009.

[3] 杨居义. 单片机案例教程[M]. 北京: 清华大学出版社,2015.

[4] 杨居义. 单片机课程实例教程[M]. 北京: 清华大学出版社,2010.

[5] 楼然苗. 8051 系列单片机 C 程序设计[M]. 北京: 北京航空航天大学出版社,2007.

[6] 徐爱钧. Keil Cx51 V7.0 单片机高级语言编程与 μVision2 应用实践[M]. 北京: 电子工业出版社,2004.

[7] 江力. 单片机原理与应用技术[M]. 北京: 清华大学出版社,2006.

[8] 求是科技. 单片机应用技术[M]. 2 版. 北京: 人民邮电出版社,2008.

[9] 马忠梅. 单片机的 C 语言程序设计[M]. 4 版. 北京: 北京航空航天出版社,2007.

[10] 张道德. 单片机接口技术(C51 版)[M]. 北京: 中国水利水电出版社,2007.

[11] 吕凤翥. C 语言程序设计[M]. 北京: 清华大学出版社,2006.

模块7 80C51单片机接口技术分析及应用

技能目标

(1) 掌握任务33-1：独立式按键S控制LED0的亮灭状态。

(2) 掌握任务33-2：软件消抖的独立式按键S控制LED0的亮灭状态。

(3) 掌握任务33-3：独立式按键S组控制8位LED灯。

(4) 掌握任务33-4：用数码管显示矩阵键盘的按键值。

(5) 掌握任务34-1：用LED数码管循环显示数字0～9。

(6) 掌握任务34-2：用数码管显示按键次数。

(7) 掌握任务34-3：用LED数码管动态显示"123456"。

(8) 掌握任务35-1：用LCD显示字符'ABCD'。

(9) 掌握任务35-2：用LCD循环右移显示China Dream。

(10) 掌握任务36-1：5V直流数字电压表设计。

(11) 掌握任务37-1：DAC0832锯齿波发生器。

(12) 掌握项目38：步进电动机正反转控制。

(13) 掌握项目39：电子密码锁。

(14) 掌握项目40：数码秒表设计。

(15) 掌握项目41：液晶时钟显示器。

知识目标

学习目的：

(1) 掌握独立式键盘、矩阵式键盘等非编码键盘的工作原理及运用方法。

(2) 掌握LED数码显示器静态显示方式、动态显示方式的硬件结构及编程原理。

(3) 了解字符型LCD的工作原理。熟悉LCD1602与单片机的接口,能编写显示程序。

(4) 熟悉A/D0809转换器与单片机的接口,能运用ADC0809编写实用的数据采集程序。

(5) 理解D/A转换器的电路结构和工作原理,掌握DAC0832的使用方法。

学习重点和难点：

(1) 矩阵键盘程序扫描的工作原理及编程方法。

(2) LED数码显示器动态显示方式的编程原理。

(3) LCD1602与80C51的接口及编程要点。

(4) ADC0809及DAC0832与80C51的接口及编程要点。

概要资源

1-1 学习要求
1-2 重点与难点
1-3 学习指导
1-4 学习情境设计
1-5 教学设计
1-6 评价考核
1-7 PPT

项目 33：认识矩阵式键盘

● 技能目标

(1) 掌握任务 33-1：独立式按键 S 控制 LED0 的亮灭状态。
(2) 掌握任务 33-2：软件消抖的独立式按键 S 控制 LED0 的亮灭状态。
(3) 掌握任务 33-3：独立式按键 S 组控制 8 位 LED 灯。
(4) 掌握任务 33-4：用数码管显示矩阵键盘的按键值。

● 知识目标

学习目的：
(1) 了解键盘接口技术。
(2) 掌握独立式按键结构。
(3) 掌握矩阵式键盘结构及工作原理。
(4) 掌握独立式按键和矩阵式键盘编程方法及仿真。
学习重点和难点：
(1) 掌握独立式按键结构。
(2) 掌握矩阵式键盘结构及工作原理。
(3) 掌握独立式按键和矩阵式键盘编程方法及仿真。

微课 7-1

任务 33-1：独立式按键 S 控制 LED0 的亮灭状态

1. 任务要求
(1) 了解键盘的概念。
(2) 了解独立式键盘工作原理。
(3) 掌握用 Proteus 软件仿真独立式键盘的方法。
(4) 掌握独立式键盘的编程方法。
2. 任务描述
在单片机应用项目中，大部分都需要键盘，因此键盘的应用就显得特别重要。本任务用按键 S 控制发光二极管 LED0 的亮灭状态。第一次按下按键 S 后，发光二极管 LED0 点亮；

再次按下按键S后,LED0熄灭,如此循环,电路如图7-1所示。

3. 任务实现

1) 分析

按键S接到P1.7,发光二极管LED0连接到P2.0,P2.0输出低电平时,LED0点亮,P2.0输出高电平时,LED0熄灭。

2) 程序设计

先建立文件夹XM33-1,然后建立XM33-1工程项目,最后建立源程序文件XM33-1.c,输入如下源程序:

```
#include<reg51.h>                    //包含51单片机寄存器定义的头文件
sbit S = P1^7;                       //将S位定义为P1.7引脚
sbit LED0 = P2^0;                    //将LED0位定义为P2.0引脚
void main(void)                      //主函数
{
 LED0 = 0;                           //P2.0引脚输出低电平
 while(1)
 {
     if(S == 0)                      //P1.7引脚输出低电平,按键S被按下
     LED0 = !LED0;                   //P2.0引脚取反
 }
}
```

3) 用Proteus软件仿真

经过Keil软件编译通过后,在Proteus ISIS编辑环境中绘制仿真电路图,将编译好的XM33-1.hex文件加载到AT89C51里,然后启动仿真,就可以看到用按键S控制LED0的亮灭状态,如图7-1所示。

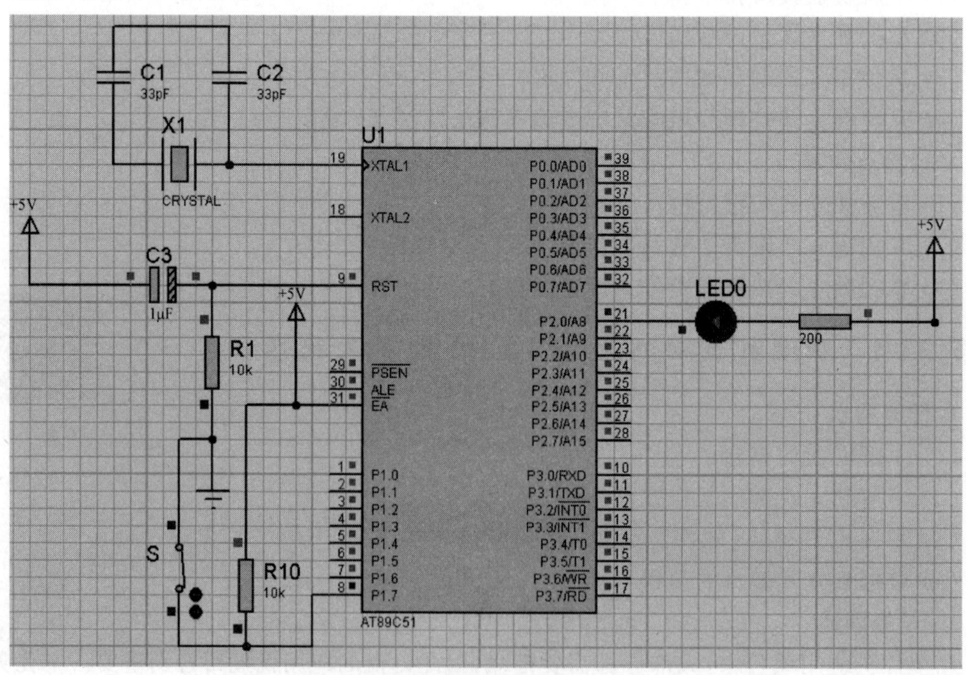

图7-1 独立式按键S控制LED0的亮灭状态电路图

任务33-2：软件消抖的独立式按键S控制LED0的亮灭状态

微课 7-2

1. 任务要求

(1) 了解键盘的概念。

(2) 了解独立式键盘工作原理。

(3) 掌握用 Proteus 软件仿真独立式键盘方法。

(4) 掌握独立式键盘的编程方法。

2. 任务描述

本任务的功能与任务 33-1 相同，只是增强了软件消抖功能。

本任务用按键 S 控制发光二极管 LED0 的亮灭状态。第一次按下按键 S 后，发光二极管 LED0 点亮；再次按下按键 S 后，LED0 熄灭，如此循环，电路如图 7-2 所示。

3. 任务实现

1) 分析

第一次检测到有按键被按下(对应引脚为低电平)时，先认为是抖动，等待几十毫秒后再次检测按键状态，若引脚仍为低电平，则可以确定该按键被按下，然后再执行相应的按键功能。

按键 S 接到 P1.7，发光二极管 LED0 连接到 P2.0，P2.0 输出低电平时，LED0 点亮，P2.0 输出高电平时，LED0 熄灭。

2) 程序设计

先建立文件夹 XM33-2，然后建立 XM33-2 工程项目，最后建立源程序文件 XM33-2.c，输入如下源程序：

```
#include<reg51.h>                //包含51单片机寄存器定义的头文件
sbit S = P1^7;                   //将S位定义为P1.7引脚
sbit LED0 = P2^0;                //将LED0位定义为P2.0引脚
/*************************************************
函数功能：延时约30ms。
*************************************************/
void delay(void)
{
   unsigned char i,j;
    for(i = 0;i<100;i++)
       for(j = 0;j<100;j++)
          ;
}
/*************************************************
函数功能：主函数。
*************************************************/
void main(void)                  //主函数
{
   LED0 = 0;                     //P2.0引脚输出低电平
   while(1)
      {
     if(S == 0)                  //P1.7引脚输出低电平，按键S被按下
          {
```

```
                delay();            //延时一段时间再次检测
                if(S == 0)          //按键S的确被按下
                LED0 = !LED0;       //P2.0引脚取反
            }
        }
}
```

3）用Proteus软件仿真

经过Keil软件编译通过后，在Proteus ISIS编辑环境中绘制仿真电路图，将编译好的XM33-2.hex文件加载到AT89C51里，然后启动仿真，就可以看到用按键S控制LED0的亮灭状态，如图7-2所示。

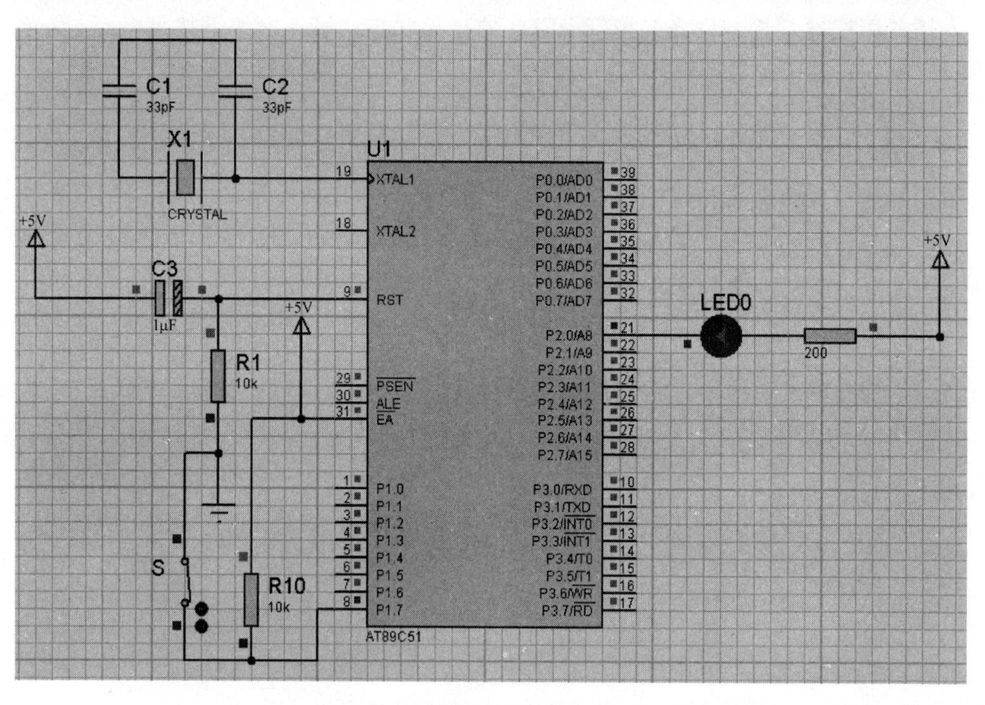

图7-2 软件消抖的独立式按键S控制LED0的亮灭状态电路图

任务33-3：独立式按键S组控制8位LED灯

微课7-3

1. 任务要求

（1）了解独立式按键S组的工作原理。

（2）掌握用Proteus软件仿真独立式按键S组的方法。

（3）掌握独立式按键S组的编程方法。

2. 任务描述

本任务用按键S组控制8位发光二极管LED的亮灭状态。按键S1按下时，P2口控制的8位发光二极管LED正向流水灯点亮；按键S2按下时，P2口控制的8位发光二极管LED反向流水灯点亮；按键S3按下时，P2口控制的8位发光二极管LED灭；按键S4按下时，P2口控制的8位发光二极管LED闪烁，电路如图7-3所示。

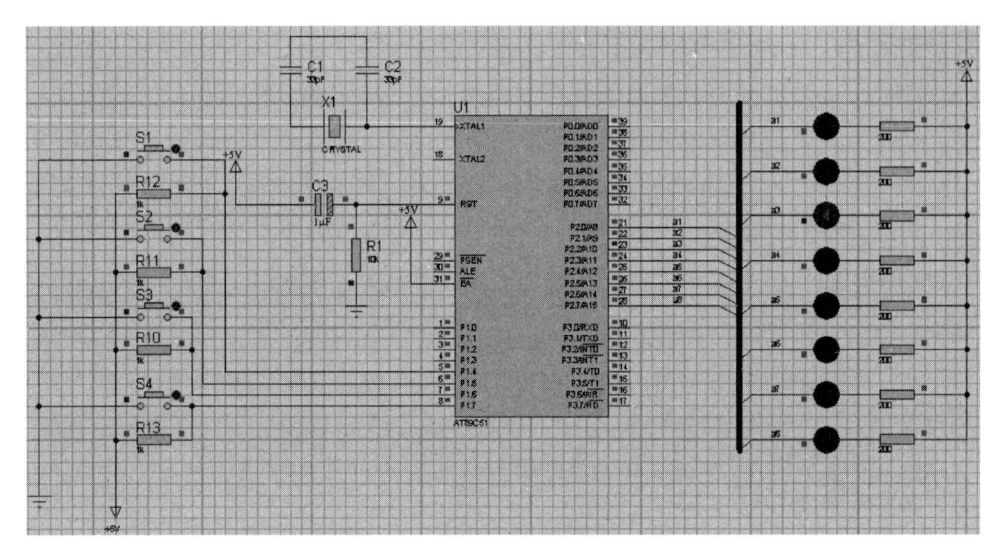

图 7-3　独立式按键 S 组控制 8 位 LED 灯

3. 任务实现

1）分析

按键 S1 接到 P1.4，按键 S2 接到 P1.5，按键 S3 接到 P1.6，按键 S4 接到 P1.7。

2）程序设计

先建立文件夹 XM33-3，然后建立 XM33-3 工程项目，最后建立源程序文件 XM33-3.c，输入如下源程序：

```
#include<reg51.h>              //包含 51 单片机寄存器定义的头文件
sbit S1 = P1^4;                //将 S1 位定义为 P1.4 引脚
sbit S2 = P1^5;                //将 S2 位定义为 P1.5 引脚
sbit S3 = P1^6;                //将 S3 位定义为 P1.6 引脚
sbit S4 = P1^7;                //将 S4 位定义为 P1.7 引脚
unsigned char keyval;          //储存按键值
/**************************************************
函数功能：流水灯延时 150ms。
**************************************************/
void led_delay(void)
{
   unsigned char i,j;
    for(i = 0;i<250;i++)
       for(j = 0;j<200;j++)
          ;
}
/**************************************************
函数功能：软件消抖延时 15ms。
**************************************************/
void delay30ms(void)
{
   unsigned char i,j;
    for(i = 0;i<50;i++)
```

```
        for(j = 0;j < 100;j++)
          ;
}
/ ************************************************
函数功能：正向流水点亮 LED。
************************************************ /
void forward(void)
{
    P2 = 0xfe;                  //第一个灯亮
     led_delay();
    P2 = 0xfd;                  //第二个灯亮
     led_delay();
    P2 = 0xfb;                  //第三个灯亮
     led_delay();
    P2 = 0xf7;                  //第四个灯亮
     led_delay();
    P2 = 0xef;                  //第五个灯亮
     led_delay();
    P2 = 0xdf;                  //第六个灯亮
     led_delay();
    P2 = 0xbf;                  //第七个灯亮
     led_delay();
    P2 = 0x7f;                  //第八个灯亮
     led_delay();
    P2 = 0xfe;                  //第一个灯亮
     led_delay();
}
/ ************************************************
函数功能：反向流水点亮 LED。
************************************************ /
  void backward(void)
  {
    P2 = 0x7f;                  //第八个灯亮
       led_delay();
    P2 = 0xbf;                  //第七个灯亮
       led_delay();
    P2 = 0xdf;                  //第六个灯亮
       led_delay();
    P2 = 0xef;                  //第五个灯亮
       led_delay();
    P2 = 0xf7;                  //第四个灯亮
       led_delay();
    P2 = 0xfb;                  //第三个灯亮
       led_delay();
    P2 = 0xfd;                  //第二个灯亮
       led_delay();
    P2 = 0xfe;                  //第一个灯亮
       led_delay();
  }
/ ************************************************
函数功能：熄灭所有 LED。
```

```
**************************************************/
void stop(void)
{
  P2 = 0xff;                          //熄灭所有灯
}
/**************************************************
函数功能: 闪烁点亮 LED。
**************************************************/
void flash(void)
{
  P2 = 0xff;                          //熄灭所有灯
  led_delay();
  P2 = 0x00;                          //点亮所有灯
  led_delay();
}
/**************************************************
函数功能: 键盘扫描子程序。
**************************************************/
void key_scan(void)
{
if((P1&0xf0)!= 0xf0)                  //按位"与"运算后的结果不是 0xf0,表明高四位必有一
                                      //位是"0",说明有键按下
                  {
            delay15ms();              //延时 20ms 再去检测
            if(S1 == 0)               //按键 S1 被按下
            keyval = 1;               //每个按键设置一个按键值
            if(S2 == 0)               //按键 S2 被按下
            keyval = 2;
            if(S3 == 0)               //按键 S3 被按下
            keyval = 3;
            if(S4 == 0)               //按键 S4 被按下
            keyval = 4;
     }
}

/**************************************************
函数功能: 主函数。
**************************************************/
void main(void)                       //主函数
{
   keyval = 0;                        //按键值初始化为 0
   while(1)                           //无限循环
       {
          key_scan();                 //调用键盘扫描子程序
          switch(keyval)              //设置 switch 语句的条件表达式 keyval
             {
                case 1:forward();     //如果 keyval = 1,正向流水点亮 8 位 LED
                       break;         //跳出 switch 语句
                case 2:backward();    //如果 keyval = 2,反向流水点亮 8 位 LED
                       break;
                case 3:stop();        //如果 keyval = 3,熄灭所有 LED
```

```
                    break;
                case 4: flash();        //如果 keyval = 4,8 位 LED 闪烁
                    break;
            }
        }
    }
```

3）用 Proteus 软件仿真

经过 Keil 软件编译通过后，在 Proteus ISIS 编辑环境中绘制仿真电路图，将编译好的 XM33-3. hex 文件加载到 AT89C51 里，然后启动仿真，就可以看到用按键 S 组控制 LED 状态，效果图如图 7-3 所示。

任务 33-4：用数码管显示矩阵键盘的按键值

微课 7-4

1. 任务要求

(1) 了解矩阵式键盘的工作原理。

(2) 掌握用 Proteus 软件仿真矩阵式键盘的方法。

(3) 掌握矩阵式键盘的编程方法。

2. 任务描述

本任务使用数码管显示矩阵键盘的按键值，采用的接口电路如图 7-4 所示。

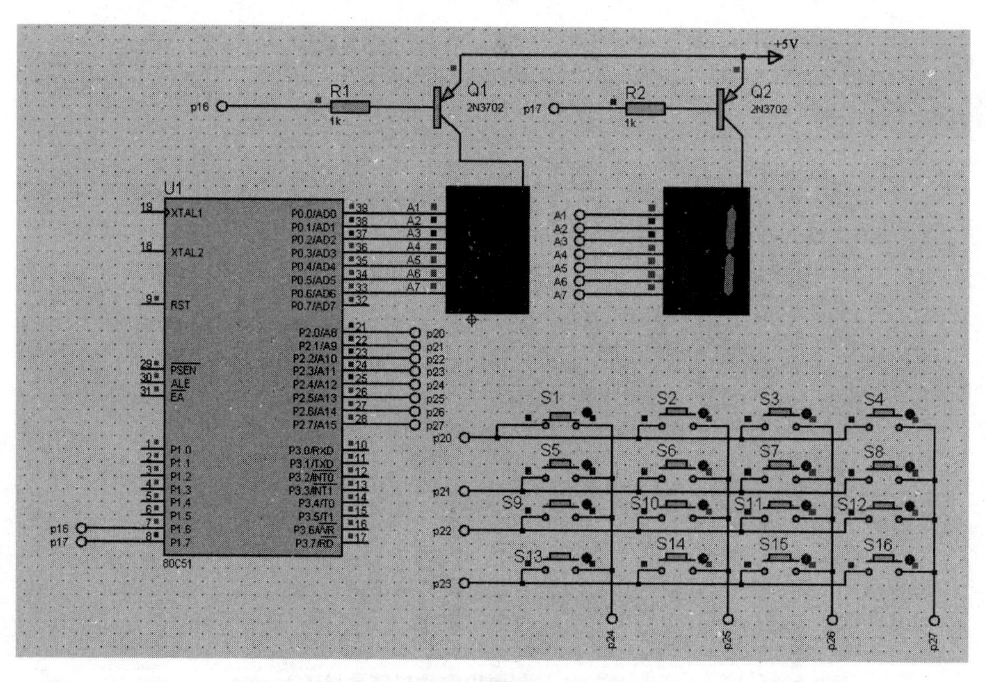

图 7-4 用数码管显示矩阵键盘的按键值电路图

3. 任务实现

1）分析

用定时器 T0 中断控制进行键盘扫描，扫描到有键被按下后，再将其值传递给主程序，用快速动态扫描方法显示。图 7-5 所示为矩阵键盘扫描程序流程图。

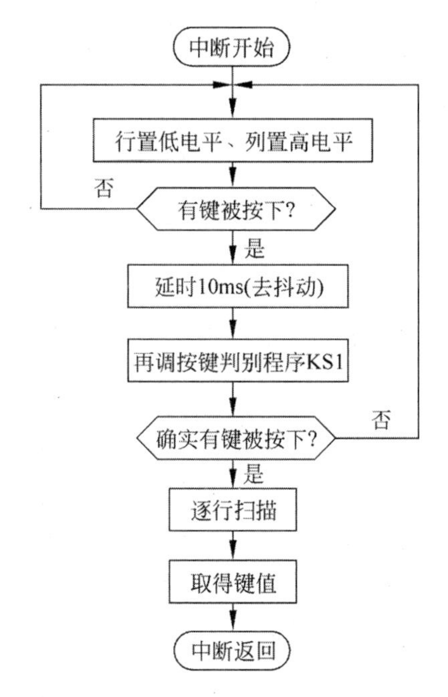

图 7-5　矩阵键盘扫描程序流程图

2）程序设计

先建立文件夹 XM33-4，然后建立 XM33-4 工程项目，最后建立源程序文件 XM33-4c，输入如下源程序：

```
#include<reg51.h>                        //包含 51 单片机寄存器定义的头文件
sbit P24 = P2^4;                         //将 P24 位定义为 P2.4 引脚
sbit P25 = P2^5;                         //将 P25 位定义为 P2.5 引脚
sbit P26 = P2^6;                         //将 P26 位定义为 P2.6 引脚
sbit P27 = P2^7;                         //将 P27 位定义为 P2.7 引脚
unsigned char code Tab[ ] = {0xc0,0xf9,0xa4,0xb0,0x99,0x92,0x82,0xf8,0x80,0x90};
                                         //共阳极数字 0～9 的段码
unsigned char keyval;                    //定义变量储存按键值
/**************************************************************
函数功能：数码管扫描延时 600μs。
**************************************************************/
void led_delay(void)
{
    unsigned int j;
    for(j = 0;j < 200;j++)
     ;
  }

/**************************************************************
函数功能：按键值的数码管显示子程序。
**************************************************************/
void display(unsigned char k)
{
   P1 = 0xbf;                            //点亮显示十位数码管 DS1
```

```
    P0 = Tab[k/10];                                 //显示十位
    led_delay();                                    //动态扫描延时
    P1 = 0x7f;                                      //点亮显示个位数码管 DS2
    P0 = Tab[k % 10];                               //显示个位
     led_delay();                                   //动态扫描延时 600μs
}
/ *********************************************
函数功能: 软件延时子程序。
********************************************* /
void delay15ms(void)
{
    unsigned char i,j;
     for(i = 0;i < 50;i++)
      for(j = 0;j < 100;j++)
            ;
}
/ *******************************************
函数功能: 主函数。
******************************************* /
void main(void)
{
     EA = 1;                                        //开总中断
     ET0 = 1;                                       //定时器 T0 中断允许
     TMOD = 0x01;                                   //使用定时器 T0 的方式 1
     TH0 = (65536 - 500)/256;                       //定时器 T0 的高 8 位赋初值
     TL0 = (65536 - 500) % 256;                     //定时器 T0 的低 8 位赋初值
     TR0 = 1;                                       //启动定时器 T0
     keyval = 0x00;                                 //按键值初始化为 0

      while(1)                                      //无限循环
          {
      display(keyval);                              //调用按键值的数码管显示子程序
           }
}
/ *********************************************
函数功能: 定时器 0 的中断服务子程序,进行键盘扫描,判断键位。
********************************************* /
  void time0_interserve(void) interrupt 1 using 1
                                                    //定时器 T0 的中断编号为 1,使用第一组寄存器
  {
      TR0 = 0;                                      //关闭定时器 T0
      P2 = 0xf0;                                    //所有行线置为低电平"0",所有列线置为高电平"1"
     if((P2&0xf0)!= 0xf0)                           //列线中有一位为低电平"0",说明有键按下
     delay15ms();                                   //延时一段时间、软件消抖
     if((P2&0xf0)!= 0xf0)                           //确实有键按下
       {
      P2 = 0xfe;                                    //第一行置为低电平"0"(P2.0 输出低电平"0")
      if(P24 == 0)                                  //如果检测到接 P2.4 引脚的列线为低电平"0"

            keyval = 1;                             //可判断是 S1 键被按下
            if(P25 == 0)                            //如果检测到接 P2.5 引脚的列线为低电平"0"
```

```
        keyval = 2;                    //可判断是 S2 键被按下
       if(P26 == 0)                    //如果检测到接 P2.6 引脚的列线为低电平"0"
        keyval = 3;                    //可判断是 S3 键被按下

       if(P27 == 0)                    //如果检测到接 P2.7 引脚的列线为低电平"0"
       keyval = 4;                     //可判断是 S4 键被按下
       P2 = 0xfd;                      //第二行置为低电平"0"(P2.1 输出低电平"0") */
       if(P24 == 0)                    //如果检测到接 P2.4 引脚的列线为低电平"0"
        keyval = 5;                    //可判断是 S5 键被按下
       if(P25 == 0)                    //如果检测到接 P2.5 引脚的列线为低电平"0"
       keyval = 6;                     //可判断是 S6 键被按下
       if(P26 == 0)                    //如果检测到接 P2.6 引脚的列线为低电平"0"
     keyval = 7;                       //可判断是 S7 键被按下
     if(P27 == 0)                      //如果检测到接 P2.7 引脚的列线为低电平"0"
     keyval = 8;                       //可判断是 S8 键被按下
       P2 = 0xfb;                      //第三行置为低电平"0"(P2.2 输出低电平"0")
 if(P24 == 0)                          //如果检测到接 P2.4 引脚的列线为低电平"0"
         keyval = 9;                   //可判断是 S9 键被按下
         if(P25 == 0)                  //如果检测到接 P2.5 引脚的列线为低电平"0"
         keyval = 10;                  //可判断是 S10 键被按下
         if(P26 == 0)                  //如果检测到接 P2.6 引脚的列线为低电平"0"
         keyval = 11;                  //可判断是 S11 键被按下
        if(P27 == 0)                   //如果检测到接 P2.7 引脚的列线为低电平"0"
         keyval = 12;                  //可判断是 S12 键被按下
         P2 = 0xf7;                    //第四行置为低电平"0"(P2.3 输出低电平"0")
 if(P24 == 0)                          //如果检测到接 P2.4 引脚的列线为低电平"0"
       keyval = 13;                    //可判断是 S13 键被按下
     if(P25 == 0)                      //如果检测到接 P2.5 引脚的列线为低电平"0"
     keyval = 14;                      //可判断是 S14 键被按下
     if(P26 == 0)                      //如果检测到接 P2.6 引脚的列线为低电平"0"
     keyval = 15;                      //可判断是 S15 键被按下

       if(P27 == 0)                    //如果检测到接 P2.7 引脚的列线为低电平"0"
        keyval = 16;                   //可判断是 S16 键被按下
      }
    TR0 = 1;                           //开启定时器 T0
   TH0 = (65536 - 500)/256;            //定时器 T0 的高 8 位赋初值
  TL0 = (65536 - 500) % 256;           //定时器 T0 的低 8 位赋初值
}
```

3）用 Proteus 软件仿真

经过 Keil 软件编译通过后，在 Proteus ISIS 编辑环境中绘制仿真电路图，将编译好的 XM33-4. hex 文件加载到 AT89C51 里，然后启动仿真，就可以看到用数码管显示矩阵键盘的按键值，效果图如图 7-4 所示。

任务 33-5：相关知识

微课 7-5

1. 键盘接口技术

键盘是由若干个按键组成的，它是单片机最简单的输入设备，操作员通过键盘输入数据或命令，实现简单的人机对话。

对键盘的识别,可分为两类:一类是由专用的硬件电路来识别,它产生相应的编码,并送往CPU,这类方式称为编码键盘,使用起来方便,但硬件开销较大,在单片机系统中一般不采用;另一类靠软件来识别,称为非编码键盘,它结构简单,价格低廉,使用灵活,但需要编制相应的键盘管理程序,单片机中普遍采用这种方式。

1) 按键的特性

按键就是一个简单的开关。按键按下,相当于开关闭合;按键松开,相当于开关断开。由于机械触点的弹性及电压突变等原因,在触点闭合与断开的瞬间会出现电压抖动过程,如图7-6所示。

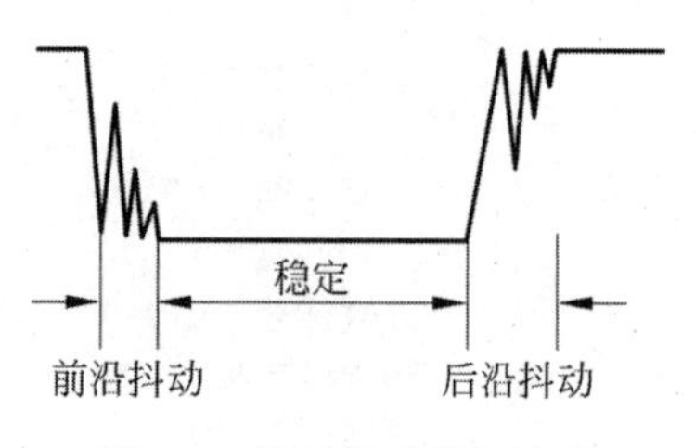

图7-6 按键抖动信号波形

为了保证按键识别的准确性,在电压抖动的情况下不能进行状态的输入。抖动可能造成一次按键多次处理的问题,为此需要进行去抖动处理。去抖动有硬件和软件两种方法。

硬件方法就是加去抖电路,从根本上避免抖动的产生。软件的方法则是采用时间延迟以躲过抖动,待信号稳定后再进行扫描。

如果按键较多,硬件消抖将无法胜任,因此常采用软件的方法进行消抖。第一次检测到有按键按下时,执行一段延时10ms的子程序后,再确认该按键电平是否仍保持闭合状态电平,如果保持闭合状态电平,则确认真正有按键按下,从而消除了抖动的影响。

2) 按键的识别

按键工作处于两种状态:按下与释放。一般按下为接通,释放为断开,这两种状态要被单片机识别,通常将这两种状态转换为与之对应的低电平和高电平,这可以通过如图7-4所示的电路来实现,单片机通过对按键信号电平的低与高来判别按键是否被按下或释放。一般情况下,将按键信号直接接入单片机的I/O口,可用指令对接入P口的按键的高低电平状态进行识别。由于按键的按下和释放是随机的,如何捕捉按键的状态变化是需要考虑的问题,主要有以下两种方法。

(1) 外部中断捕捉。

用外部中断捕捉按键的电路示意图如图7-7所示。4个按键的信号接AT89C51的P1.0~P1.3端口,该4根线通过74LS21“与”门相与后与AT89C51的中断$\overline{\text{INT0}}$端口相连。无按键按下时,P1.0~P1.3端口全为高电平。当有任意按键按下时,$\overline{\text{INT0}}$由高变低,向单片机发出中断请求。若单片机开放外部中断0,则产生相应中断,执行中断服务程序,扫描键盘。

(2) 定时查询。

一般情况下,单片机应用系统的用户按一次按键(从按下到释放)或释放一次按键(从释放到再按下)最快也需要50ms以上,在此期间CPU只要有一次查询键盘,则该次的按键和释放就不会丢失。因此,可以编制这样的键盘程序,即每间隔不大于50ms的时间(典型值为20ms),单片机就去查询一次键盘,查询各按键按下与释放的状态,就能正确地识别用户对键盘的操作。查询键盘的间隔时间为定时,可用定时器中断来实现,也可用软件定时来实现,同时也可结合LED动态扫描显示时间来实现。采用软件定时查询键盘,此方法的优点是电路简洁、节省硬件、抗干扰能力强、应用灵活,缺点是占用单片机较多的时间资源。一般

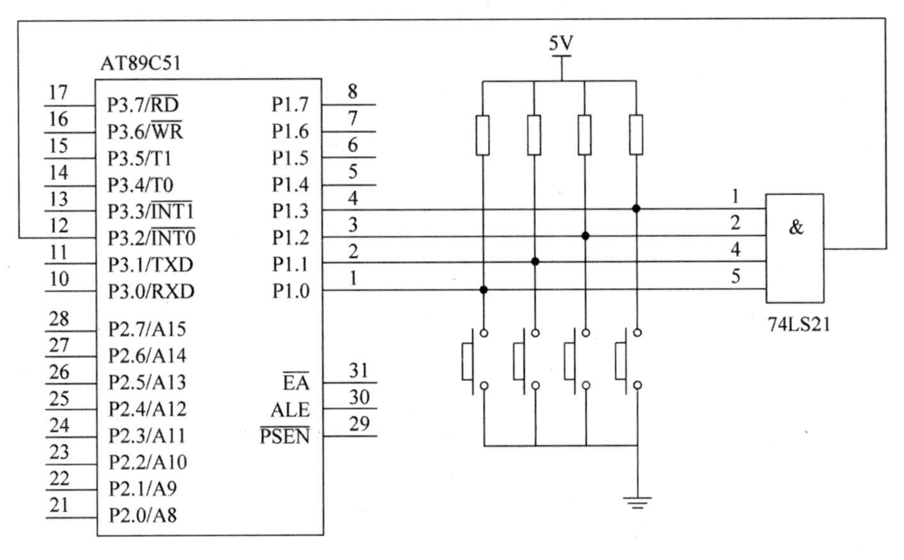

图 7-7　用外部中断捕捉按键的电路示意图

情况下推荐使用该方法。

2. 独立式按键结构

独立式按键是指直接利用 I/O 口线构成的单个按键电路。每个独立式按键单独占用一根 I/O 口线，每根 I/O 口线的工作状态不会影响到其他 I/O 口线的工作状态，独立式按键电路如图 7-8 所示。独立式按键电路配置灵活、软件结构简单，但每个按键都占用一根 I/O 口线，按键数量较多时，I/O 口线浪费比较大，故只在按键数量不多时采用这种方法。

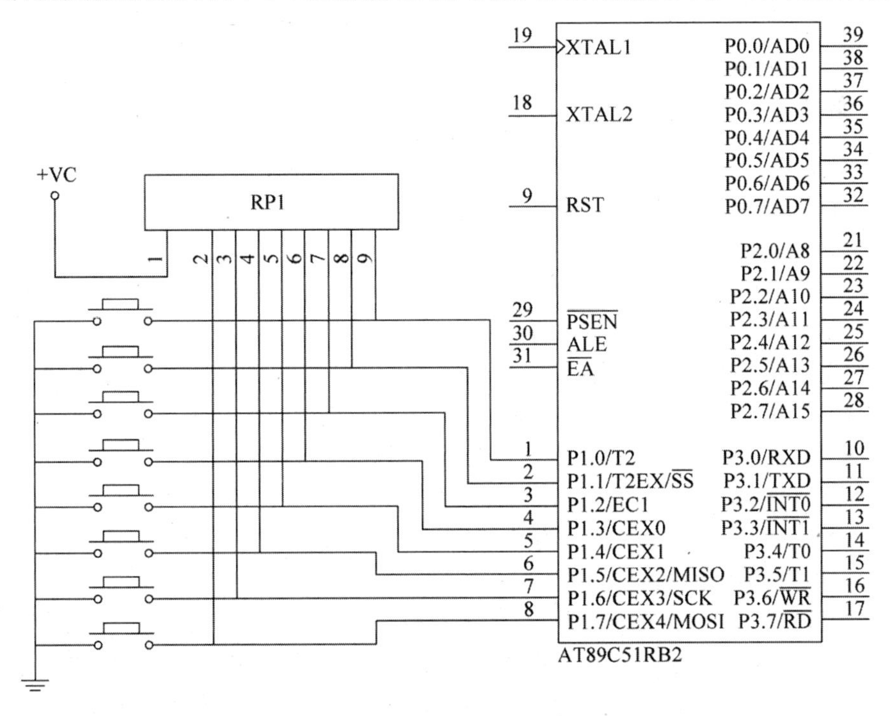

图 7-8　独立式按键电路

3. 矩阵式键盘结构及工作原理

独立式按键电路每一个按键开关占用一根 I/O 口线，当按键数较多时，需要占用较多的口线，因此在按键较多的情况下，通常采用行列式(矩阵式)键盘电路。

1) 接口电路

独立式按键电路每一个按键开关占用一根 I/O 口线，当按键数较多时，需要占用较多的口线，因此在按键较多的情况下通常采用行列式(矩阵式)键盘电路。4×4 矩阵电路如图 7-9 所示。4 根行线接 P1 口的低四位，4 根列线接 P1 口的高四位，每个行线和列线交叉点处即为一个键位。

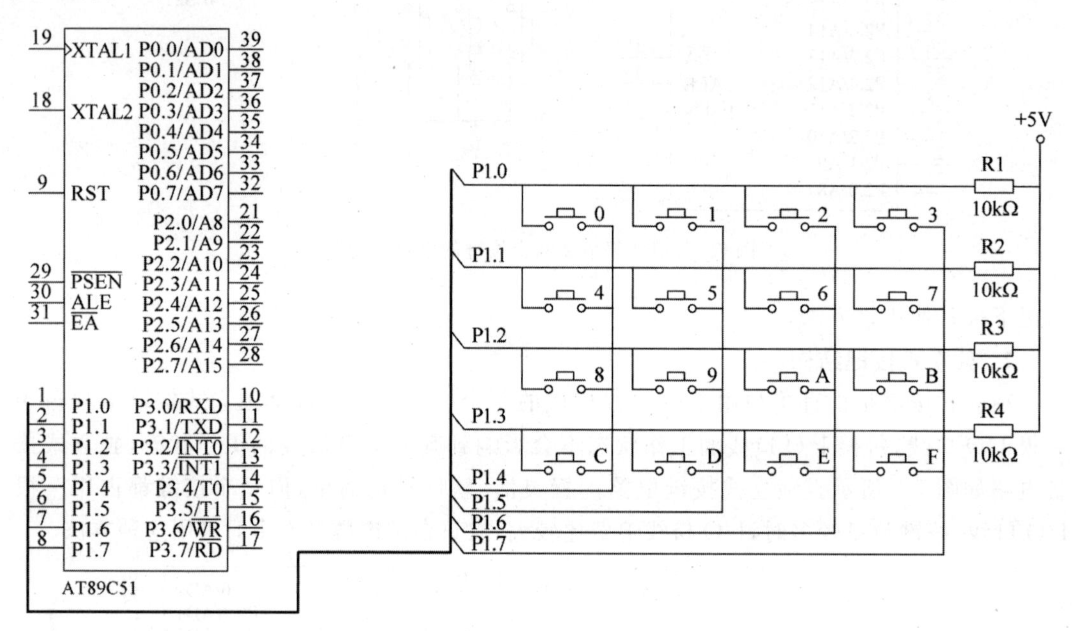

图 7-9　4×4 矩阵电路

2) 工作原理分析

使用矩阵式键盘的关键是如何判断按键值。根据图 7-7，如果已知 P1.0 引脚被置为低电平“0”，那么当按键 S1 被按下时，可以肯定 P1.4 引脚的信号必定变成低电平“0”；反之，如果已知 P1.0 引脚被置为低电平“0”，P1.1、P1.2 和 P1.3 引脚被置为高电平，而单片机扫描到 P1.4 引脚为低电平“0”，则可以肯定 S1 按键被按下。识别按键的基本过程如下：

(1) 首先判断是否有按键被按下。其方法是：将全部行线 P1.0～P1.3 置低电平“0”，全部列线置高电平“1”，然后检测列线的状态。只要有一列的电平为低电平，则表示键盘中有按键被按下；若检测到所有列线均为高电平，则键盘中无按键被按下。

(2) 按键消抖动。方法是：在判断有按键按下之后，软件延时一段时间(一般为 10ms 左右)后，再判断键盘状态，如果仍为有按键按下状态，则认为有一个确定的按键被按下，否则是按键抖动，进行按键抖动处理。

(3) 按键识别。当有按键被按下时，转入逐行扫描的方法来确定是哪一个按键被按下。先扫描第一行，即将第一行输出低电平“0”，然后读入列值，哪一列出现低电平“0”，则说明该列与第一行跨接的按键被按下。若读入的列值全为“1”，说明与第一行跨接的按键(S1～S4)均没有被按下。接着开始扫描第二行，以此类推，逐行扫描，直到找到被按下的键。

项目 34：认识 LED 数码管显示器

● 技能目标

（1）掌握任务 34-1：用 LED 数码管循环显示数字 0～9。

（2）掌握任务 34-2：用数码管显示按键次数。

（3）掌握任务 34-3：用 LED 数码管动态显示“123456”。

● 知识目标

学习目的：

（1）了解 LED 概述。

（2）掌握数码显示原理。

（3）掌握静态显示技术编程方法及仿真。

（4）掌握动态显示技术编程方法及仿真。

学习重点和难点：

（1）掌握数码显示原理。

（2）掌握静态显示技术编程方法及仿真。

（3）掌握动态显示技术编程方法及仿真。

任务 34-1：用 LED 数码管循环显示数字 0～9

微课 7-6

1. 任务要求

（1）了解 LED 数码管的工作原理。

（2）掌握用 Proteus 软件仿真 LED 数码管的方法。

（3）掌握用 LED 数码管循环显示数字 0～9 的编程方法。

2. 任务描述

本任务用数码管循环显示数字 0～9，电路原理图如图 7-7 所示。采用 7SEG-COM-AN-GRN 型 LED 数码管显示数字“0～9”，用单片机 P1 口作段控制、P2 口作位控制。

3. 任务实现

1）分析

如果要让数码管显示某一位数字，必须给数码管输送该数字的段码。根据本任务要求，需将 0～9 这 10 个数字的段码存入以下数组：

```
unsigned char code Tab[10] = {0xc0,0xf9,0xa4,0xb0,0x99,0x92,0x82,0xf8,0x80,0x90};
//0～9 的段码；关键词"code"可大大减少数组的存储空间
```

因为数组元素 Tab[0]存储的是数字“0”的段码，Tab[1]存储的是数字“1”的段码，所以要显示数字“i”，只要把 Tab[i]中存储的段码送入数码管即可（i=0，1，…，9）。

为了看清数字的显示，需在显示一个数字后延时一段时间。

2）程序设计

先建立文件夹 XM34-1，然后建立 XM34-1 工程项目，最后建立源程序文件 XM34-1.c，输入如下源程序：

```
#include<reg51.h>                    //包含51单片机寄存器定义的头文件
/***********************************************************
函数功能：延时大约150ms。
*************************************************************/
void delay(void)
{
    unsigned char i,j;
    for(i=0;i<200;i++)
     for(j=0;j<250;j++)
         ;
  }
/*************************************************************
函数功能：主函数。
*************************************************************/
void main(void)
{
     unsigned char i;
     unsignedcharcodeTab[10]={0xc0,0xf9,0xa4,0xb0,0x99,0x92,0x82,0xf8,0x80,0x90};
                                      //共阳数码管显示0～9的段码表
     P2=0xfe;                         //P2.0引脚输出低电平,数码管接通电源
     while(1)                         //无限循环
       {
         for(i=0;i<10;i++)
              {
                 P1=Tab[i];           //P1口输出数字"i"的段码
                 delay();             //调用延时函数
              }
       }
}
```

3）用 Proteus 软件仿真

经过 Keil 软件编译通过后，在 Proteus ISIS 编辑环境中绘制仿真电路图，将编译好的 XM34-1.hex 文件加载到 AT89C51 里，然后启动仿真，就可以看到 LED 数码管循环显示数字 0～9，效果图如图 7-10 所示。

任务 34-2：用数码管显示按键次数

微课 7-7

1. 任务要求

(1) 了解 LED 数码管的工作原理。

(2) 掌握用 Proteus 软件仿真数码管显示按键次数的方法。

(3) 掌握用数码管显示按键次数的编程方法。

2. 任务描述

本任务用数码管显示按键次数，电路原理图如图 7-8 所示。采用 7SEG-COM-AN-GRN 型 LED 数码管，用单片机 P1.0～P1.6 口作段控制，P2.2、P2.3 口作位控制，按键 S 接到

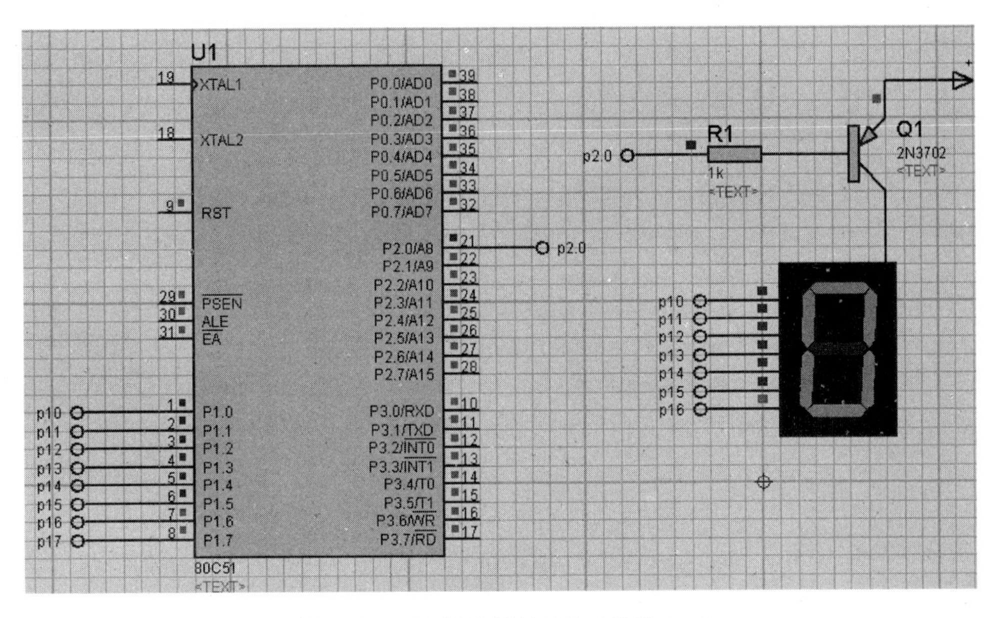

图 7-10　LED 数码管循环显示数字 0～9

P3.2 口。

3. 任务实现

1）分析

每按一次按键 S，P3.2 引脚电平发生负跳变，将触发外中断$\overline{INT0}$，可利用其中断服务函数使计数变量加 1，再将计数变量用数码管 DS2 和 DS3 显示，当计数满 99 后，各位清 0，重新从 0 开始计数。

2）程序设计

先建立文件夹 XM34-2，然后建立 XM34-2 工程项目，最后建立源程序文件 XM34-2.c，输入如下源程序：

```
#include<reg51.h>                        //包含 51 单片机寄存器定义的头文件
sbit S=P3^2;                             //将 S 位定义为 P3.2 引脚
unsigned char Tab[ ]={0xc0,0xf9,0xa4,0xb0,0x99,0x92,0x82,0xf8,0x80,0x90}; //段码表
unsigned char x;
/*****************************************************************
函数功能：延时约 0.6ms。
*****************************************************************/
void delay(void)
{
    unsigned char j;
     for(j=0;j<200;j++)
         ;
  }
/**************************************************************
函数功能：显示计数次数的子程序。
入口参数：x
**************************************************************/
void Display(unsigned char x)
```

```
{
    P2 = 0xf7;                        //P2.6 引脚输出低电平,DS2 点亮
    P1 = Tab[(x/10) % 10];            //显示十位
    delay();
    P2 = 0xfb;                        //P2.7 引脚输出低电平,DS3 点亮
    P0 = Tab[x % 10];                 //显示个位
    delay();
}
/*******************************************
    函数功能:主函数。
*******************************************/
void main(void)
  {
   EA = 1;                            //开放总中断
   EX0 = 1;                           //允许使用外中断
   IT0 = 1;                           //选择负跳变来触发外中断
   x = 0;                             //计数变量初始化为 0
   while(1)                           //无限循环,不断显示计数值
Display(x);                           //调用计数值显示子程序
}
/*****************************************************
函数功能:外中断INT0的中断服务程序。
*****************************************************/
void int0(void) interrupt 0 using 0   //外中断 0 的中断编号为 0
{
  x++;                                //计数变量加 1
  if(x == 100)                        //若计数值满 100
   x = 0;                             //清 0,重新开始计数
}
```

3）用 Proteus 软件仿真

经过 Keil 软件编译通过后，在 Proteus ISIS 编辑环境中绘制仿真电路图，将编译好的 XM34-2.hex 文件加载到 AT89C51 里，然后启动仿真，就可以看到用数码管显示的按键次数，效果图如图 7-11 所示。

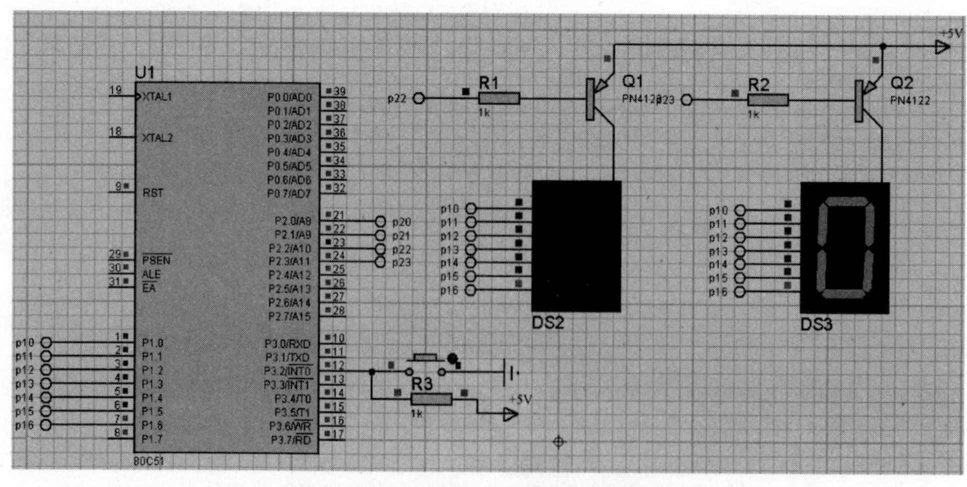

图 7-11　用数码管显示按键次数效果图

任务34-3：用LED数码管动态显示“123456”

微课7-8

1. 任务要求

(1) 了解LED数码管的工作原理。

(2) 掌握用Proteus软件仿真6个数码管的方法。

(3) 掌握6个数码管(DS0～DS5)慢速动态扫描显示数字“123456”的编程方法。

2. 任务描述

使用6个数码管(DS0～DS5)快速动态扫描显示数字“123456”。采用7SEG-COM-AN-GRN型LED数码管，用单片机P1.0～P1.6口作字段控制，而电源控制端口则分别接在P2口的不同引脚，即P2.0、P2.1、P2.2、P2.3、P2.4、P2.5口作位控制，分别控制DS0～DS5数码管。编程让P2口所有引脚都输出低电平，那么这6个数码管将同时通电，并显示出同一个数字(因为P1口在某一时刻只能输出一个数字的段码)，这样不能满足显示要求。

1) 分析

若要动态扫描显示数字“123456”的多位数字(如某电炉的温度为“1503.22℃”)，可先给数码管DS0通电，显示数字“1”，然后延时约0.6ms；接着再给数码管DS1通电，显示数字“2”，再延时约0.6ms；类似地，待显示完数字“6”后，再重新开始循环显示。

2) 程序设计

先建立文件夹XM34-3，然后建立XM34-3工程项目，最后建立源程序文件XM34-3.c，输入如下源程序：

```
#include<reg51.h>                       //包含51单片机寄存器定义的头文件
/***************************************************************
函数功能：延时约0.6ms。
***************************************************************/
void delay(void)
{
    unsigned char j;
     for(j=0;j<200;j++)
          ;
  }
/*********************************************
    函数功能：主函数。
*********************************************/
void main(void)
{
   while(1)                              //无限循环
   {
        P2=0xfe;                         //P2.0引脚输出低电平,DS0点亮
        P1=0xf9;                         //数字1的段码
        delay();
        P2=0xfd;                         //P2.1引脚输出低电平,DS1点亮
        P1=0xa4;                         //数字2的段码
        delay();
        P2=0xfb;                         //P2.2引脚输出低电平,DS2点亮
        P1=0xb0;                         //数字3的段码
```

```
        delay();
        P2 = 0xf7;                    //P2.3 引脚输出低电平,DS3 点亮
        P1 = 0x99;                    //数字 4 的段码
        delay();
        P2 = 0xef;                    //P2.4 引脚输出低电平,DS4 点亮
        P1 = 0x92;                    //数字 5 的段码
        delay();
        P2 = 0xdf;                    //P2.5 引脚输出低电平,DS5 点亮
        P1 = 0x82;                    //数字 6 的段码
        delay();
        P2 = 0xff;                    //关闭所有数码管
    }
}
```

3）用 Proteus 软件仿真

经过 Keil 软件编译通过后,在 Proteus ISIS 编辑环境中绘制仿真电路图,将编译好的 XM34-3. hex 文件加载到 AT89C51 里,然后启动仿真,就可以看到用 LED 数码管动态显示"123456",效果图如图 7-12 所示。

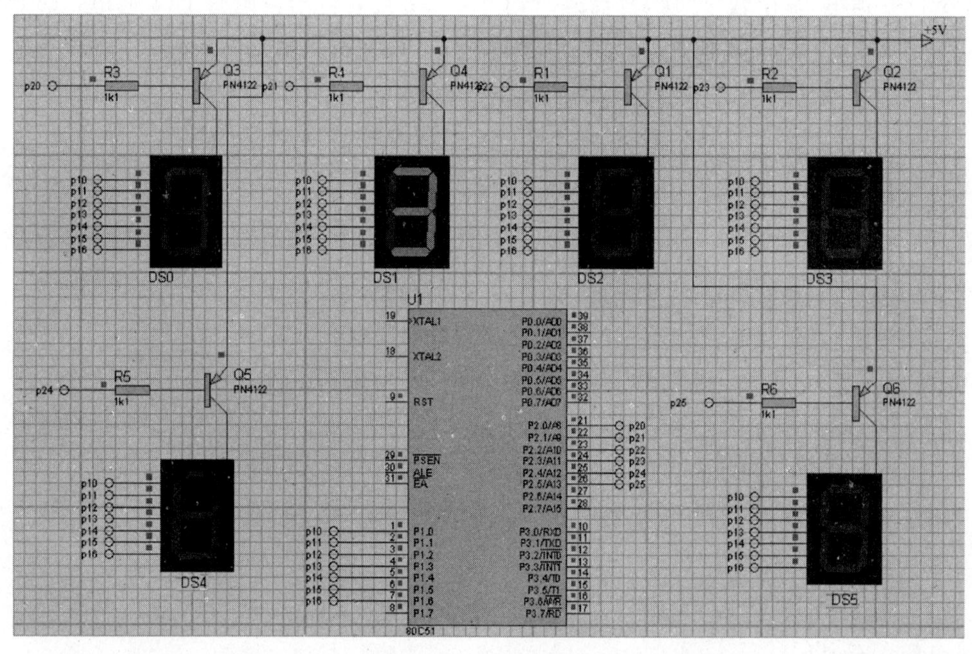

图 7-12　用 LED 数码管动态显示"123456"效果图

任务 34-4：相关知识

1. LED 概述

微课 7-9

LED 显示器即发光二极管显示器(Light Emitting Diode,LED),具有显示醒目、成本低、配置灵活、接口简单等特点,单片机应用系统中常用它来显示系统的工作状态和采集的信息或输入数值等。LED 显示器按其发光管排布结构的不同,可分为 LED 数码管显示器和 LED 点阵显示器。LED 数码管显示器主要用来显示数字及少数字母和符号,LED 点阵显示器可以显示数字、字母、汉字和图形,甚至图像。LED 点阵显示器虽然显

示灵活，但其占用的单片机系统的系统软件、硬件资源远远大于 LED 数码管。因此，除专门应用大屏幕 LED 点阵显示屏外，几乎所有的单片机系统都采用了 LED 数码管显示。

2. 数码显示原理

LED 数码管显示器由 8 只发光二极管组成。7 只发光二极管排成“8”字形的 7 个段，另外一段构成小数点，各段标记如图 7-13 所示。当发光二极管导通时，相应的点或线段发光，将这些二极管排成一定图形，控制不同组合的二极管导通，就可以显示出不同的字形。通过不同的组合，可用来显示数字 0～9、字母 A～F 及小数点“.”等。

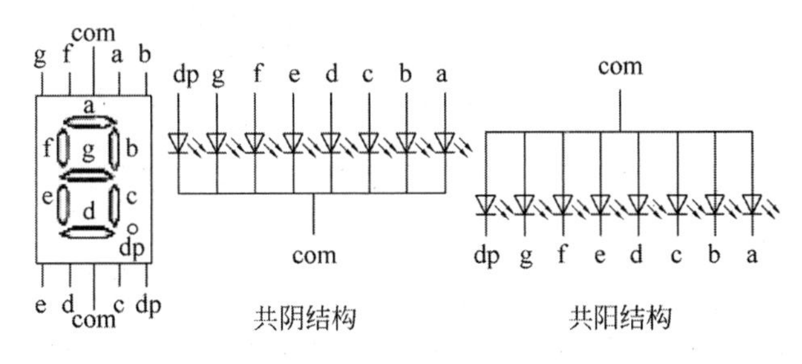

图 7-13　LED 显示器结构

1）数码管段码的编码

8 段正好是一个字节，这种编码需单片机数据总线的 D0，D1，…，D7 分别和数码管的 a，b，c，…，dp 对应相连。字符码各位的含义见表 7-1。

表 7-1　字符码各位的含义

D7	D6	D5	D4	D3	D2	D1	D0
dp	g	f	e	d	c	b	a

2）数码管的显示代码表

LED 数码管的 a～g 7 个发光二极管，加正电压时发光，加零电压时不能发光。不同亮暗的组合就能形成不同的字型，这种组合称为字型码。共阴极和共阳极的字型码是不同的，见表 7-2。

表 7-2　7 段 LED 的段选码

显示字符	共阳极段选码	共阴极段选码	显示字符	共阳极段选码	共阴极段选码
0	C0H	3FH	C	C6H	39H
1	F9H	06H	D	A1H	5EH
2	A4H	5BH	E	86H	79H
3	B0H	4FH	F	8EH	71H
4	99H	66H	P	8CH	73H
5	92H	6DH	U	C1H	3EH
6	82H	7DH	Y	91H	6EH
7	F8H	07H	H	89H	76H
8	80H	7FH	L	C7H	38H
9	90H	6FH	“灭”	FFH	00H
A	88H	77H			
B	83H	7CH			

例1：共阴极显示“0”的段选码是多少？

段选码是3FH

1	0	0	1	0	0	1	0
dp	g	f	e	d	c	b	a

例2：共阳极显示“0”的段选码是多少？

段选码是COH

1	1	0	0	0	0	0	0
dp	g	f	e	d	c	b	a

3. 静态显示技术

所谓静态显示，是指显示器显示某一字符时，相应的发光二极管恒定地导通或截止，如任务34-1、任务34-2就是静态显示。对于静态显示方式，LED显示器由接口芯片直接驱动，采用较小的驱动电流就可以得到较高的亮度。但是，并行输出显示的LED位数多时，需要并行I/O接口芯片的数量较多，采用串行输出可大大节省单片机的内部资源。

4. 动态显示技术

当显示器的位数较多时，可采用动态显示。所谓动态显示，就是一位一位地轮流点亮显示器的各个位(扫描)，如任务34-3就是动态显示。对于显示器的每一位而言，每隔一段时间点亮一次。虽然在同一时间只有一位显示器在工作(点亮)，但由于人眼的视觉暂留效应和发光二极管熄灭时的余晖，我们看到的却是多个字符“同时”显示。显示器亮度既与点亮时的导通电流有关，也与点亮时间长短和间隔时间有关，调整电流和时间参数，即可实现亮度较高、较稳定的显示。动态显示的特点如下所示。

优点是：当显示位数较多时，采用动态显示方式比较节省I/O口，硬件电路也较静态显示简单。

缺点是：其稳定度不如静态显示方式。而且在显示位数较多时，CPU要轮番扫描，占用CPU较多的时间。

项目35：认识液晶显示器LCD

● 技能目标

(1) 掌握任务35-1：用LCD显示字符‘ABCD’。

(2) 掌握任务35-2：用LCD循环右移显示"China Dream"。

● 知识目标

学习目的：

(1) 掌握LCD1602字符型液晶显示器及主要技术参数。

(2) 掌握LCD1602引脚定义及LCD显示字符的过程。

(3) 掌握 1602 型 LCD 的读写操作与单片机的接口电路。

(4) 掌握 1602 型 LCD 的初始化过程及编程和仿真方法。

学习重点和难点：

(1) LCD1602 字符型液晶显示器及主要技术参数。

(2) LCD1602 引脚定义及 LCD 显示字符的过程。

(3) 1602 型 LCD 的读写操作与单片机的接口电路。

(4) 1602 型 LCD 的初始化过程及编程和仿真方法。

任务 35-1：用 LCD 显示字符‘ABCD’

微课 7-10

1. 任务要求

(1) 了解 LCD 液晶显示器的工作原理。

(2) 掌握用 Proteus 软件仿真 LCD 液晶显示器的方法。

(3) 掌握用 LCD 显示字符‘ABCD’的编程方法。

2. 任务描述

在单片机应用项目中，常常需要用到 LCD 液晶显示器，本任务就是用 LCD 显示字符‘W’。要求在 1602 型 LCD 的第一行第 8 列显示大写英文字母“W”。显示模式设置如下：

(1) 16×2 显示、5×7 点阵、8 位数据接口。

(2) 开显示、有光标，且光标闪烁。

(3) 光标右移，字符不移。

1) 分析

字符“ABCD”的显示可分 5 个步骤来完成。

① LCD 初始化。

② 检测忙碌状态。

③ 写地址。

④ 写数据。

⑤ 自动显示。

2) 程序设计

先建立文件夹 XM35-1，然后建立 XM35-1 工程项目，最后建立源程序文件 XM35-1. c，输入如下源程序：

```
#include<reg51.h>              //包含单片机寄存器的头文件
#include<intrins.h>            //包含_nop_()函数定义的头文件
sbit RS = P2^0;                //寄存器选择位,将 RS 位定义为 P2.0 引脚
sbit RW = P2^1;                //读写选择位,将 RW 位定义为 P2.1 引脚
sbit E = P2^2;                 //使能信号位,将 E 位定义为 P2.2 引脚
sbit BF = P0^7;                //忙碌标志位,将 BF 位定义为 P0.7 引脚
/*****************************************************
函数功能: 延时 1ms。
3j * i = 3 × 33 × 10≈1000μs = 1ms
*****************************************************/
void delay1ms()
{
```

```
    unsigned char i,j;
  for(i = 0;i < 10;i++)
  for(j = 0;j < 33;j++)
   ;
}
/ ****************************************************
函数功能: 延时若干毫秒。
入口参数: n
 **************************************************** /
void delay(unsigned char n)
{
unsigned char i;
for(i = 0;i < n;i++)
delay1ms();
}
/ ****************************************************
函数功能: 判断液晶模块的忙碌状态。
返回值: M.M = 1,忙碌;M = 0,不忙
 **************************************************** /
unsigned char BusyTest(void)
 {
  bit M;
  RS = 0;                        //根据规定,RS 为低电平,R/W̄ 为高电平时,为读状态
  RW = 1;
  E = 1;                         //E = 1,允许读写
  _nop_();                       //空操作
  _nop_();
  _nop_();
  _nop_();                       //空操作 4 个机器周期,给硬件反应时间
  M = BF;                        //将忙碌标志电平赋给 result
  E = 0;
   return M;
 }
/ ****************************************************
函数功能: 将模式设置指令或显示地址写入液晶模块。
入口参数: dictate
 **************************************************** /
void WriteInstruction(unsigned char dictate)
{
   while(BusyTest() == 1);       //如果忙,就等待
RS = 0;                          //根据规定,RS 和 R/W̄ 同时为低电平时,可以写入指令
RW = 0;
E = 0;                           //E 置低电平(根据表 7-6,写指令时,E 为高脉冲,
                                 //就是让 E 从 0 到 1 发生正跳变,所以应先置"0")
_nop_();
_nop_();                         //空操作两个机器周期,给硬件反应时间
P0 = dictate;                    //将数据送入 P0 口,即写入指令或地址
_nop_();
_nop_();
_nop_();
_nop_();                         //空操作 4 个机器周期,给硬件反应时间
```

```
E = 1;                      //E 置高电平
_nop_();
_nop_();
_nop_();
_nop_();                    //空操作 4 个机器周期,给硬件反应时间
E = 0;                      //当 E 由高电平跳变成低电平时,液晶模块开始执行命令
}
/ ****************************************************
函数功能: 指定字符显示的实际地址。
入口参数: x
**************************************************** /
void WriteAddress(unsigned char x)
{
    WriteInstruction(x|0x80); //显示位置的确定方法规定为"80H + 地址码 x"
}
/ ****************************************************
函数功能: 将数据(字符的标准 ASCII 码)写入液晶模块。
入口参数: y(为字符常量)
**************************************************** /
void WriteData(unsigned char y)
{
  while(BusyTest() == 1);
RS = 1;                     //RS 为高电平,R/W 为低电平时,可以写入数据
RW = 0;
E = 0;                      //E 置低电平(根据表 7-6,写指令时,E 为高脉冲,
                            //就是让 E 从 0 到 1 发生正跳变,所以应先置"0")
P0 = y;                     //将数据送入 P0 口,即将数据写入液晶模块
     _nop_();
_nop_();
_nop_();
_nop_();                    //空操作 4 个机器周期,给硬件反应时间
    E = 1;                  //E 置高电平
     _nop_();
     _nop_();
_nop_();
_nop_();                    //空操作 4 个机器周期,给硬件反应时间
E = 0;                      //当 E 由高电平跳变成低电平时,液晶模块开始执行命令
}
/ ****************************************************
函数功能: 对 LCD 的显示模式进行初始化设置。
**************************************************** /
void LcdInitiate(void)
    {
        delay(15);          //延时 15ms,首次写指令时应给 LCD 一段较长的反应时间
     WriteInstruction(0x38); //显示模式设置: 16 × 2 显示,5 × 7 点阵,8 位数据接口
     delay(5);              //延时 5ms
     WriteInstruction(0x38);
     delay(5);
     WriteInstruction(0x38);
     delay(5);
     WriteInstruction(0x0f); //显示模式设置: 显示开,有光标,光标闪烁
```

```
        delay(5);
        WriteInstruction(0x06);     //显示模式设置：光标右移,字符不移
        delay(5);
        WriteInstruction(0x01);     //清屏幕指令,将以前的显示内容清除
        delay(5);
        }
    void main(void)                 //主函数
        { int i;
        unsigned char code string[ ] = {"ABCD"};
        LcdInitiate();              //调用 LCD 初始化函数
        WriteAddress(0x07);         //将显示地址指定为第 1 行第 8 列
        for(i = 0;i < 4;i++)
        {
        WriteData(string[i]);       //将字符常量'ABCD'写入液晶模块
        }                           //字符的字形点阵读出和显示由液晶模块自动完成
}
```

3）用 Proteus 软件仿真

经过 Keil 软件编译通过后，在 Proteus ISIS 编辑环境中绘制仿真电路图，将编译好的 XM35-1.hex 文件加载到 AT89C51 里，然后启动仿真，就可以看到用 LCD 显示字符‘ABCD’，效果图如图 7-14 所示。

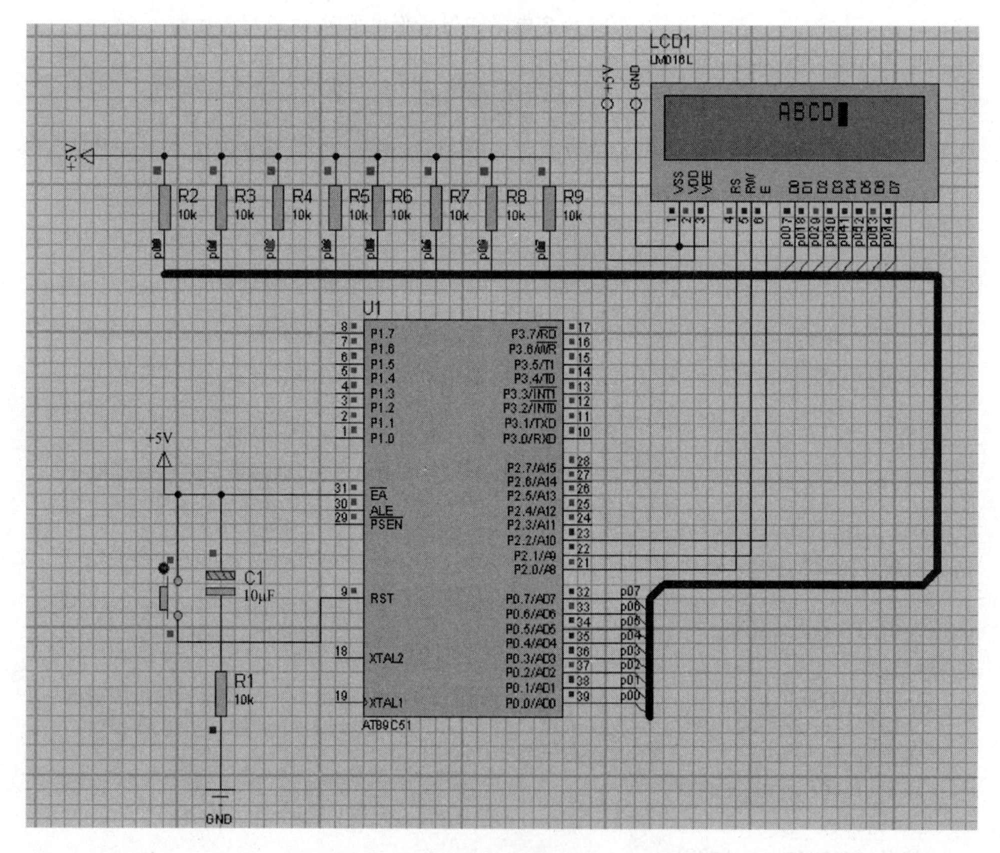

图 7-14　用 LCD 显示字符‘ABCD’

任务 35-2：用 LCD 循环右移显示"China Dream"

微课 7-11

1. 任务要求

(1) 了解 LCD 液晶显示器的工作原理。

(2) 掌握用 Proteus 软件仿真 LCD 液晶显示器的方法。

(3) 掌握用 LCD 循环右移显示 China Dream 的编程方法。

2. 任务描述

在单片机工程应用项目中，要显示汉字和字符，常常需要用到 LCD 液晶显示器，本任务就是用 LCD 循环右移显示 China Dream。显示模式设置如下：

(1) 16×2 显示、5×7 点阵、8 位数据接口。

(2) 开显示、有光标开，且光标闪烁。

(3) 光标右移，字符不移。

1) 分析

(1) 字符串的写入。由于一次只能向 LCD 写入一个字符，因此需建立一个字符串数组：

```
unsigned char code string[ ] = {" China Dream "};
```

然后再设置一个循环，从第一个数组元素开始写入 LCD，直到写到字符串的结束标志"\0"为止，程序如下：

```
unsigned char i;
i = 0;                          //指向数组第一个元素
while(string[i] != '\0')        //只要没有写到字符串结束标志,就继续写
{
     WriteData(string[i]);      //向 LCD 写字符
        i++;                    //指向下一个字符
     delay(150);                //延时 150ms,慢速显示字符串
}
```

(2) 字符显示地址的确定。

由于 1602 型 LCD 在第一个地址显示完毕后，能够自动指向下一个地址，因此只要指定字符串的第一个字符显示地址即可。

(3) 循环右移显示"China Dream"的显示可分 5 个步骤来完成。

- LCD 初始化。
- 检测忙碌状态。
- 写地址。
- 写数据。
- 自动显示。

2) 程序设计

先建立文件夹 XM35-2，然后建立 XM35-2 工程项目，最后建立源程序文件 XM35-2. c，输入如下源程序：

```
#include<reg51.h>           //包含单片机寄存器的头文件
#include<intrins.h>         //包含_nop_()函数定义的头文件
```

```
sbit RS = P2^0;          //寄存器选择位,将 RS 位定义为 P2.0 引脚
sbit RW = P2^1;          //读写选择位,将 R/W 位定义为 P2.1 引脚
sbit E = P2^2;           //使能信号位,将 E 位定义为 P2.2 引脚
sbit BF = P0^7;          //忙碌标志位,将 BF 位定义为 P0.7 引脚
unsigned char code string[ ] = {"China Dream "};
/***************************************************
函数功能: 延时 1ms。
(3j) * i = (3 × 33) × 10≈1000μs = 1ms
***************************************************/
void delay1ms()
{
  unsigned char i,j;
  for(i = 0;i < 10;i++)
  for(j = 0;j < 33;j++)
  ;
}
/***************************************************
函数功能: 延时若干毫秒。
入口参数: n
***************************************************/
void delay(unsigned char n)
{
unsigned char i;
for(i = 0;i < n;i++)
 delay1ms();
}
/***************************************************
函数功能: 判断液晶模块的忙碌状态。
返回值: M.M = 1,忙碌;M = 0,不忙
***************************************************/
unsigned char BusyTest(void)
{
  bit M;
    RS = 0;                  //根据规定,RS 为低电平,R/W 为高电平时,为读状态
  RW = 1;
  E = 1;                     //E = 1,才允许读写
  _nop_();                   //空操作
  _nop_();
  _nop_();
  _nop_();                   //空操作 4 个机器周期,给硬件反应时间
  M = BF;                    //将忙碌标志电平赋给 result
    E = 0;
  return M;
}
/***************************************************
函数功能: 将模式设置指令或显示地址写入液晶模块。
入口参数: dictate
***************************************************/
void WriteInstruction(unsigned char dictate)
{
    while(BusyTest() == 1);   //如果忙,就等待
```

```
   RS = 0;                      //根据规定,RS 和 R/W̄ 同时为低电平时,可以写入指令
RW = 0;
   E = 0;                       //E 置低电平(根据表 7-6,写指令时,E 为高脉冲,
                                //就是让 E 从 0 到 1 发生正跳变,所以应先置"0")
   _nop_();
   _nop_();                     //空操作两个机器周期,给硬件反应时间
   P0 = dictate;                //将数据送入 P0 口,即写入指令或地址
   _nop_();
   _nop_();
   _nop_();
   _nop_();                     //空操作 4 个机器周期,给硬件反应时间
   E = 1;                       //E 置高电平
   _nop_();
   _nop_();
   _nop_();
   _nop_();                     //空操作 4 个机器周期,给硬件反应时间
   E = 0;                       //当 E 由高电平跳变成低电平时,液晶模块开始执行命令
   }
/ ****************************************************
函数功能: 指定字符显示的实际地址。
入口参数: x
**************************************************** /
void WriteAddress(unsigned char x)
{
     WriteInstruction(x|0x80); //显示位置的确定方法规定为"80H + 地址码 x"
}
/ ****************************************************
函数功能: 将数据(字符的标准 ASCII 码)写入液晶模块。
入口参数: y(为字符常量)
**************************************************** /
  void WriteData(unsigned char y)
  {
    while(BusyTest() == 1);
  RS = 1;                       //RS 为高电平,R/W̄ 为低电平时,可以写入数据
  RW = 0;
  E = 0;                        //E 置低电平(根据表 7-6,写指令时,E 为高脉冲,
                                //就是让 E 从 0 到 1 发生正跳变,所以应先置"0")
P0 = y;                         //将数据送入 P0 口,即将数据写入液晶模块
      _nop_();
      _nop_();
_nop_();
_nop_();                        //空操作 4 个机器周期,给硬件反应时间
   E = 1;                       //E 置高电平
   _nop_();
   _nop_();
   _nop_();
   _nop_();                     //空操作 4 个机器周期,给硬件反应时间
   E = 0;                       //当 E 由高电平跳变成低电平时,液晶模块开始执行命令
}
/ ****************************************************
函数功能: 对 LCD 的显示模式进行初始化设置。
```

```
*********************************************** /
  void LcdInitiate(void)
{
  delay(15);                    //延时15ms,首次写指令时应给LCD一段较长的反应时间
  WriteInstruction(0x38);       //显示模式设置: 16×2显示,5×7点阵,8位数据接口
  delay(5);                     //延时5ms
  WriteInstruction(0x38);
  delay(5);
  WriteInstruction(0x38);
  delay(5);
  WriteInstruction(0x0f);       //显示模式设置: 显示开,有光标,光标闪烁
  delay(5);
  WriteInstruction(0x06);       //显示模式设置: 光标右移,字符不移
  delay(5);
  WriteInstruction(0x01);       //清屏幕指令,将以前的显示内容清除
  delay(5);
}
void main(void)                 //主函数
  {
    unsigned char i;
    LcdInitiate();              //调用LCD初始化函数
    delay(10);
    while(1)
    {
    WriteInstruction(0x01);     //清显示: 清屏幕指令
    WriteAddress(0x00);         //设置显示位置为第一行的第5个字
         i = 0;                 //指向数组第一个元素
    while(string[i]!= '\0')     //只要没有写到字符串结束标志,就继续写
        {
     WriteData(string[i]);      //向LCD写字符
         i++;                   //指向下一个字符
     delay(150);                //延时150ms,慢速显示字符串
        }
for(i = 0;i < 4;i++)
   delay(250);
}
}
```

3) 用Proteus软件仿真

经过Keil软件编译通过后,在Proteus ISIS编辑环境中绘制仿真电路图,将编译好的XM35-2.hex文件加载到AT89C51里,然后启动仿真,就可以看到用LCD循环右移显示China Dream,效果图如图7-15所示。

任务35-3: 相关知识

1. 液晶显示接口技术

普通的LED数码管只能用来显示数字,如果要显示英文、汉字和图形,则必须使用液晶显示器。液晶显示器的英文名称是Liquid Crystal Display,简称LCD。

特点: 功耗低、体积小、显示内容丰富、超薄轻巧、没有电磁辐射、寿命长等优点,在袖珍

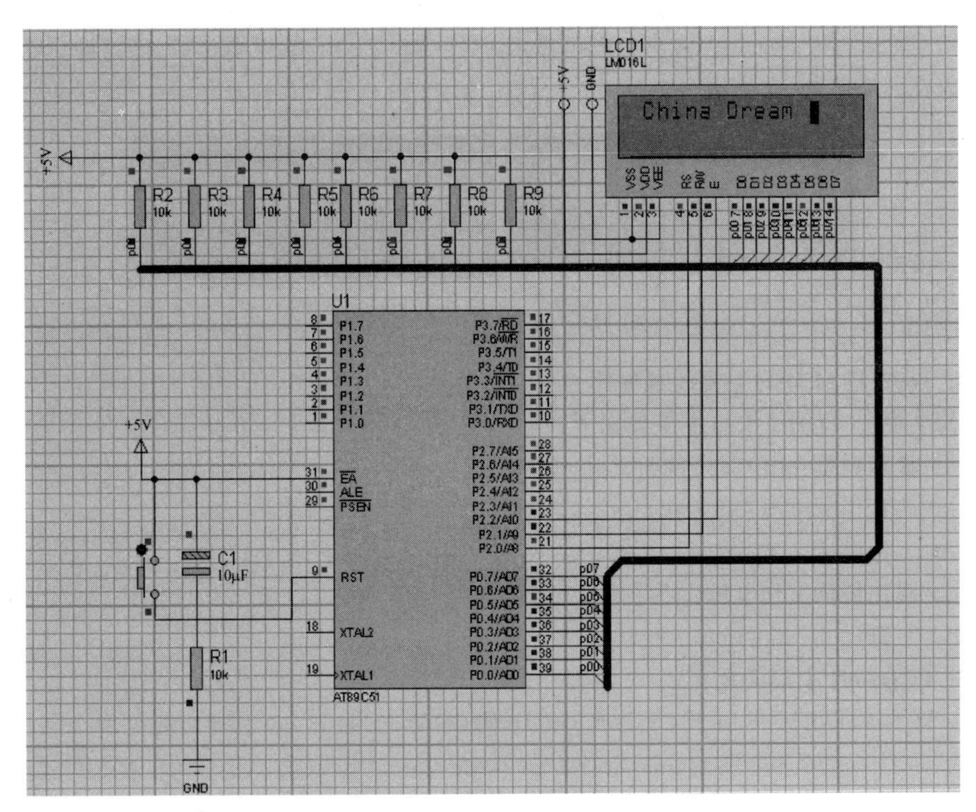

图 7-15　用 LCD 循环右移显示 China Dream 效果图

式仪表、便携式电子产品中得到越来越广泛的应用，如电子表、计算器和手机。

2. 液晶显示器简介

液晶显示器按显示的形式划分，通常分为笔段型、字符型和点阵图形型。各显示器的特点如下所示。

（1）笔段型。笔段型 LCD 是以长条状显示像素组成一位显示。在形状上，总是围绕数字“8”的结构变化，广泛用于电子表、数字仪表中。

（2）字符型。字符型液晶显示模块是专门用来显示字母、数字、符号等的点阵型液晶显示模块。在电极图形设计上，它由若干个 5 × 8 或 5×11 点阵组成，每个点阵显示一个字符。这类模块广泛应用于手机、电子记事本等类电子设备中。

（3）点阵图形型。点阵图形型是在一平板上排列多行和多列，形成矩阵形式的晶格点，点的大小可根据显示的清晰度来设计。这类液晶显示器可广泛用于图形显示，如游戏机、笔记本电脑和彩色电视等设备中。

3. LCD1602 字符型液晶显示器

微课 7-12

字符型液晶显示模块专门用于显示字母、数字、图形符号及少量自定义符号。这类显示器把 LCD 控制器、点阵驱动器、字符存储器等做在一块板上，再与液晶屏一起组成一个显示模块。因此，这类显示器的安装与使用都非常简单。

目前，字符型 LCD 常用的有 16 字×2 行、16 字×4 行、20 字×2 行和 20 字×4 行等模块，型号通常用×××1602、×××1604、×××2002、×××2004 等表示。对于×××1602，

×××为商标名称；16代表液晶每行可显示16个字符；02代表共有2行，即这种显示器一共可显示32个字符，实物如图7-16所示。

图7-16 LCD1602字符型液晶显示器实物

4. 1602型LCD的主要技术参数

1602型LCD的主要技术参数如下：

(1) 显示容量：16×2个字符。

(2) 芯片工作电压：4.5～5.5V。

(3) 工作电流：2mA(5V)。

(4) 模块最佳工作电压：5V。

(5) 字符尺寸：2.95mm×4.35mm(W×H)。

5. LCD1602引脚的定义

LCD1602采用标准14脚(无背光)或16脚(带背光)接口，各引脚功能见表7-3。含义如下：

表7-3 LCD1602的引脚功能表

编号	符号	引脚说明	编号	符号	引脚说明
1	VSS	电源地	9	D2	数据
2	VDD	电源正极	10	D3	数据
3	VL	液晶显示偏压	11	D4	数据
4	RS	数据/命令选择	12	D5	数据
5	R/$\overline{W}$	读/写选择	13	D6	数据
6	E	使能信号	14	D7	数据
7	D0	数据	15	BLA	背光源正极
8	D1	数据	16	BLK	背光源负极

① VL为液晶显示器对比度调整端，接正电源时对比度最弱，接地时对比度最高。若对比度过高，会产生“鬼影”，使用时可以通过一只10kΩ的可调电位器来调整对比度。

② RS为寄存器选择端，RS为高电平时选择数据寄存器，为低电平时选择指令寄存器。

③ R/$\overline{W}$为读写信号，高电平时进行读操作，低电平时执行写操作。

④ E为使能端，当E端由高电平跳变成低电平时，液晶显示模块执行命令。

⑤ D0～D7为双向数据线。

⑥ VSS为电源地GND。

⑦ VDD为电源+5V。

⑧ BLA为背光电源线VCC。

⑨ BLK为电源地GND。

6. 1602 型 LCD 显示字符的过程

要用 1602 型 LCD 显示字符，必须解决 3 个问题：①待显字符 ASCII 标准码的产生；②液晶显示模式的设置；③字符显示位置的指定。

1) 字符 ASCII 标准码的产生

常用字符的标准 ASCII 码无须人工产生，在程序中定义字符常量或字符串常量时，C 语言在编译后会自动产生其标准 ASCII 码。只要将生成的标准 ASCII 码通过单片机的 I/O 口送入数据显示用存储器(DD RAM)，内部控制线路就会自动将字符传送到显示器上。

2) 液晶显示模式的设置

要让液晶显示字符，必须对有无光标、光标的移动方向、光标是否闪烁及字符的移动方向等进行设置，才能获得所需的显示效果。1602 液晶显示模式的设置是通过控制指令对内部的控制器控制而实现的。1602 液晶显示模式控制指令表见表 7-4。

表 7-4　1602 液晶显示模式控制指令表

指令名称	指令功能	指令的二进制代码							
		D7	D6	D5	D4	D3	D2	D1	D0
显示模式设置	设置为 16×2 显示，5×7 点阵，8 位数据接口	0	0	1	1	1	0	0	0
显示开/关及光标设置	D=1，开显示；D=0，关显示； C=1，显示光标；C=0，不显示光标； B=1，光标闪烁；B=0，光标不闪烁	0	0	0	0	1	D	C	B
输入模式设置	N=1，光标右移；N=0，光标左移；S=1，文字移动有效；S=0，文字移动无效	0	0	0	0	0	1	N	S

例如，要将显示模式设置为"16×2 显示，5×7 点阵，8 位数据接口"，只要向液晶模块写二进制指令代码 00111000B，即十六进制代码 38H 就可以了。

如果要求液晶开显示、有光标且光标闪烁，那么根据显示开/关及光标设置指令，只要令 D=1，C=1 和 B=1，也就是向液晶模块写二进制指令代码 00001111B，即十六进制代码 0FH，就可以实现所需要的显示模式。

3) 字符显示位置的指定

显示字符时，要先输入显示字符地址，即告诉模块在哪里显示字符。表 7-5 所示为 LCD 1602 内部显示地址。1602 型 LCD 字符显示位置的确定方法规定为：80H＋地址码(00～0FH，40～4FH)。

表 7-5　LCD1602 内部显示地址

位置	1	2	3	4	5	6	7	8	9	10	11	12	13	14	15	16
第一行	00	01	02	03	04	05	06	07	08	09	0A	0B	0C	0D	0E	0F
第二行	40	41	42	43	44	45	46	47	48	49	4A	4B	4C	4D	4E	4F

例如，要将某字符显示在第 2 行第 6 列位置，则确定地址的指令代码应为：80H＋45H＝C5H。

7. 1602 型 LCD 的读写操作与单片机的接口电路

微课 7-13

液晶显示模块是慢显示器件，所以，在写每条指令之前一定要读 LCD 的忙标志是否为低电平(即不忙)，否则该写指令失效。为此，1602 型 LCD 专门设了一个忙碌标志位 BF,该位连接在 8 位数据总线 D7 位上。如果 BF 为低电平“0”,表示 LCD 不忙;如果 BF 为高电平“1”,则表示 LCD 处于忙碌状态,需要等待。

假如 1602 型 LCD 的 8 位数据线 D0~D7 是通过单片机的 P0 口进行数据传递的,那么只要检测 P0.7(D7 连接 P0.7)引脚电平,就可以知道忙碌标志位 BF 的状态。1602 型 LCD 的读写操作规定见表 7-6。

表 7-6　1602 型 LCD 的读写操作规定

读状态	输入	RS=0,R/$\overline{W}$=1,E=1	输出	D0~D7=状态字
写指令	输入	RS=0,R/$\overline{W}$=0,D0~D7=指令码,E=高脉冲	输出	无
读数据	输入	RS=1,R/$\overline{W}$=1,E=1	输出	D0~D7=数据
写数据	输入	RS=1,R/$\overline{W}$=0,D0~D7=指令码,E=高脉冲	输出	无

1602 型 LCD 与单片机接口电路如图 7-17 所示。可以看出,LCD 的 RS、R/$\overline{W}$ 和 E 3 个接口分别接在 P2.0、P2.1 和 P2.2 引脚上。只要通过编程对这 3 个引脚置“0”或“1”,就可以实现对 1602 型 LCD 的读写操作。具体来说,显示一个字符的操作过程为:“读状态→写指令→写数据→自动显示”。具体描述如下:

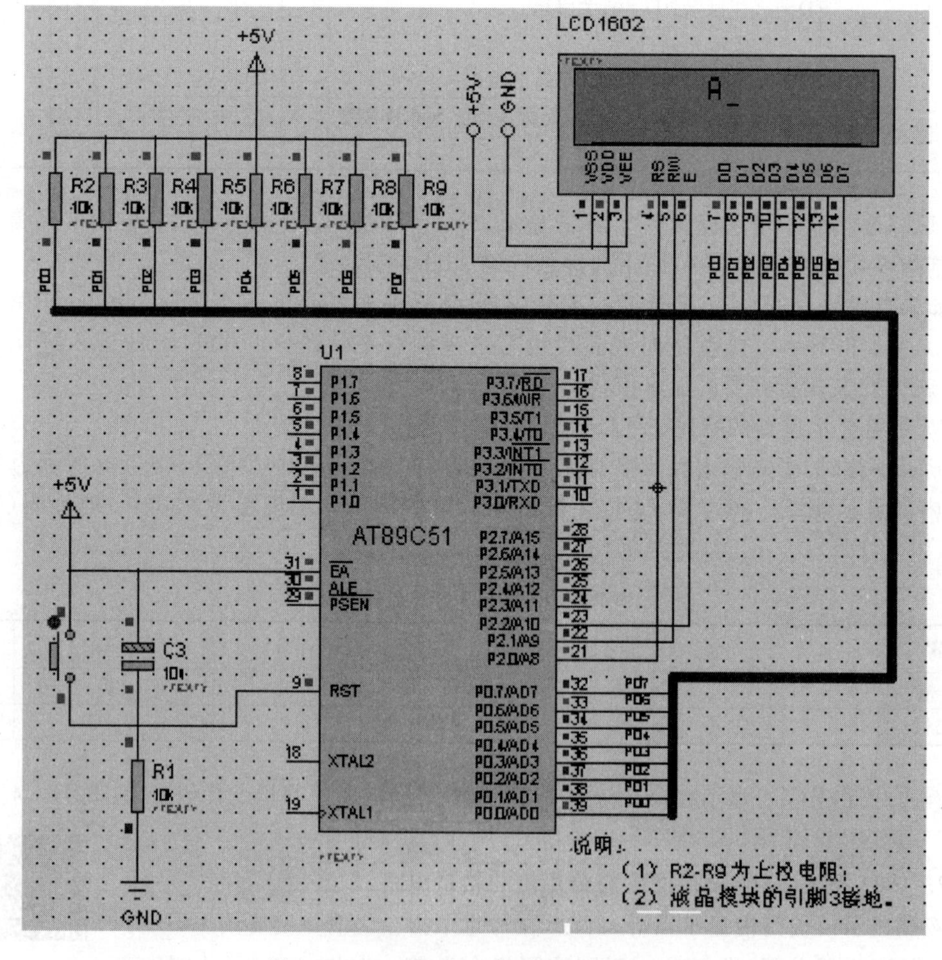

图 7-17　1602 型 LCD 与单片机接口电路

1) 读状态(忙碌检测)

要将待显示的字符(实际上是其标准 ASCII 码)写入液晶显示器模板,首先要检测 LCD 是否忙碌。这要通过读 1602 型 LCD 的状态来实现,即“欲写先读”,操作命令如下:

```
    RS = 0;                    //根据规定,RS 为低电平,R/W̄ 为高电平时,为读状态
R/W̄ = 1;
    E = 1;                     //E = 1,才允许读写
    _nop_();                   //空操作
    _nop_();
    _nop_();
    _nop_();                   //空操作 4 个机器周期,给硬件反应时间
```

然后就可以检测忙碌标志位 BF 的电平(P0.7 引脚电平)。BF=1,忙碌,不能执行写命令;BF=0,不忙,可以执行写命令。

2) 写指令

写指令包括写显示模式控制指令和写入地址。例如,将指令或地址“dictate”(某 2 位十六进制代码)写入液晶模块,操作命令如下:

```
while(BusyTest() == 1);     //如果忙,就等待
  RS = 0;                   //根据规定,RS 和 R/W̄ 同时为低电平时,可以写入指令
  RW = 0;
  E = 0;                    //E 置低电平(根据表 7-6,写指令时,E 为高脉冲,
                            //就是让 E 从 0 到 1 发生正跳变,所以应先置"0")
  _nop_();
  _nop_();                  //空操作两个机器周期,给硬件反应时间
  P0 = dictate;             //将数据送入 P0 口,即写入指令或地址
  _nop_();
  _nop_();
  _nop_();
  _nop_();                  //空操作 4 个机器周期,给硬件反应时间
  E = 1;                    //E 置高电平,产生正跳变
  _nop_();
  _nop_();
  nop_();
  _nop_();                  //空操作 4 个机器周期,给硬件反应时间
  E = 0;                    //当 E 由高电平跳变成低电平时,LCD 开始执行命令
```

3) 写数据

写数据实际是将待显字符的标准 ASCII 码写入 LCD 的数据显示用存储器(DD RAM)里。将数据“data”(某 2 位十六进制代码)写入液晶模块,操作命令如下:

```
while(BusyTest() == 1);
RS = 1;                     //RS 为高电平,R/W̄ 为低电平时,可以写入数据
RW = 0;
E = 0;                      //E 置低电平(根据表 7-6,写指令时,E 为高脉冲,
                            //就是让 E 从 0 到 1 发生正跳变,所以应先置"0")
P0 = data;                  //将数据送入 P0 口,即将数据写入 LCD
```

```
    _nop_();
    _nop_();
    _nop_();
    _nop_();                        //空操作 4 个机器周期,给硬件反应时间
    E = 1;                          //E 置高电平,发生正跳变
    _nop_();
    _nop_();
    _nop_();
    _nop_();                        //空操作 4 个机器周期,给硬件反应时间
    E = 0;                          //当 E 由高电平跳变成低电平时,LCD 开始执行命令
```

4）自动显示

数据写入液晶模块后,字符产生器 ROM(CG　ROM)将自动读出字符的字型点阵数据,并将字符显示在液晶屏上。这个过程由 LCD 自动完成,无须人工干预。

8. 1602 型 LCD 的初始化过程

微课 7-14

使用 1602 型 LCD 前,需要对其显示模式进行初始化设置,过程如下:

(1) 延时 15ms(给 1602 型 LCD 一点反应时间)。

(2) 写指令 38H(尚未开始工作,所以不需检测忙信号,将液晶的显示模式设置为 16×2 显示,5×7 点阵,8 位数据接口)。

(3) 延时 5ms。

(4) 写指令 38H(不需检测忙信号)。

(5) 延时 5ms。

(6) 写指令 38H(不需检测忙信号)。

(7) 延时 5ms(连续设置 3 次,确保初始化成功)。

注意:以后每次写指令、读/写数据操作均需要检测忙信号。

```
    delay(15);                      //延时 15ms,首次写指令时,应给 LCD 一段较长的反应时间
    WriteInstruction(0x38);         //显示模式设置: 16 × 2 显示,5 × 7 点阵,8 位数据接口
    delay(5);                       //延时 5ms
    WriteInstruction(0x38);
    delay(5);
    WriteInstruction(0x38);
    delay(5);
    WriteInstruction(0x0f);         //显示模式设置: 显示开,有光标,光标闪烁
    delay(5);
    WriteInstruction(0x06);         //显示模式设置: 光标右移,字符不移
    delay(5);
    WriteInstruction(0x01);         //清屏幕指令,将以前的显示内容清除
    delay(5);
```

9. 1602 型 LCD 驱动程序的流程图

根据前面的分析,可画出 1602 型 LCD 的驱动程序流程图,如图 7-18 所示。

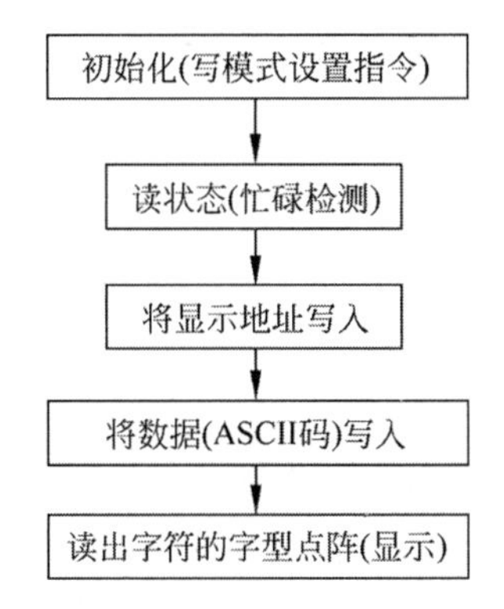

图 7-18　1602 型 LCD 的驱动程序流程图

项目 36：认识 A/D 转换器

● 技能目标

掌握任务 36-1：5V 直流数字电压表设计。

● 知识目标

学习目的：

(1) 了解概述。

(2) 掌握 A/D 转换器的主要技术指标。

(3) 掌握 ADC0809 接口芯片。

(4) 掌握 ADC0809 与单片机的接口及编程和仿真方法。

学习重点和难点：

(1) 掌握 A/D 转换器的主要技术指标。

(2) 掌握 ADC0809 接口芯片。

(3) 掌握 ADC0809 与单片机的接口及编程和仿真方法。

任务 36-1：5V 直流数字电压表设计

微课 7-15

1. 任务要求

(1) 了解 ADC0809 模数转换的工作原理。

(2) 掌握用 Proteus 软件仿真 ADC0809 方法。

(3) 掌握 5V 直流数字电压表的编程方法。

2. 任务描述

在单片机工程应用项目中，常常需要用到 A/D 转换器，本任务就是用 ADC0809 设计一个 5V 直流数字电压表，将输入的直流电压转换成数字信号后，通过 1602 型 LCD 显示出来。

显示模式设置如下：

① 16×2 显示、5×7 点阵、8 位数据接口。

② 开显示、有光标开,且光标闪烁。

③ 光标右移,字符不移。

1) 分析

(1) ADC0809的启动。

将ADC0809的片选信号$\overline{CS}$接地,然后在第一个时钟脉冲下降沿之前将DI端置为高电平,这时即可启动ADC0809。

(2) 通道选择。

选择CH0作为模拟信号输入的通道,由于DI在第2、第3个脉冲下降沿之前分别输入1和0。数据输入端DI与输出端DO并不同时使用,因此将它们并联在一根数据线P1.1上。

2) 程序设计

先建立文件夹XM36-1,然后建立XM36-1工程项目,最后建立源程序文件XM36-1.c,输入如下源程序:

```
#include<reg51.h>                              //包含单片机寄存器的头文件
#include<intrins.h>                            //包含_nop_()函数定义的头文件
    sbit CS = P3^4;                            //将CS位定义为P3.4引脚
    sbit CLK = P1^0;                           //将CLK位定义为P1.0引脚
    sbit DIO = P1^1;                           //将DIO位定义为P1.1引脚
unsigned char code digit[10] = {"0123456789"}; //定义字符数组显示数字
unsigned char code Str[] = {"Volt = "};        //说明显示的是电压
/*****************************************************************************
        以下是液晶模块的操作程序。
*****************************************************************************/
        sbit RS = P2^0;                        //寄存器选择位,将RS位定义为P2.0引脚
        sbit RW = P2^1;                        //读写选择位,将R/W位定义为P2.1引脚
        sbit E = P2^2;                         //使能信号位,将E位定义为P2.2引脚
        sbit BF = P0^7;                        //忙碌标志位,将BF位定义为P0.7引脚
/**************************************************
函数功能:延时1ms。
(3j+2)*i=(3×33+2)×10=1010μs,可以认为是1ms
**************************************************/
    void delay1ms()
    {
      unsigned char i,j;
      for(i=0;i<10;i++)
        for(j=0;j<33;j++)
        ;
    }
/**************************************************
    函数功能:延时若干毫秒。
    入口参数:n
**************************************************/
    void delaynms(unsigned char n)
    {
      unsigned char i;
    for(i=0;i<n;i++)
  delay1ms();
```

```
    }
/ ****************************************************
    函数功能：判断液晶模块的忙碌状态。
    返回值：result.result = 1,忙碌;result = 0,不忙
    **************************************************** /
    bit BusyTest(void)
      {
       bit result;
       RS = 0;                    //根据规定,RS 为低电平,R/W 为高电平时,为读状态
       RW = 1;
       E = 1;                     //E = 1,才允许读写
       _nop_();                   //空操作
       _nop_();
       _nop_();
       _nop_();                   //空操作 4 个机器周期,给硬件反应时间
       result = BF;               //将忙碌标志电平赋给 result
    E = 0;                        //将 E 恢复为低电平
    return result;
    }
/ ****************************************************
函数功能：将模式设置指令或显示地址写入液晶模块。
入口参数：dictate
**************************************************** /
void WriteInstruction(unsigned char dictate)
{
    while(BusyTest() == 1);       //如果忙,就等待
   RS = 0;                        //根据规定,RS 和 R/W 同时为低电平时,可以写入指令
   RW = 0;
  E = 0;                          //E 置低电平(根据表 7-6,写指令时,E 为高脉冲,
                                  //就是让 E 从 0 到 1 发生正跳变,所以应先置"0")
   _nop_();
   _nop_();                       //空操作两个机器周期,给硬件反应时间
   P0 = dictate;                  //将数据送入 P0 口,即写入指令或地址
   _nop_();
   _nop_();
   _nop_();
   _nop_();                       //空操作 4 个机器周期,给硬件反应时间
     E = 1;                       //E 置高电平
   _nop_();
   _nop_();
   _nop_();
   _nop_();                       //空操作 4 个机器周期,给硬件反应时间
   E = 0;                         //当 E 由高电平跳变成低电平时,液晶模块开始执行命令
   }
/ ****************************************************
函数功能：指定字符显示的实际地址。
入口参数：x
**************************************************** /
void WriteAddress(unsigned char x)
  {
     WriteInstruction(x|0x80);    //显示位置的确定方法规定为"80H + 地址码 x"
```

```
}
/*****************************************************
函数功能: 将数据(字符的标准 ASCII 码)写入液晶模块。
入口参数: y(为字符常量)
*****************************************************/
void WriteData(unsigned char y)
{
  while(BusyTest() == 1);
  RS = 1;                      //RS 为高电平,R/W 为低电平时,可以写入数据
  RW = 0;
  E = 0;                       //E 置低电平(根据表 7-6,写指令时,E 为高脉冲,
                               //就是让 E 从 0 到 1 发生正跳变,所以应先置"0")
  P0 = y;                      //将数据送入 P0 口,即将数据写入液晶模块
  _nop_();
  _nop_();
  _nop_();
  _nop_();                     //空操作 4 个机器周期,给硬件反应时间
  E = 1;                       //E 置高电平
  _nop_();
  _nop_();
  _nop_();
  _nop_();                     //空操作 4 个机器周期,给硬件反应时间
  E = 0;                       //当 E 由高电平跳变成低电平时,液晶模块开始执行命令
  }
/*****************************************************
  函数功能: 对 LCD 的显示模式进行初始化设置。
*****************************************************/
void LcdInitiate(void)
{
  delaynms(15);                //延时 15ms,首次写指令时应给 LCD 一段较长的反应时间
  WriteInstruction(0x38);      //显示模式设置: 16×2 显示,5×7 点阵,8 位数据接口
  delaynms(5);                 //延时 5ms,给硬件一点反应时间
  WriteInstruction(0x38);
  delaynms(5);                 //延时 5ms,给硬件一点反应时间
  WriteInstruction(0x38);      //连续 3 次,确保初始化成功
  delaynms(5);                 //延时 5ms,给硬件一点反应时间
  WriteInstruction(0x0c);      //显示模式设置: 显示开,无光标,光标不闪烁
  delaynms(5);                 //延时 5ms,给硬件一点反应时间
  WriteInstruction(0x06);      //显示模式设置: 光标右移,字符不移
  delaynms(5);                 //延时 5ms,给硬件一点反应时间
  WriteInstruction(0x01);      //清屏幕指令,将以前的显示内容清除
  delaynms(5);                 //延时 5ms,给硬件一点反应时间
  }
/*******************************************************************
以下是电压显示的说明。
*******************************************************************/
/*****************************************************
函数功能: 显示电压符号。
*****************************************************/
void display_volt(void)
  {
```

```
     unsigned char i;
     WriteAddress(0x03);          //写显示地址,将在第 2 行第 1 列开始显示
     i = 0;                       //从第一个字符开始显示
    while(Str[i] != '\0')         //只要没有写到结束标志,就继续写
    {
         WriteData(Str[i]);       //将字符常量写入 LCD
         i++;                     //指向下一个字符
    }
   }
/ ****************************************************
函数功能: 显示电压的小数点。
**************************************************** /
   void display_dot(void)
   {
     WriteAddress(0x09);          //写显示地址,将在第 1 行第 10 列开始显示
     WriteData('.');              //将小数点的字符常量写入 LCD
    }
/ ****************************************************
函数功能: 显示电压的单位(V)。
  **************************************************** /
void display_V(void)
   {
      WriteAddress(0x0c);         //写显示地址,将在第 2 行第 13 列开始显示
WriteData('V');                   //将字符常量写入 LCD

   }
   / ****************************************************
   函数功能: 显示电压的整数部分。
    入口参数: x
**************************************************** /
void display1(unsigned char x)
{
    WriteAddress(0x08);           //写显示地址,将在第 2 行第 7 列开始显示
    WriteData(digit[x]);          //将百位数字的字符常量写入 LCD
}
/ ****************************************************
函数功能: 显示电压的小数部分。
入口参数: x
**************************************************** /
void display2(unsigned char x)
{
unsigned char i,j;
i = x/10;                         //取十位(小数点后第一位)
j = x % 10;                       //取个位(小数点后第二位)
WriteAddress(0x0a);               //写显示地址,将在第 1 行第 11 列开始显示
  WriteData(digit[i]);            //将小数部分的第一位数字字符常量写入 LCD
WriteData(digit[j]);              //将小数部分的第一位数字字符常量写入 LCD
}
/ ****************************************************
函数功能: 将模拟信号转换成数字信号。
**************************************************** /
```

```
unsigned char A_D()
{
  unsigned char i,dat;
   CS = 1;                        //一个转换周期开始
   CLK = 0;                       //为第一个脉冲作准备
   CS = 0;                        //CS 置 0,片选有效
   DIO = 1;                       //DIO 置 1,规定的起始信号
   CLK = 1;                       //第一个脉冲
   CLK = 0;                       //第一个脉冲的下降沿,此前 DIO 必须是高电平
   DIO = 1;                       //DIO 置 1,通道选择信号
   CLK = 1;                       //第二个脉冲,第 2、3 个脉冲下沉之前,DI 必须分别输入两位数
                                  //据用于选择通道,这里选通道 CH0
   CLK = 0;                       //第二个脉冲下降沿
   DIO = 0;                       //DI 置 0,选择通道 0
   CLK = 1;                       //第三个脉冲
   CLK = 0;                       //第三个脉冲下降沿
   DIO = 1;                       //第三个脉冲下沉之后,输入端 DIO 失去作用,应置 1
   CLK = 1;                       //第四个脉冲
      for(i = 0;i < 8;i++)        //高位在前
    {
      CLK = 1;                    //第四个脉冲
      CLK = 0;
      dat <<= 1;                  //将下面存储的低位数据向左移
      dat| = (unsigned char)DIO;  //将输出数据 DIO 通过或运算存储在 dat 最低位
    }
    CS = 1;                       //片选无效
     return dat;                  //将读出的数据返回
  }
/ ****************************************************
函数功能: 主函数。
**************************************************** /
main(void)
{
  unsigned int AD_val;            //存储 A/D 转换后的值
  unsigned char Int,Dec;          //分别存储转换后的整数部分与小数部分
   LcdInitiate();                 //将液晶初始化
   delaynms(5);                   //延时 5ms,给硬件一点反应时间
   display_volt();                //显示温度说明
   display_dot();                 //显示温度的小数点
   display_V();                   //显示温度的单位
   while(1)
      {
      AD_val = A_D();             //进行 A/D 转换
      Int = (AD_val)/51;          //计算整数部分
      Dec = (AD_val % 51) * 100/51;//计算小数部分
      display1(Int);              //显示整数部分
      display2(Dec);              //显示小数部分
      delaynms(250);              //延时 250ms
     }
 }
```

3）用 Proteus 软件仿真

经过 Keil 软件编译通过后，在 Proteus ISIS 编辑环境中绘制仿真电路图，将编译好的 XM36-1.hex 文件加载到 AT89C51 里，然后启动仿真，就可以看到 5V 直流数字电压表，效果图如图 7-19 所示。

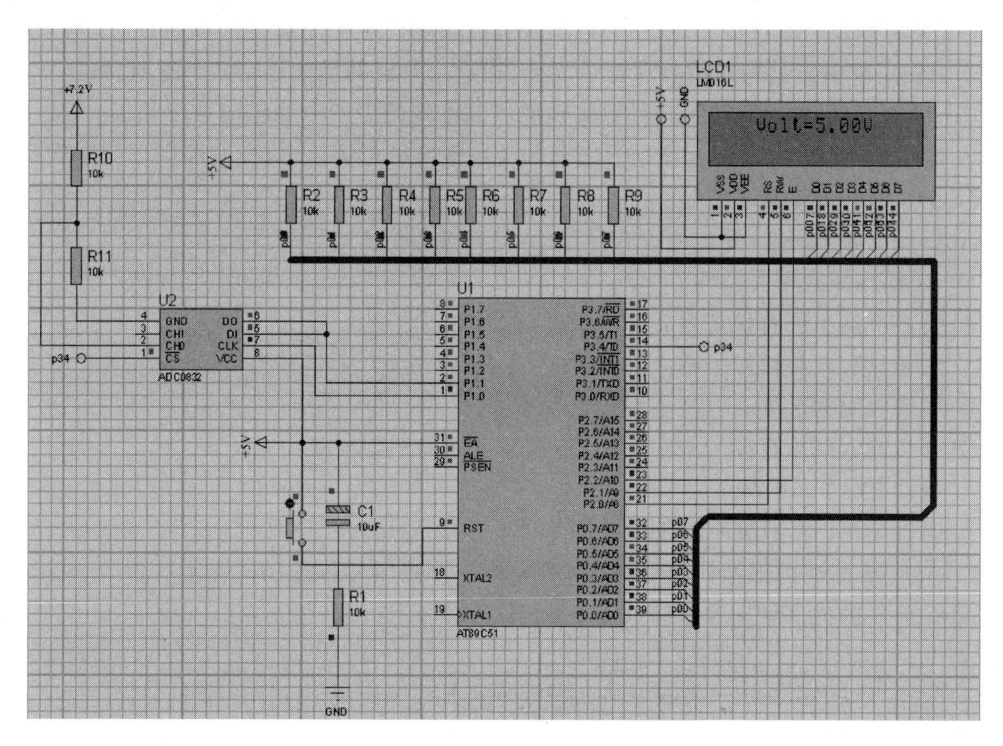

图 7-19　5V 直流数字电压表效果图

任务 36-2：相关知识

微课 7-16

1. 概述

A/D 转换器用于实现模拟量到数字量的转换。按转换原理划分，A/D 转换器可分为 4 种：计数式 A/D 转换器、双积分式 A/D 转换器、逐次逼近式 A/D 转换器和并行式 A/D 转换器。目前最常用的是双积分式 A/D 转换器和逐次逼近式 A/D 转换器。

2. A/D 转换器的主要技术指标

（1）分辨率：A/D 转换器的分辨率是指使输出数字量变化一个相邻数码所需输入模拟电压的变化量。常用可转换成的数字量的位数来表示（例如，8 位、10 位、12 位、16 位等）。

$$\text{分辨率} = \frac{\text{最大输入满量程模拟电压}}{2^N - 1}$$

其中，N 是可转换成的数字量的位数。所以，位数越高，分辨率也越高。例如，当输入满量程电压为 5V 时，对于 8 位 A/D 转换器，A/D 转换的分辨率为 5V/255＝0.0196V＝19.6mV。例如：温度 1～300℃，对应电压为 0～5V，则 A/D 转换的分辨率为 1.17℃。

对于 12 位 A/D 转换器，A/D 转换的分辨率为 5V/4095＝0.001 22V＝1.22mV。

例如：温度 1～300℃，对应电压为 0～5V，则 A/D 转换的分辨率为 0.07℃。

(2) 转换时间：转换时间反映了 A/D 转换的速度。转换时间是启动 A/D 转换器开始转换到完成一次转换所需要的时间。

(3) 量程：量程是指能进行转换的输入电压的最大范围。

(4) 绝对精度：绝对精度是指 A/D 转换器输出端产生一个给定的数字量时，A/D 转换器输入端的实际模拟量输入值与理论值之差，把这个差值的最大值定义为绝对精度。

(5) 相对精度：相对精度是指 A/D 转换器输出端产生一个给定的数字量时，A/D 转换器输入端实际模拟量输入值与理论值之差的最大值与满量程值之比，一般用百分数表示。

3. ADC0809 接口芯片

ADC0809 是 CMOS 逐次逼近式 8 位 A/D 转换器。

1) ADC0809 的主要特性

ADC0809 的主要特性如下：

① 它是具有 8 路模拟量输入、8 位数字量输出功能的 A/D 转换器。

② 转换时间为 100μs。

③ 模拟输入电压范围为 0～+5V，不需零点和满刻度校准。

④ 低功耗，约 15mW。

⑤ 时钟频率：典型值 500kHz(范围为 10～1280kHz)。

2) ADC0809 的内部结构及引脚

ADC0809 的内部结构及引脚如图 7-20(a)、(b)所示。

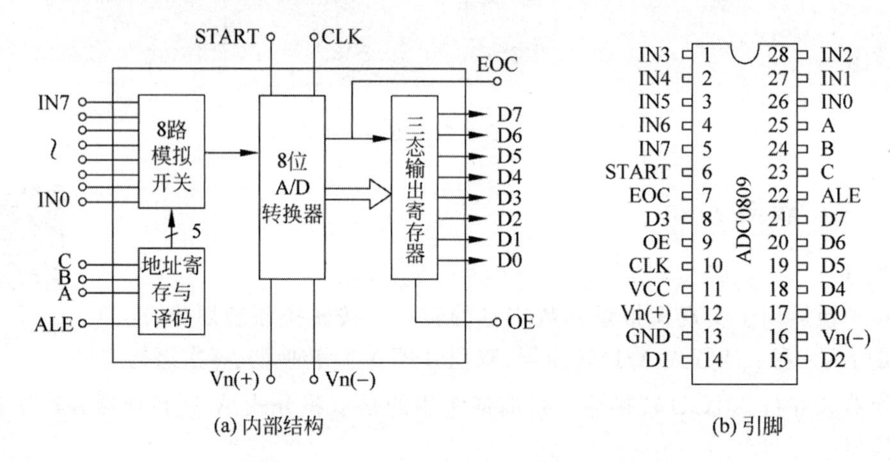

(a) 内部结构　　(b) 引脚

图 7-20　ADC0809 的内部结构及引脚

(1) 结构和转换原理。

图 7-20(a)所示为 ADC0809 的内部结构框图。ADC0809 由 3 部分组成：8 路模拟量选通开关、8 位 A/D 转换器和三态输出数据锁存器。

ADC0809 允许 8 路模拟信号输入，由 8 路模拟开关选通其中一路信号，模拟开关受通道地址锁存和译码电路控制。当地址锁存信号 ALE 有效时，3 位地址 C、B、A 进入地址锁存器，经译码后，使 8 路模拟开关选通某一路信号。

8 位 A/D 转换器为逐次逼近式，由 256R 电阻分压器、树状模拟开关(这两部分组成一个 D/A 变换器)、电压比较器、逐次逼近寄存器、逻辑控制和定时电路组成。

三态门输出锁存器用来保存 A/D 转换结果，当输出允许信号 OE 有效时，打开三态门，输出 A/D 转换结果。因输出有三态门，所以便于与单片机总线连接。

(2) 引脚功能。

由引脚图 7-20(b)所示，ADC0809 共有 28 个引脚，采用双列直插式封装。ADC0809 虽然有 8 路模拟通道可以同时输入 8 路模拟信号，但每个瞬间只能转换一路，各路之间的切换由软件变换通道地址来实现。其主要引脚功能如下所示。

- IN0～IN7(输入)：8 路模拟电压输入端，同一时刻只可有一路模拟信号输入。
- A、B、C(或 ADDA、ADDB、ADDC)：地址信号线，输入，用于选择控制 8 通路输入模拟量中的某一路工作。A、B、C 与 IN0～IN7 的关系见表 7-7。

表 7-7 A、B、C 与 IN0～IN7 的关系

C	B	A	模拟信号输入通路选择
0	0	0	IN0
0	0	1	IN1
0	1	0	IN2
0	1	1	IN3
1	0	0	IN4
1	0	1	IN5
1	1	0	IN6
1	1	1	IN7

- ALE：地址锁存允许信号，输入，高电平有效，配合 A、B、C 工作。
- D7～D0：8 位数字量输出端。
- START：A/D 转换启动信号输入端，START 的上升沿使逐次逼近寄存器复位，下降沿启动 ADC 进行 A/D 转换工作。
- CLK：时钟脉冲输入端，频率范围为 10kHz～1.28MHz，典型值为 640kHz，转换时间约为 100μs。
- EOC：A/D 转换结束信号，输出，高电平有效，可作为中断请求信号。EOC 信号若是低电平，表示转换正在进行。
- OE：数字量输出允许信号。有效时打开 ADC0809 的输出三态门，转换结果送数据总线。
- Vn(＋)～Vn(－)(或 VREF(＋)～VREF(－))：基准电压，用来与输入的模拟信号进行比较，作为逐次逼近的基准。其典型值－Vn 为 0V 或－5V，＋Vn 为＋5V 或 0V。
- VCC：电源电压，＋5V。
- GND：地线。

4. ADC0809 与单片机的接口

ADC0809 与单片机的连接主要考虑与单片机的数据总线、地址总线和控制总线的连接。

- 数据总线。由于 ADC0809 的输出 D7～D0 具有三态输出锁存缓冲器，因此，ADC0809 可以直接和单片机的数据总线 P0.0～P0.7 相连。
- 地址总线。地址总线的 P0.0、P0.1、P0.2 可以对应连接 ADC0809 的 A、B、C 三位地址信号输入线,用以控制8路模拟输入中哪一路被选中输入。

- 控制总线。有启动转换信号START、输出允许信号OE、转换结束信号EOC以及ALE等信号线的连接。START要求是一个正脉冲信号,由单片机控制发出,输出允许信号OE也需要单片机提供一个正脉冲信号。在A/D转换结束时,ADC0809会发出转换结束信号EOC,通知80C51可以读取转换数据。

A/D转换后得到的是数据,这些数据应传送给80C51单片机进行处理。数据传送的关键问题是如何确认A/D转换完成,因为只有确认数据转换完成后,才能进行传送。为此,可采用下述3种方式。

1) 定时传送方式

对于一种A/D转换器来说,转换时间作为一个主要技术指标是已知的和固定的。例如,若ADC0809转换时间为128μs,相当于6MHz的80C51单片机的64个机器周期。可据此设计一个延时子程序,A/D转换启动后即调用这个延时子程序,延迟时间一到,转换肯定完成了,接着就可进行数据传送。

2) 查询传送方式

ADC0809与AT89C51单片机的接口电路如图7-21所示。由于ADC0809片内无时钟,利用AT89C51提供的地址锁存信号ALE经D触发器(74LS74)二分频后获得。当系统时钟为f_{osc}=6MHz时,ALE引脚的频率为1/6f_{osc}=1MHz。再经过二分频后为500kHz,ADC0809能可靠工作。

由于ADC0809具有输出三态锁存器,故其8位数据线可直接与AT89C51单片机数据总线相连。单片机的低8位地址信号在ALE作用下锁存在74ALS373中。74ALS373输出的低3位信号分别加到ADC0809的通道选择端ADDA、ADDB、ADDC,作为通道编码。单片机的P2.7作为片选信号,与$\overline{WR}$行或非操作得到一个正脉冲加到ADC0809的START和ALE引脚上。由于ALE和START连接在一起,因此ADC0809在锁存通道地址的同时也启动转换。读取转换结果时,用单片机的读信号$\overline{RD}$和P2.7引脚经或非门后产生的正脉冲信号作为OE信号,用以打开三态输出锁存器。上述操作时,P2.7应为低电平。ADC0809的EOC端经反相器连接到单片机的P3.3($\overline{INT1}$)引脚,作为查询或中断信号。ADC0809 8个通道地址的确定:要启动A/D,P2.7=0。ADDC、ADDB、ADDA从000、001、010、011、100、101、110、111分别表示A/D的8个通道,而P2.7对应单片机16位地址线的最高位A15,ADDC、ADDB、ADDA对应地址线的低三位A2、A1、A0,其余地址线为任意电平,这里取为全1。这样不难看出,A/D 8个通道IN0～IN7的地址范围是7FF8H～7FFFH。

3) 中断传送方式

采用中断方式可大大节省单片机的时间。转换结束时,EOC向单片机发出中断请求信号,由中断服务子程序读取A/D转换结果,并存储到RAM中,然后启动ADC0809的下一次转换。

无论使用上述哪种传送方式,只要确认转换完成,即可通过指令进行数据传送。首先送出口地址,并以$\overline{RD}$作选通信号,当$\overline{RD}$信号有效时,OE信号即有效,把转换数据送上数据总线,供80C51单片机接收。

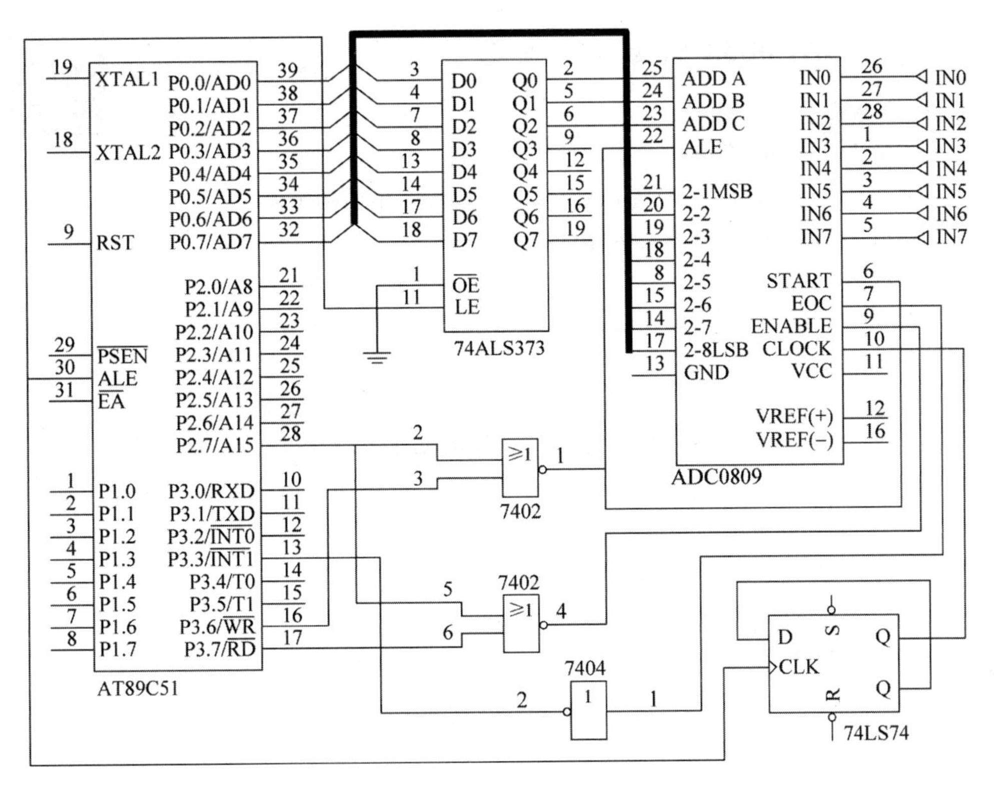

图 7-21　ADC0809 与 89C51 单片机的接口电路

项目 37：认识 D/A 转换器

● 技能目标

掌握任务 37-1：DAC0832 锯齿波发生器。

● 知识目标

学习目的：

（1）了解概述。

（2）掌握 D/A 转换器的主要技术指标。

（3）掌握 DAC0832 接口芯片。

（4）掌握 DAC0832 与单片机接口。

（5）掌握 DAC0832 编程和仿真方法。

学习重点和难点：

（1）DAC0832 接口芯片。

（2）DAC0832 与单片机接口。

（3）DAC0832 编程和仿真方法。

任务37-1：DAC0832锯齿波发生器

微课7-17

1. 任务要求

(1) 了解DAC0832锯齿波发生器的工作原理。

(2) 掌握用Proteus软件仿真DAC0832锯齿波发生器的方法。

(3) 掌握DAC0832锯齿波发生器的编程方法。

2. 任务描述

在单片机应用项目中,常常需要用到D/A转换器,本任务就是用DAC0832将数字信号转换为0～+5V的锯齿波电压。

1) 分析

如果要使DAC0832输出电压是逐渐上升的锯齿波,只要让单片机从P0.0～P0.7引脚端输出不断增加的数据即可。由于DAC0832相当于片外存储器,因此可以常用由"ABSACC.H"头文件定义的指令"XBYTE[unsigned int]"来实现对DAC0832的寻址。下列指令可在外部存储器区域访问地址0x000F:

```
xval = XBYTE[0x000F];                //将地址"0x000F"中的数据取出送给 xval
XBYTE[0x000F] = 0xA8;                //将数据"0xA8"送入地址"0x000F"
```

2) 程序设计

先建立文件夹XM37-1,然后建立XM37-1工程项目,最后建立源程序文件XM37-1.c,输入如下源程序:

```
#include<reg51.h>                    //包含单片机寄存器的头文件
#include<absacc.h>                   //包含对片外存储器地址进行操作的头文件
sbit CS = P2^7;                      //将 CS 位定义为 P2.7 引脚
sbit WR12 = P3^6;                    //将 WR12 位定义为 P3.6 引脚
void main(void)
{
unsigned char i;
        CS = 0;                      //输出低电平,以选中 DAC0832
        WR12 = 0;                    //输出低电平,以选中 DAC0832
        while(1)
{
for(i = 0;i<255;i++)
XBYTE[0x7fff] = i;      //将数据 i 送入片外地址 07FFFH,实际上就是通过 P0 口将数据送入 DAC0832
  }
}
```

3) 用Proteus软件仿真

经过Keil软件编译通过后,在Proteus ISIS编辑环境中绘制仿真电路图,将编译好的XM37-1.hex文件加载到AT89C51里,然后启动仿真,就可以看到DAC0832锯齿波发生器,效果图如图7-22所示。

任务37-2：相关知识

1. 概述

测控系统是单片机应用的重要领域。在测控系统中,除数字量之外,还会遇到另一种物

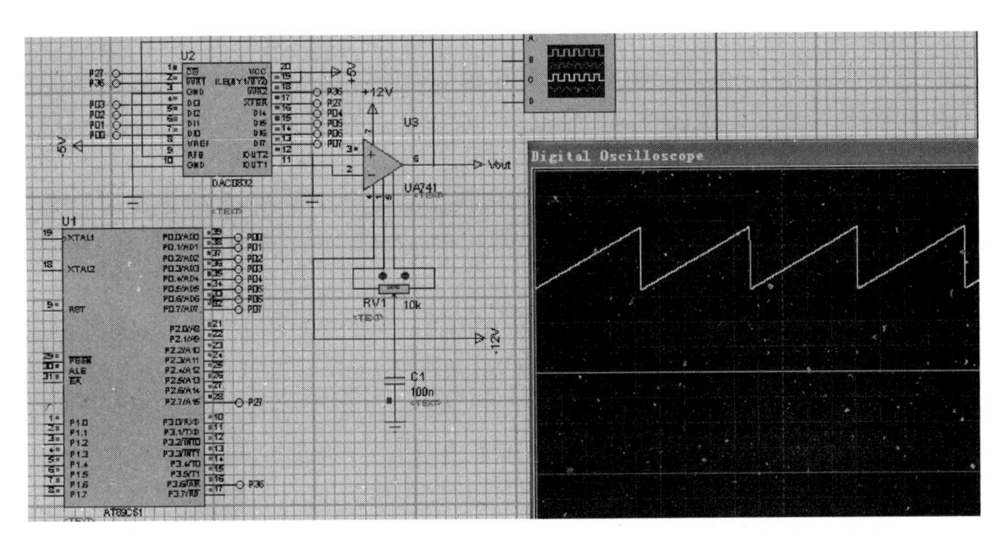

图 7-22　DAC0832 锯齿波发生器效果图

理量，即模拟量。例如：温度、速度、电压、电流、压力等，它们都是连续变化的物理量。

单片机系统中凡是遇到有模拟量的地方，就要进行模拟量向数字量、数字量向模拟量的转换，也就要涉及单片机的数/模(D/A)和模/数(A/D)转换的接口技术。

微课 7-18

2. D/A 转换器的主要技术指标

1）分辨率

分辨率是指 D/A 转换器可输出的模拟量的最小变化量，也就是最小输出电压(输入的数字量只有 D0＝1)与最大输出电压(输入的数字量所有位都等于 1)之比，通常定义为刻度值与 2^n 之比(n 为二进制位数)。二进制位数越多，分辨率越高。例如，若满量程为 5V，根据分辨率的定义，则分辨率为 $5V/2^n$。设 8 位 D/A 转换，即 n＝8，分辨率为 $5V/2^8 \approx 19.53mV$，即二进制变化一位，可引起模拟电压变化 19.53mV；当采用 12 位 D/A 转换器时，分辨率则为 $5V/2^{12}=1.22mV$。显然，位数越多，分辨率就越高。

2）转换精度

在理想情况下，精度和分辨率基本一致，位数越多，精度越高。但由于电源电压、参考电压、电阻等各种因素存在着误差，严格来讲，精度和分辨率并不完全一致，只要位数相同，分辨率相同，但相同位数的不同转换器精度会有所不同。

D/A 转换精度指模拟输出实际值与理想输出值之间的误差，包括非线性误差、比例系数误差、漂移误差等误差，用于衡量 D/A 转换器将数字量转换成模拟量时，所得模拟量的精确程度。

精度与分辨率是两个不同的参数。精度取决于 D/A 转换器各个部件的制作误差，而分辨率取决于 D/A 转换器的位数。

3）影响精度的误差

失调误差(零位误差)定义为当数值量输入全为“0”时，输出电压却不为 0V。该电压值称为失调电压，该值越大，误差越大。增益误差定义为：实际转换增益与理想增益之误差。线性误差定义为：它是描述 D/A 转换线性度的参数，定义为实际输出电压与理想输出电压之误差，一般用百分数表示。

4) 转换速度

D/A 转换速度是指从二进制数输入到模拟量输出的时间,时间越短,速度越快,一般为几十到几百微秒。

5) 输出电平范围

输出电平范围是指当 D/A 转换器可输出的最低电压与可输出的最高电压的电压差值。常用的 D/A 转换器的输出范围是 0～+5V,0～+10V,-2.5～+2.5V,-5～+5V,-10～+10V 等。

3. DAC0832 接口芯片

D/A 接口芯片种类很多,有通用型、高速型、高精度型等,转换位数有 8 位、12 位、16 位等,输出模拟信号有电流输出型(如 DAC0832、AD7522 等)和电压输出型(如 AD558、AD7224 等),在应用中可根据实际需要进行选择。

DAC0832 是采用 CMOS 工艺制造的 8 位电流输出型 D/A 转换器,分辨率为 8 位,建立时间为 1μs,功耗为 20mW,数字输入电平为 TTL 电平。

1) DAC0832 芯片

DAC0832 是 8 位电流型 D/A 转换器,20 引脚双列直插式封装,其结构框图及引脚如图 7-23(a)、(b)所示。

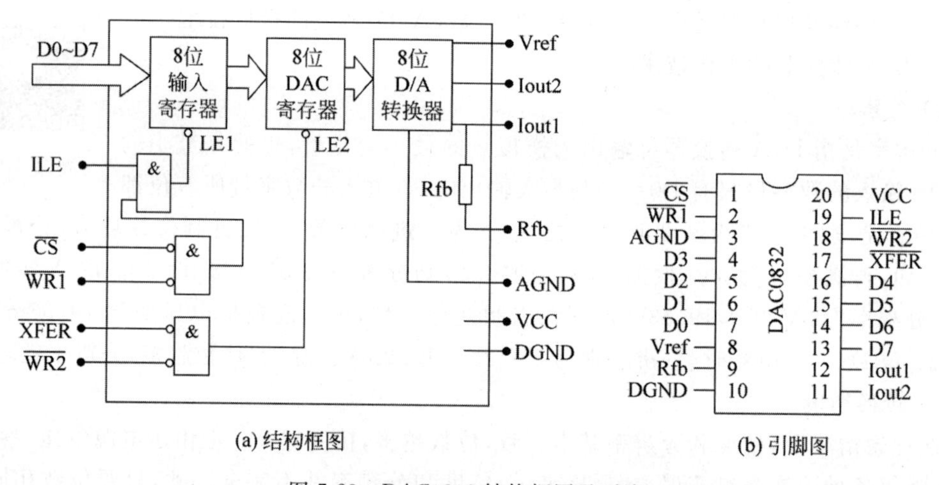

图 7-23 DAC0832 结构框图及引脚

(1) 组成。

DAC0832 结构框图如图 7-23(a)所示。它由一个 8 位输入寄存器、一个 8 位 DAC 寄存器和一个 8 位 D/A 转换器以及控制电路组成。输入寄存器和 DAC 寄存器可以分别控制,从而可以根据需要接成两级输入锁存的双缓冲方式,一级输入锁存的单缓冲方式,或接成完全直通的无缓冲方式。

(2) 各引脚的功能。

DAC0832 是有 20 个引脚的双列直插式芯片,其引脚排列如图 7-23(b)所示。20 个引脚中包括与单片机连接的信号线,与外设连接的信号线,以及其他引线。

① 与单片机相连的信号线。

- D7～D0:8 位数据输入线,用于数字量输入。

- ILE：输入锁存允许信号，高电平有效。
- $\overline{\text{CS}}$：片选信号，低电平有效，与 ILE 结合决定$\overline{\text{WR1}}$是否有效。
- $\overline{\text{WR1}}$：写命令 1，当$\overline{\text{WR1}}$为低电平，且 ILE 和$\overline{\text{CS}}$有效时，把输入数据锁存入输入寄存器；$\overline{\text{WR1}}$、ILE 和$\overline{\text{CS}}$ 3 个控制信号构成第一级输入锁存命令。
- $\overline{\text{WR2}}$：写命令 2，低电平有效，该信号与$\overline{\text{XFER}}$配合，当$\overline{\text{XFER}}$有效时，可使输入寄存器中的数据传送到 DAC 寄存器中。
- $\overline{\text{XFER}}$：传送控制信号，低电平有效，与$\overline{\text{WR2}}$配合，构成第二级寄存器（DAC 寄存器）的输入锁存命令。

② 与外设相连的信号线。

- Iout1：DAC 电流输出 1，它是输入数字量中逻辑电平为"1"的所有位输出电流的总和。当所有位逻辑电平全为"1"时，Iout1 为最大值；当所有位逻辑电平全为"0"时，Iout1 为"0"。
- Iout2：DAC 电流输出 2，它是输入数字量中逻辑电平为"0"的所有位输出电流的总和。
- Rfb：反馈电阻，为外部运算放大器提供一个反馈电压。根据需要，可外接反馈电阻 Rfb。

③ 其他引线。

- Vref：参考电压输入端，要求外部提供精密基准电压，Vref 一般在－10～＋10V 之间。
- VCC：芯片工作电源电压，一般为＋5～＋15V。
- AGND：模拟地。
- DGND：数字地。

注意：模拟地要连接模拟电路的公共地，数字地要连接数字电路的公共地，最后把它们汇接为一点接到总电源的地线上。为避免模拟信号与数字信号互相干扰，两种不同的地线不可交叉混接。

2）DAC0832 的工作过程

DAC0832 的工作过程如下所示。

（1）单片机执行输出指令，输出 8 位数据给 DAC0832。

（2）在单片机执行输出指令的同时，使 ILE、$\overline{\text{WR1}}$、$\overline{\text{CS}}$ 3 个控制信号端都有效，8 位数据锁存在 8 位输入寄存器中。

（3）当$\overline{\text{WR2}}$、$\overline{\text{XFER}}$二个控制信号端都有效时，8 位数据再次被锁存到 8 位 DAC 寄存器，这时 8 位 D/A 转换器开始工作，8 位数据转换为对应的模拟电流，从 IOUT1 和 IOUT2 输出。

4. DAC0832 与单片机接口

针对使用两个寄存器的方法，形成了 DAC0832 的 3 种工作方式，分别为单缓冲方式、双缓冲方式和直通方式。

1）单缓冲方式

两个寄存器中的一个处于直通状态，输入数据只经过一级缓冲送入 D/A 转换器电路。在这种方式下，只需执行一次写操作，即可完成 D/A 转换，可以提高 DAC 的数据吞吐量。

单缓冲工作方式又分为单极性输出和双极性输出。

(1) 单极性输出。

单极性输出适用于一路输出,或几路输出不要求同步的系统。单极性输出电路如图7-24所示。DAC0832与单片机接口时要进行数据总线、地址总线和控制总线的连接。对于8位数据总线的80C51,DAC0832的数据线D7~D0可直接连至80C51的数据总线。在图7-24所示的电路中,VCC、Vref和ILE都连接到+5V电源,从而使参考电压Vref为+5V,使ILE保持有效的高电平。

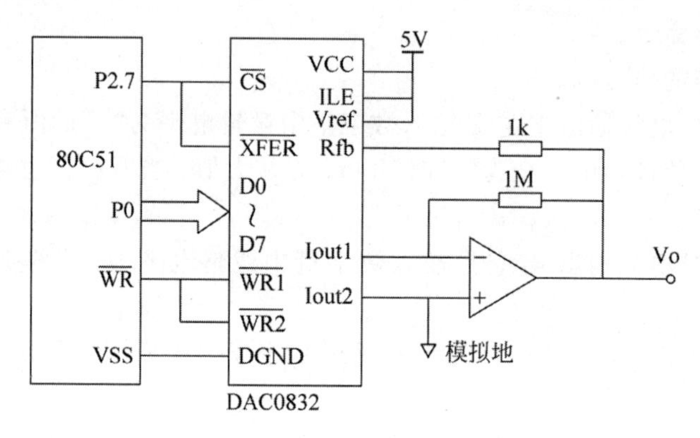

图 7-24 DAC0832 工作单极性单缓冲方式

(2) 双极性输出。

双极性输出电路如图7-25所示。

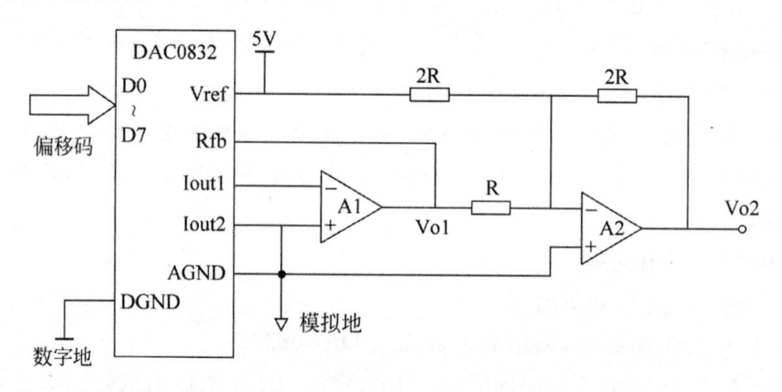

图 7-25 DCA0832 工作双极性单缓冲方式

可推导出:$Vo2=(D-2^7)\times Vref/2^7$

当D=127时,偏移码为1111 1111,Vo2=Vref-1LSB

当D=-127时,偏移码为0000 0001,Vo2=-(Vref-1LSB)

分辨率比单极性时降低1/2(最高位作为符号位,只有7位数字位)。

2) 双缓冲方式

数据通过二个寄存器锁存后送入D/A转换电路,执行两次写操作才能完成一次D/A转换。这种方式特别适用于要求同时输出多个模拟量的场合。图7-26所示是由二片DAC0832组成的双缓冲系统。

D/A转换器的双缓冲方式可以使两路或多路并行D/A转换器同时输出模拟量。图7-26

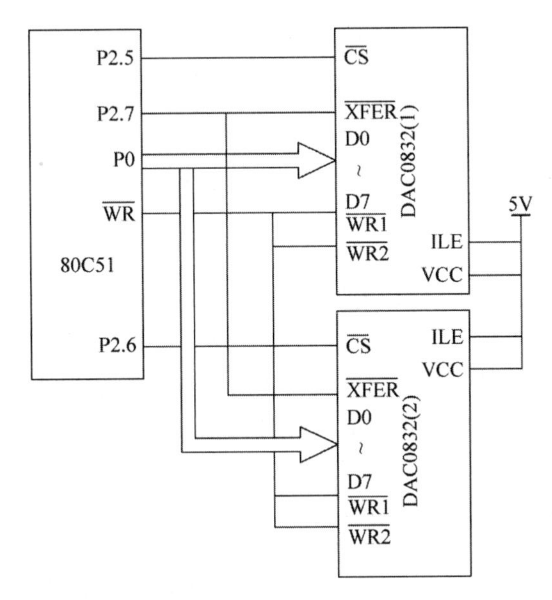

图 7-26 DCA0832 工作双缓冲方式

所示用单片机口线 P2.5 控制第一片 DAC0832 的输入锁存器，地址为 DFFFH，用单片机口线 P2.6 控制第二片 DAC0832 的输入锁存器，地址为 BFFFH，以上为第一级缓冲。然后用单片机口线 P2.7 同时控制两片 DAC0832 的第二级缓冲，地址为 7FFFH，这时两片 DAC0832 同时进行 D/A 转换，并输出模拟量。

3）直通方式

直通方式是两个寄存器都处于直通状态，即 ILE 接高电平，$\overline{CS}$、$\overline{WR1}$、$\overline{WR2}$和$\overline{XFER}$都处于低电平状态，数据直接送入 D/A 转换器电路进行 D/A 转换。这种方式可用于一些不采用微机的控制系统中。

● 技能目标

（1）掌握项目 38：步进电动机正反转控制。

（2）掌握项目 39：电子密码锁。

（3）掌握项目 40：数码秒表设计。

（4）掌握项目 41：液晶时钟显示器。

*项目 38：步进电动机正反转控制

微课 7-19

1. 项目要求

（1）了解独立式键盘的工作原理。

（2）了解步进电动机的工作原理。

（3）掌握用 Proteus 软件仿真步进电动机的方法。

（4）掌握独立式键盘控制步进电动机的编程方法。

2. 项目描述

本任务用独立式键盘控制步进电动机正反转。

(1) 按下S1键时,步进电动机正转。

(2) 按下S2键时,步进电动机反转。

(3) 按下S3键时,步进电动机停转。

3. 项目实现

1) 分析

(1) 步进电动机的驱动。

由于步进电动机的工作电流比较大,因此在用单片机控制时需要驱动电路。常用集成电路驱动有ULN2003A、ULN2803、74LS244等。本任务采用ULN2003A大功率高速集成电路。该芯片将来自P2口低4位的脉冲信号放大后送给步进电动机,步进电动机接一根电源线即可正常工作。因此,本任务步进电动机的连线共5条,即4条信号线和1条电源线。

(2) 步进电动机的工作脉冲。

本任务采用二相励磁步进电动机,有两组相励磁线圈 $A\overline{A}$ 和 $B\overline{B}$。使用时,只需要在两组线圈的4个端口分别输入规定的环形脉冲信号,也就是通过控制单片机的P2.0引脚、P2.1引脚、P2.2引脚和P2.3引脚这4个端口的高低电平顺序,就可以控制步进电动机的转动方向。表7-8和表7-9给出的二相励磁步进电动机正、反转的环形脉冲分配表,让步进电动机正转或反转时,只要将正、反环形脉冲信号送给步进电动机即可;要让电动机停转,只要不给步进电动机输送脉冲信号即可。

表7-8 步进电动机正转的环形脉冲分配表

步 数	P2.0	P2.1	P2.2	P2.3	P2
	A	$\overline{A}$	B	$\overline{B}$	
1	1	1	0	0	0xfc
2	0	1	1	0	0xf6
3	0	0	1	1	0xf3
4	1	0	0	1	0xf9

表7-9 步进电动机反转的环形脉冲分配表

步 数	P2.0	P2.1	P2.2	P2.3	P2
	A	$\overline{A}$	B	$\overline{B}$	
1	1	1	0	0	0xfc
2	1	0	0	1	0xf9
3	0	0	1	1	0xf3
4	0	1	1	0	0xf6

(3) 软件设计。

本任务软件设计包括两部分:一部分是步进电动机转动的驱动程序;另一部分是由定时器中断控制的键盘扫描程序。第一部分应包含对应4个按键值的子程序;步进电动机正转子程序(S1)、步进电动机反转子程序(S2)和步进电动机停转子程序(S3)。第二部分应包含第一次检测到有按键被按下(对应引脚为低电平)时,先认为是抖动,等待几十毫秒后再次检测按键状态,若引脚仍为低电平,则可以确定该按键被按下,然后再执行相应的按键功能,流程图如图 7-27 所示。

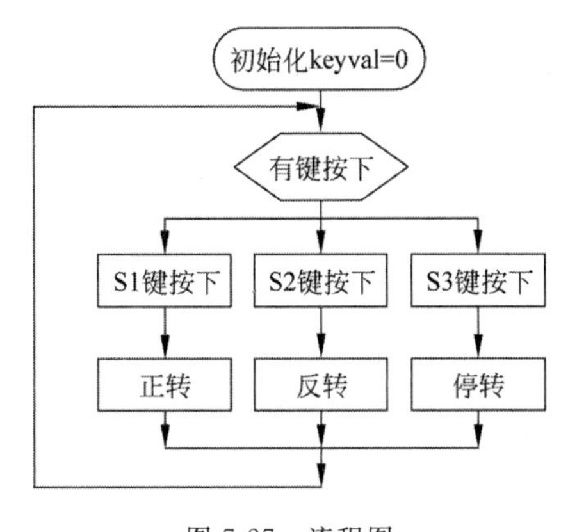

图 7-27　流程图

2）程序设计

先建立文件夹 XM38，然后建立 XM38 工程项目，最后建立源程序文件 XM38.c，输入如下源程序：

```
#include<reg51.h>                    //包含 51 单片机寄存器定义的头文件
sbit S1 = P1^4;                      //将 S1 位定义为 P1.4 引脚
sbit S2 = P1^5;                      //将 S2 位定义为 P1.5 引脚
sbit S3 = P1^6;                      //将 S3 位定义为 P1.6 引脚
unsigned char keyval;                //储存按键值
unsigned char ID;                    //储存功能标号
/**************************************************
函数功能：软件消抖延时（约 15ms）。
**************************************************/
void delay(void)
{
  unsigned char i,j;
for(i = 0;i<50;i++)
 for(j = 0;j<100;j++)
   ;
}
/**************************************************
函数功能：步进电动机转动延时，延时越长，转速越慢。
**************************************************/
void motor_delay(void)
  {
  unsigned int i;
   for(i = 0;i<2000;i++)
       ;
}
/**************************************************
函数功能：步进电动机正转。
**************************************************/
void forward()
  {
  P2 = 0xfc;                         //P2 口低四位脉冲 1100
```

```
    motor_delay();
  P2 = 0xf6;                    //P2 口低四位脉冲 0110
     motor_delay();
  P2 = 0xf3;                    //P2 口低四位脉冲 0011
     motor_delay();
  P2 = 0xf9;                    //P2 口低四位脉冲 1001
     motor_delay();
  }
/ ***********************************************
函数功能：步进电动机反转。
*********************************************** /
void backward()
  {
     P2 = 0xfc;                 //P2 口低四位脉冲 1100
     motor_delay();
     P2 = 0xf9;                 //P2 口低四位脉冲 1001
     motor_delay();
     P2 = 0xf3;                 //P2 口低四位脉冲 0011
     motor_delay();
     P2 = 0xf6;                 //P2 口低四位脉冲 0110
     motor_delay();
  }
/ ***********************************************
函数功能：步进电动机停转。
*********************************************** /
void stop(void)
{
   P2 = 0xff;                   //步进电动机停转
}
/ ***********************************************
函数功能：主函数。
*********************************************** /
void main(void)
{
  TMOD = 0x01;                  //使用定时器 T0 的模式 1
  EA = 1;                       //开总中断
  ET0 = 1;                      //定时器 T0 中断允许
  TR0 = 1;                      //启动定时器 T0
  TH0 = (65536 - 200)/256;      //定时器 T0 赋初值,每计数 200 次发送一次中断请求
  TL0 = (65536 - 200) % 256;    //定时器 T0 赋初值
  keyval = 0;                   //按键值初始化为 0,什么也不做
  ID = 0;
    while(1)
     {
     switch(keyval)             //根据按键值 keyval 选择待执行的功能
         {
          case 1:forward();     //按键 S1 按下,正转
             break;
         case 2:backward();     //按键 S2 按下,反转
             break;
         case 3:stop();         //按键 S3 按下,停转
```

```
                break;
            }
        }
}
/ **************************************************
函数功能：定时器 T0 的中断服务子程序。
************************************************** /
void Time0_serve(void) interrupt 1 using 1
{
    TR0 = 0;                          //关闭定时器 T0
    if((P1&0xf0)!= 0xf0)              //第一次检测到有键按下(不等表示有键按下)
    {
      delay();                        //延时一段时间再去检测
      if((P1&0xf0)!= 0xf0)            //确实有键按下
      {
        if(S1 == 0)                   //按键 S1 被按下
          keyval = 1;
        if(S2 == 0)                   //按键 S2 被按下
          keyval = 2;
        if(S3 == 0)                   //按键 S3 被按下
          keyval = 3;
      }
     }
   TH0 = (65536 - 200)/256;          //定时器 T0 的高 8 位赋初值
   TL0 = (65536 - 200) % 256;        //定时器 T0 的低 8 位赋初值
   TR0 = 1;                          //启动定时器 T0
}
```

3）用 Proteus 软件仿真

经过 Keil 软件编译通过后，在 Proteus ISIS 编辑环境中绘制仿真电路图，将编译好的 XM38.hex 文件加载到 AT89C51 里，然后启动仿真，就可以看到步进电动机正反转控制，效果图如图 7-28 所示。

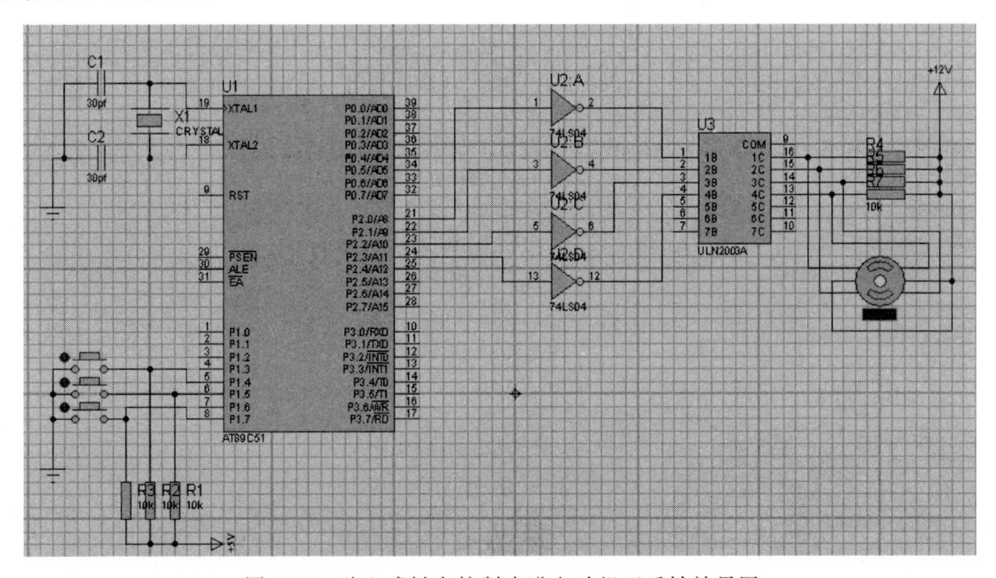

图 7-28　独立式键盘控制步进电动机正反转效果图

*项目39：电子密码锁

微课 7-20

1. 项目要求

(1) 了解矩阵式键盘的工作原理。

(2) 掌握用 Proteus 软件仿真矩阵式键盘实现的电子密码锁方法。

(3) 掌握矩阵式键盘实现的电子密码锁的编程方法。

2. 项目描述

随着物联网技术的发展,家庭密码锁应用越来越多。本任务设计一个矩阵式键盘实现的电子密码锁。要求从矩阵式键盘输入 6 位数字密码 123456,输入数字时有按键音提示,当密码输入正确并按下 OK 键后,发光二极管被点亮,如果密码不正确,就不执行程序。

3. 项目实现

1) 分析

键盘的定义：我们用的是 4×4=16 键盘,而密码锁只需要 0~9 数字键和一个功能键,因此需要 11 个键,具体键盘的定义如图 7-29 所示。

输入数字与密码对比：把设置的密码用一个数组保存,本任务的密码为 123456 和 OK,确认信息用如下数组保存：

```
unsigned char D[ ] = {1,2,3,4,5,6,11};   //设定密码
```

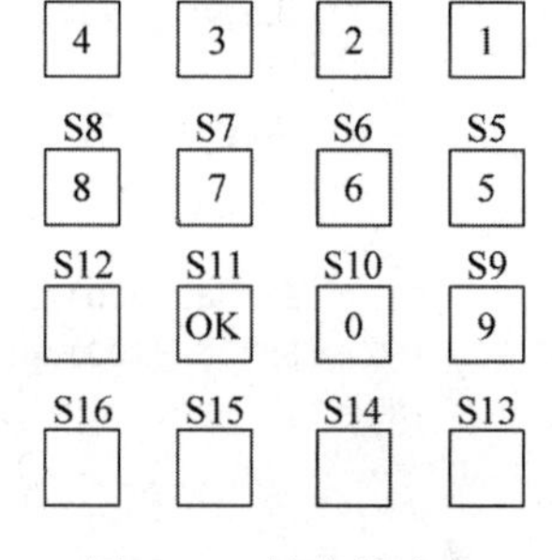

图 7-29 键盘的定义

主程序把收到的数字信息一一对应比较,如果密码正确,执行点亮 P3.0 上的发光二极管,如果密码不正确,不执行点亮发光二极管程序。

2) 程序设计

先建立文件夹 XM39,然后建立 XM39 工程项目,最后建立源程序文件 XM39.c,输入如下源程序：

```
#include <reg51.h>                    //包含 51 单片机寄存器定义的头文件
sbit P14 = P1^4;                      //将 P14 位定义为 P1.4 引脚
sbit P15 = P1^5;                      //将 P15 位定义为 P1.5 引脚
sbit P16 = P1^6;                      //将 P16 位定义为 P1.6 引脚
sbit P17 = P1^7;                      //将 P17 位定义为 P1.7 引脚
sbit sound = P3^7;                    //将 sound 位定义为 P3.7
unsigned char keyval;                 //储存按键值
/************************************************************
函数功能：延时输出音频。
************************************************************/
void delay(void)
{
  unsigned char i;
  for(i = 0;i < 200;i++)
              ;
}
```

```
/*************************************************************
函数功能：软件延时子程序。
*************************************************************/
void delay20ms(void)
{
  unsigned char i,j;
  for(i = 0;i < 100;i++)
     for(j = 0;j < 60;j++)
                ;
}
/*************************************************************
函数功能：主函数。
*************************************************************/
void main(void)
{
  unsigned char D[ ] = {1,2,3,4,5,6,11}; //设定密码
  EA = 1;                               //开总中断
  ET1 = 1;                              //定时器 T1 中断允许
  TMOD = 0x10;                          //使用定时器 T1 的模式 1
  TH1 = (65536 - 500)/256;              //定时器 T1 的高 8 位赋初值
  TL1 = (65536 - 500) % 256;            //定时器 T1 的低 8 位赋初值
  TR1 = 1;                              //启动定时器 T1
  keyval = 0xff;                        //按键值初始化

  while(keyval!= D[0])                  //第一位密码输入不正确,等待
      ;
  while(keyval!= D[1])                  //第二位密码输入不正确,等待
      ;
  while(keyval!= D[2])                  //第三位密码输入不正确,等待
      ;
  while(keyval!= D[3])                  //第四位密码输入不正确,等待
      ;
  while(keyval!= D[4])                  //第五位密码输入不正确,等待
      ;
  while(keyval!= D[5])                  //第六位密码输入不正确,等待
      ;
  while(keyval!= D[6])                  //没有输入"OK",等待
      ;
  while(1)P3 = 0xfe;                    //P3.0 引脚输出低电平,点亮 LED

}
/*************************************************************
函数功能：定时器 1 的中断服务子程序,进行键盘扫描,判断键位。
*************************************************************/
  void time1_interserve(void) interrupt 3 using 1   //定时器 T1 的中断编号为 3,使用第一组寄存器
  {
    unsigned char i;
    TR1 = 0;                            //关闭定时器 T1
    P1 = 0xf0;                          //所有行线置为低电平"0",所有列线置为高电平"1"
     if((P1&0xf0)!= 0xf0)               //列线中有一位为低电平"0",说明有键按下
        delay20ms();                    //延时一段时间、软件消抖
```

```
        if((P1&0xf0)!= 0xf0)             //确实有键按下
          {
            P1 = 0xfe;                   //第一行置为低电平"0"(P1.0输出低电平"0")
            if(P14 == 0)                 //如果检测到接P1.4引脚的列线为低电平"0"
                keyval = 1;              //可判断是S1键被按下
            if(P15 == 0)                 //如果检测到接P1.5引脚的列线为低电平"0"
                keyval = 2;              //可判断是S2键被按下
            if(P16 == 0)                 //如果检测到接P1.6引脚的列线为低电平"0"
                keyval = 3;              //可判断是S3键被按下
            if(P17 == 0)                 //如果检测到接P1.7引脚的列线为低电平"0"
                keyval = 4;              //可判断是S4键被按下
            P1 = 0xfd;                   //第二行置为低电平"0"(P1.1输出低电平"0")
            if(P14 == 0)                 //如果检测到接P1.4引脚的列线为低电平"0"
                keyval = 5;              //可判断是S5键被按下
            if(P15 == 0)                 //如果检测到接P1.5引脚的列线为低电平"0"
                keyval = 6;              //可判断是S6键被按下
            if(P16 == 0)                 //如果检测到接P1.6引脚的列线为低电平"0"
                keyval = 7;              //可判断是S7键被按下
            if(P17 == 0)                 //如果检测到接P1.7引脚的列线为低电平"0"
                keyval = 8;              //可判断是S8键被按下
            P1 = 0xfb;                   //第三行置为低电平"0"(P1.2输出低电平"0")
            if(P14 == 0)                 //如果检测到接P1.4引脚的列线为低电平"0"
                keyval = 9;              //可判断是S9键被按下
            if(P15 == 0)                 //如果检测到接P1.5引脚的列线为低电平"0"
                keyval = 10;             //可判断是S10键被按下
            if(P16 == 0)                 //如果检测到接P1.6引脚的列线为低电平"0"
                keyval = 11;             //可判断是S11键被按下
            if(P17 == 0)                 //如果检测到接P1.7引脚的列线为低电平"0"
                keyval = 12;             //可判断是S12键被按下
            P1 = 0xf7;                   //第四行置为低电平"0"(P1.3输出低电平"0")
            if(P14 == 0)                 //如果检测到接P1.4引脚的列线为低电平"0"
                keyval = 13;             //可判断是S13键被按下
            if(P15 == 0)                 //如果检测到接P1.5引脚的列线为低电平"0"
                keyval = 14;             //可判断是S14键被按下
            if(P16 == 0)                 //如果检测到接P1.6引脚的列线为低电平"0"
                keyval = 15;             //可判断是S15键被按下
            if(P17 == 0)                 //如果检测到接P1.7引脚的列线为低电平"0"
                keyval = 16;             //可判断是S16键被按下
              for(i = 0;i < 200;i++)     //让P3.7引脚电平不断取反输出音频
              {
                sound = 0;
                delay();
                sound = 1;
                delay();
              }
            }
          TR1 = 1;                       //开启定时器T1
          TH1 = (65536 - 500)/256;       //定时器T1的高8位赋初值
          TL1 = (65536 - 500) % 256;     //定时器T1的低8位赋初值
      }
```

3）用 Proteus 软件仿真

经过 Keil 软件编译通过后，在 Proteus ISIS 编辑环境中绘制仿真电路图，将编译好的 XM39.hex 文件加载到 AT89C51 里，然后启动仿真，就可以看到电子密码锁，效果图如图 7-30 所示。

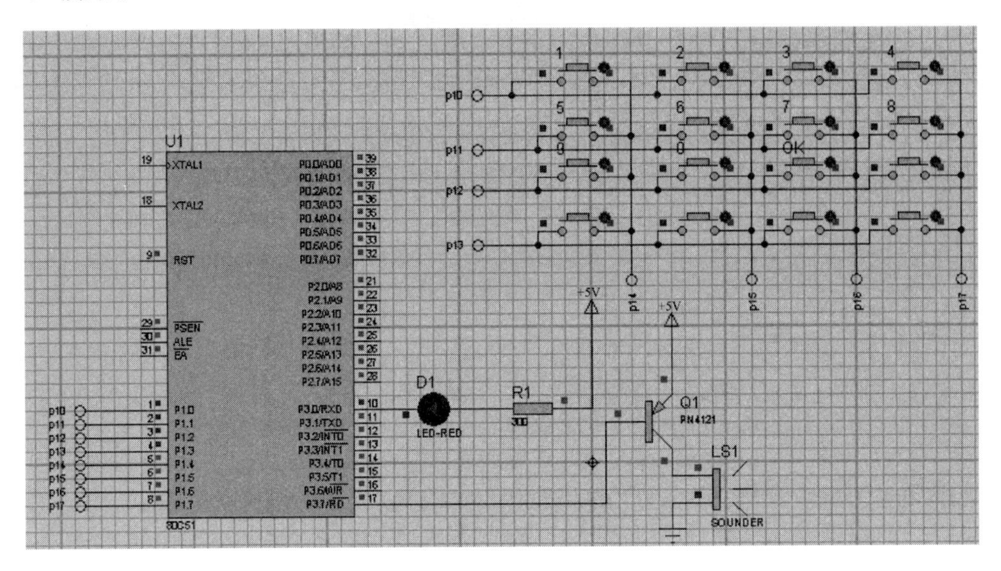

图 7-30　电子密码锁电路图

*项目 40：数码秒表设计

微课 7-21

1. 项目要求

（1）了解 LED 的工作原理。

（2）掌握用 Proteus 软件仿真数码秒表设计的方法。

（3）掌握数码秒表设计的编程方法。

2. 项目描述

在单片机应用项目中，常常需要设计时间。本任务是设计一个数码秒表，要求用 DS2 和 DS3 两个数码管分别显示秒表的十位和个位。显示时间为 0～59s。满 60s 时，秒表自动清 0，并重新从 0 开始显示。

3. 项目实现

1）分析

（1）秒信号的产生。

秒信号的产生可用定时器来实现，即用定时器 T1 实现 50ms 定时，然后用软件累计中断次数，当中断 20 次时，即计满 1s。

（2）用 1 个变量存储秒。

每计满 1s，该变量的值加 1，计满 60 时清 0。

2）程序设计

先建立文件夹 XM40，然后建立 XM40 工程项目，最后建立源程序文件 XM40.c，输入如下源程序：

```
#include<reg51.h>                        //包含51单片机寄存器定义的头文件
unsigned char code Tab[10] = {0xc0,0xf9,0xa4,0xb0,0x99,0x92,0x82,0xf8,0x80,0x90};
                                          //数码管显示0～9的段码表
unsigned char int_time;                   //记录中断次数
unsigned char second;                     //储存秒
/************************************************************
函数功能：快速动态扫描延时，延时约0.6ms。
************************************************************/
void delay(void)
{
unsigned char i;
for(i = 0;i<200;i++)
   ;
}
/************************************************************
                  函数功能：显示秒。
                  入口参数：k
                  出口参数：无
************************************************************/
void DisplaySecond(unsigned char k)
{
P2 = 0xfb;                                //P2.6引脚输出低电平，DS6点亮
P0 = Tab[k/10];                           //显示十位
delay();
P2 = 0xf7;                                //P2.7引脚输出低电平，DS7点亮
P0 = Tab[k%10];                           //显示个位
delay();
P2 = 0xff;                                //关闭所有数码管
}
void main(void)                           //主函数
{
TMOD = 0x10;                              //使用定时器T1，方式1
TH1 = (65536 - 50000)/256;                //将定时器计时时间设定为50000μs，即50ms
TL1 = (65536 - 50000)%256;
EA = 1;                                   //开启总中断
ET1 = 1;                                  //定时器T1中断允许
TR1 = 1;                                  //启动定时器T1开始运行
int_time = 0;                             //中断次数初始化
second = 0;                               //秒初始化
while(1)
  {
    DisplaySecond(second);                //调用秒的显示子程序
  }
}
//**********************************************************
        //函数功能：定时器T1的中断服务程序。
//**********************************************************
     void time1_interserve(void) interrupt 3 using 1
                                          //定时器T1的中断编号为3，使用第一组寄存器
```

```
{
  TR1 = 0;                          //关闭定时器 T1
  int_time ++;                      //每来一次中断,中断次数 int_time 自动加 1
  if(int_time == 20)                //够 20 次中断,即 1s 进行一次检测结果采样
    {
      int_time = 0;                 //中断次数清 0
      second++;                     //秒加 1
      if(second == 60)
      second = 0;                   //秒等于 60 就返回 0
    }
    TH1 = (65536 - 50000)/256;      //重新给计数器 T1 赋初值
    TL1 = (65536 - 50000) % 256;
    TR1 = 1;                        //启动定时器 T1
}
```

3) 用 Proteus 软件仿真

经过 Keil 软件编译通过后,在 Proteus ISIS 编辑环境中绘制仿真电路图,将编译好的 XM40.hex 文件加载到 AT89C51 里,然后启动仿真,就可以看到数码秒表设计,效果图如图 7-31 所示。

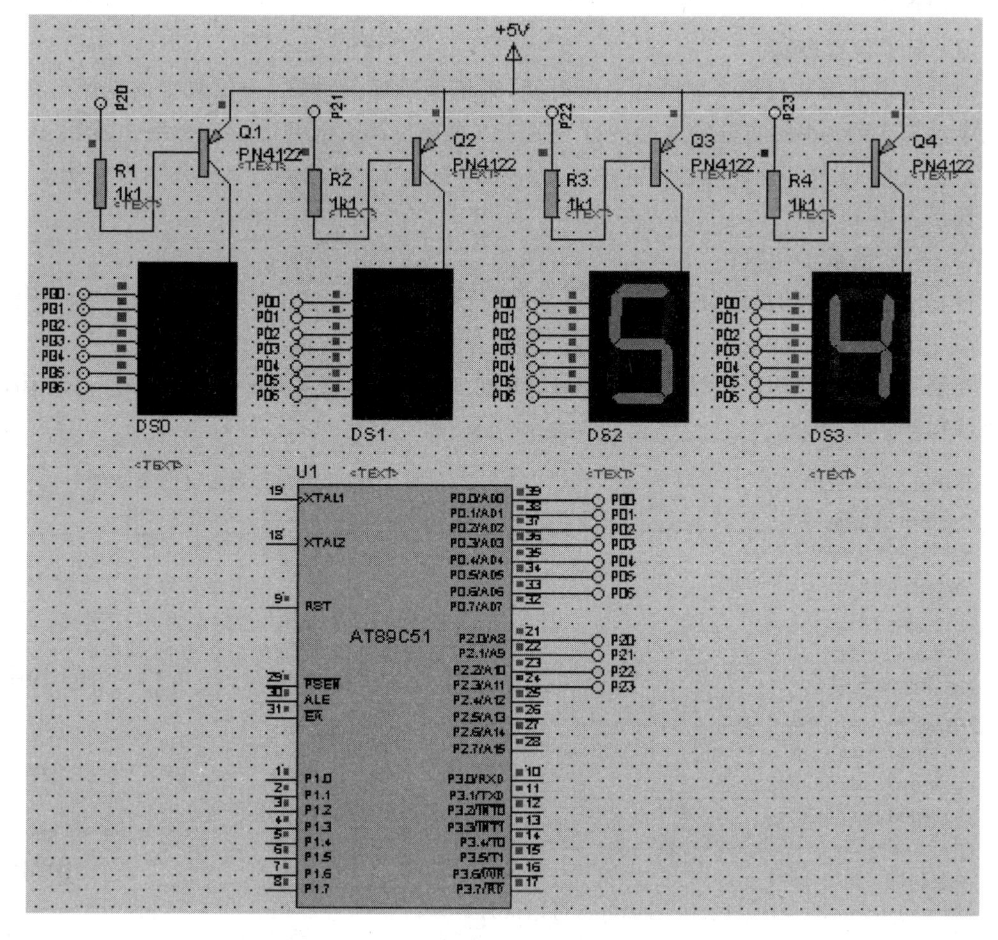

图 7-31　数码秒表设计电路图

*项目41：液晶时钟显示器

微课 7-22

1. 项目要求

(1) 了解 LCD 的工作原理。

(2) 掌握用 Proteus 软件仿真液晶时钟显示器的方法。

(3) 掌握液晶时钟显示器的编程方法。

2. 项目描述

本项目设计一个液晶时钟显示器。要求为第 1 行第 4 列开始显示提示信息“BeiJing Time”；第 2 行第 5 列开始显示形如“15:10:45：”的时间。显示模式设置如下：

(1) 16×2 显示、5×7 点阵、8 位数据接口。

(2) 显示开、有光标开且光标闪烁。

(3) 光标右移,字符不移。

3. 项目实现

1) 分析

本例用定时器 T1 来实现计时。

(1) 显示位置控制。

由于要求从第 2 行第 7 列开始显示时间,则依照顺序,小时的十位数字占据第 7 列,个位数字占第 8 列；小时与分钟之间的冒号“：”占据第 9 列；分钟的十位数字占据第 10 列,个位数字占第 11 列；分钟与秒之间的冒号“：”占据第 12 列；秒的十位数字占据第 13 列,个位数字占第 14 列。

(2) 时间显示子函数。

秒、分钟和小时的显示分别由 3 个子函数完成。

2) 程序设计

先建立文件夹 XM41,然后建立 XM41 工程项目,最后建立源程序文件 XM41.c,输入如下源程序：

```
#include<reg51.h>                               //包含51单片机寄存器定义的头文件
#include<stdlib.h>                              //包含随机函数rand()的定义文件
#include<intrins.h>                             //包含_nop_()函数定义的头文件
sbit RS = P2^0;                                 //寄存器选择位,将RS位定义为P2.0引脚
sbit RW = P2^1;                                 //读写选择位,将R/W位定义为P2.1引脚
sbit E = P2^2;                                  //使能信号位,将E位定义为P2.2引脚
sbit BF = P0^7;                                 //忙碌标志位,将BF位定义为P0.7引脚
unsigned char code digit[ ] = {"0123456789"};   //定义字符数组显示数字
unsigned char code string[ ] = {"BeiJing Time"};//定义字符数组显示提示信息
unsigned char count;                            //定义变量统计中断累计次数
unsigned char s,m,h;                            //定义变量储存秒、分钟和小时
/****************************************************
函数功能：延时1ms。
(3j + 2) * i = (3 × 33 + 2) × 10 = 1010μs,可以认为是1ms
****************************************************/
void delay1ms()
```

```
{
    unsigned char i,j;
   for(i = 0;i < 10;i++)
   for(j = 0;j < 33;j++)
   ;
}
/ ****************************************************
函数功能: 延时若干毫秒。
入口参数: n
**************************************************** /
void delay(unsigned char n)
{
unsigned char i;
for(i = 0;i < n;i++)
    delay1ms();
}
/ ****************************************************
函数功能: 判断液晶模块的忙碌状态。
返回值: result. result = 1,忙碌;result = 0,不忙
**************************************************** /
unsigned char BusyTest(void)
  {
   bit result;
RS = 0;                          //根据规定,RS 为低电平,R/W 为高电平时,为读状态
   RW = 1;
   E = 1;                        //E = 1,才允许读写
   _nop_();                      //空操作
   _nop_();
   _nop_();
   _nop_();                      //空操作 4 个机器周期,给硬件反应时间
   result = BF;                  //将忙碌标志电平赋给 result
  E = 0;                         //将 E 恢复低电平
   return result;
  }
/ ****************************************************
函数功能: 将模式设置指令或显示地址写入液晶模块。
入口参数: dictate
**************************************************** /
void WriteInstruction(unsigned char dictate)
{
    while(BusyTest() == 1);      //如果忙,就等待
    RS = 0;                      //根据规定,RS 和 R/W 同时为低电平时,可以写入指令
  RW = 0;
  E = 0;                         //E 置低电平(根据表 7-6,写指令时,E 为高脉冲,
                                 //就是让 E 从 0 到 1 发生正跳变,所以应先置"0")
   _nop_();
   _nop_();                      //空操作两个机器周期,给硬件反应时间
   P0 = dictate;                 //将数据送入 P0 口,即写入指令或地址
   _nop_();
   _nop_();
```

```
    _nop_();
    _nop_();                        //空操作 4 个机器周期,给硬件反应时间
    E = 1;                          //E 置高电平
    _nop_();
    _nop_();
    _nop_();
    _nop_();                        //空操作 4 个机器周期,给硬件反应时间
    E = 0;                          //当 E 由高电平跳变成低电平时,液晶模块开始执行命令
}
/*****************************************************
函数功能:指定字符显示的实际地址。
入口参数:x
*****************************************************/
void WriteAddress(unsigned char x)
{
    WriteInstruction(x|0x80); //显示位置的确定方法,规定为"80H + 地址码 x"
}
/*****************************************************
函数功能:将数据(字符的标准 ASCII 码)写入液晶模块。
入口参数:y(为字符常量)
*****************************************************/
void WriteData(unsigned char y)
{
    while(BusyTest() == 1);
    RS = 1;                         //RS 为高电平,R/W 为低电平时,可以写入数据
    RW = 0;
    E = 0;                          //E 置低电平(根据表 7-6,写指令时,E 为高脉冲,
                                    //就是让 E 从 0 到 1 发生正跳变,所以应先置"0")
    P0 = y;                         //将数据送入 P0 口,即将数据写入液晶模块
    _nop_();
    _nop_();
    _nop_();
    _nop_();                        //空操作 4 个机器周期,给硬件反应时间
    E = 1;                          //E 置高电平
    _nop_();
    _nop_();
    _nop_();
    _nop_();                        //空操作 4 个机器周期,给硬件反应时间
    E = 0;                          //当 E 由高电平跳变成低电平时,液晶模块开始执行命令
}
/*****************************************************
函数功能:对 LCD 的显示模式进行初始化设置。
*****************************************************/
void LcdInitiate(void)
{
    delay(15);                      //延时 15ms,首次写指令时应给 LCD 一段较长的反应时间
    WriteInstruction(0x38);         //显示模式设置:16×2 显示,5×7 点阵,8 位数据接口
    delay(5);                       //延时 5ms,给硬件一点反应时间
    WriteInstruction(0x38);
    delay(5);
```

```
    WriteInstruction(0x38);         //连续 3 次,确保初始化成功
    delay(5);
    WriteInstruction(0x0c);         //显示模式设置: 显示开,无光标,光标不闪烁
    delay(5);
    WriteInstruction(0x06);         //显示模式设置: 光标右移,字符不移
    delay(5);
    WriteInstruction(0x01);         //清屏幕指令,将以前的显示内容清除
    delay(5);
     }
/****************************************************************************
    函数功能: 显示小时。
****************************************************************************/
    void DisplayHour()
    {
       unsigned char i,j;
    i = h/10;                       //取整运算,求得十位数字
    j = h % 10;                     //取余运算,求得个位数字
       WriteAddress(0x44);          //写显示地址,将十位数字显示在第 2 行第 5 列
    WriteData(digit[i]);            //将十位数字的字符常量写入 LCD
    WriteData(digit[j]);            //将个位数字的字符常量写入 LCD

    }
/****************************************************************************
    函数功能: 显示分钟。
****************************************************************************/
    void DisplayMinute()
    {
      unsigned char i,j;
       i = m/10;                    //取整运算,求得十位数字
     j = m % 10;                    //取余运算,求得个位数字
       WriteAddress(0x47);          //写显示地址,将十位数字显示在第 2 行第 8 列
    WriteData(digit[i]);            //将十位数字的字符常量写入 LCD
    WriteData(digit[j]);            //将个位数字的字符常量写入 LCD
    }
/****************************************************************************
    函数功能: 显示秒。
****************************************************************************/
    void DisplaySecond()
    {
       unsigned char i,j;
    i = s/10;                       //取整运算,求得十位数字
    j = s % 10;                     //取余运算,求得个位数字
       WriteAddress(0x4a);          //写显示地址,将十位数字显示在第 2 行第 11 列
    WriteData(digit[i]);            //将十位数字的字符常量写入 LCD
    WriteData(digit[j]);            //将个位数字的字符常量写入 LCD
     }

/**********************************************************************
主函数。
**********************************************************************/
void main(void)
```

```
{
 unsigned char i;
   LcdInitiate();                  //调用 LCD 初始化函数
  TMOD = 0x10;                     //使用定时器 T1 的方式 1
TH1 = (65536 - 50000)/256;         //定时器 T1 的高 8 位设置初值
TL1 = (65536 - 50000) % 256;       //定时器 T1 的低 8 位设置初值
EA = 1;                            //开总中断
ET1 = 1;                           //定时器 T1 中断允许
TR1 = 1;                           //启动定时器 T1
count = 0;                         //中断次数初始化为 0
s = 0;                             //秒初始化为 0
m = 0;                             //分钟初始化为 0
h = 0;                             //小时初始化为 0
  WriteAddress(0x03);              //写地址,从第 1 行第 4 列开始显示
i = 0;                             //从字符数组的第 1 个元素开始显示
while(string[i]!= '\0')            //只要没有显示到字符串的结束标志'\0',就继续
{
   WriteData(string[i]);           //将第 i 个字符数组元素写入 LCD
   i++;                            //指向下一个数组元素
}
WriteAddress(0x46);                //写地址,将第二个分号显示在第 2 行第 7 列
WriteData(':');                    //将分号的字符常量写入 LCD
WriteAddress(0x49);                //写地址,将第二个分号显示在第 2 行第 10 列
WriteData(':');                    //将分号的字符常量写入 LCD
  while(1)                         //无限循环
     {
DisplayHour();                     //显示小时
        delay(5);                  //给硬件一点反应时间
      DisplayMinute();             //显示分钟
        delay(5);                  //给硬件一点反应时间
      DisplaySecond();             //显示秒
        delay(5);                  //给硬件一点反应时间
    }
  }
/*******************************************************
函数功能:定时器 T1 的中断服务函数。
*******************************************************/
void Time1(void) interrupt 3 using 1        //定时器 T1 的中断编号为 3,使用第 1 组工作寄存器
{
    count++;                       //每产生 1 次中断,中断累计次数就加 1
     if(count == 20)               //如果中断次数计满 20 次
         {
count = 0;                         //中断累计次数清 0
            s++;                   //秒加 1
        }
      if(s == 60)                  //如果中断次数计满 60s
         {
          s = 0;                   //秒清 0
```

```
        m++;                    //分钟加 1
    }
   if(m == 60)                  //如果中断次数计满 60min
      {
         m = 0;                 //分钟清 0
         h++;                   //小时加 1
      }
   if(h == 24)                  //如果中断次数计满 24h
     {
        h = 0;                  //小时清 0
     }
  TH1 = (65536 - 50000)/256;    //定时器 T1 高 8 位重新赋初值
   TL1 = (65536 - 50000) % 256; //定时器 T1 低 8 位重新赋初值
}
```

3）用 Proteus 软件仿真

经过 Keil 软件编译通过后，在 Proteus ISIS 编辑环境中绘制仿真电路图，将编译好的 XM41.hex 文件加载到 AT89C51 里，然后启动仿真，就可以看到液晶时钟显示器，效果图如图 7-32 所示。

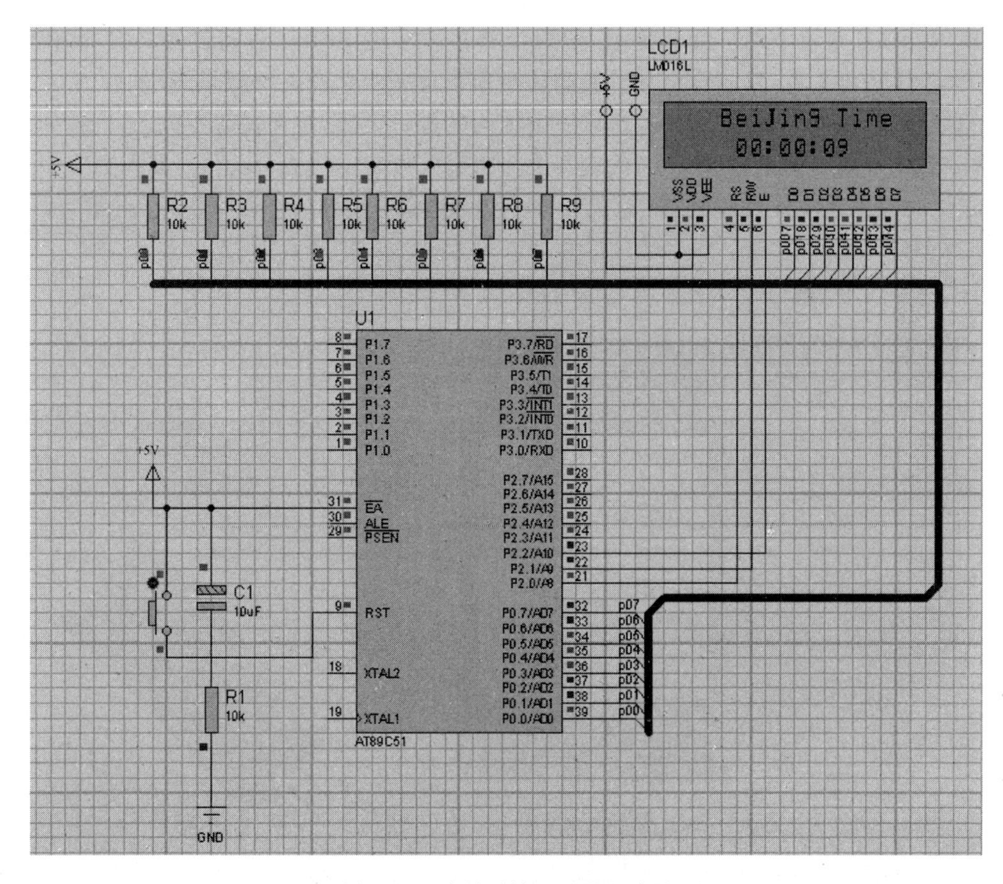

图 7-32　液晶时钟显示器电路图

*项目 42：基于手机—蓝牙—单片机控制 LED 灯亮灭

1. 项目要求

(1) 掌握手机 SPP 蓝牙串口的工作原理。

(2) 掌握蓝牙模块 HC06 性能参数及调试方法。

(3) 掌握单片机接收蓝牙模块编程方法。

微课 7-23

2. 项目描述

在现实生活中，经常要用到手机控制窗帘、控制家用电器、手机控制共享单车等，用途非常广泛，本项目设计一个基于手机—蓝牙—单片机控制 LED 灯亮灭，有了这个项目作基础，开发其他项目就不太难了。首先，在网上下载一个 SPP 蓝牙串口 APP(可以自己开发 APP)，然后在网上购买 HC06 蓝牙模块和单片机开发板(60～70 元)。

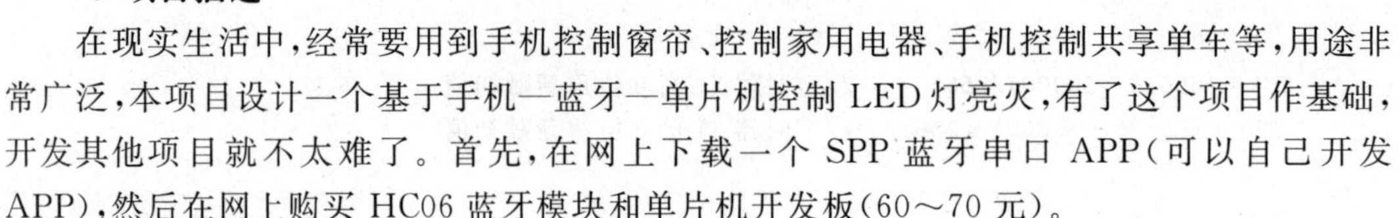

3. 项目实现

1) 分析

本项目包括 Android 手机一部，HC06 蓝牙模块一块和单片机开发板一块。

(1) Android 手机。

用 Android 手机上网下载 SPP 蓝牙串口 APP，然后在 SPP 上进行设置。打开 SPP，找到开关，按住按钮不放，以便自定义。我们这个项目定义 4 只开关，分别是开关 1、开关 2、开关 3、开关 4，如图 7-33(a)、(b)所示。以开关 1 为例进行设置，按住按钮不放，打开按钮编辑器，然后选择十六进制，输入数字 2 代表开关 off，输入数字 1 代表开关 on(其中数字 1、2 是自己定义的)，以此类推，可以把开关 2、开关 3、开关 4 进行设置。

(2) HC06 蓝牙模块。

HC06 蓝牙模块如图 7-34 所示，产品特性如下：

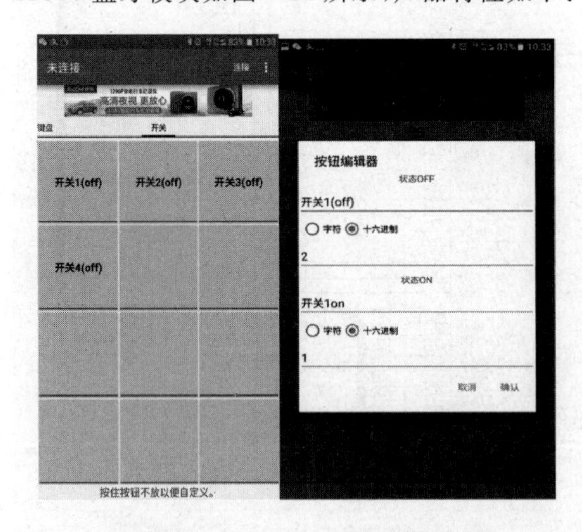

(a) SPP开关定义　　(b) 按钮编辑器

图 7-33　SPP 开关定义和按钮编辑器

图 7-34　HC06 蓝牙模块

- HC-06 模块，引脚为 VCC、GND、TXD、RXD，出厂时波特率设置为 9600b/s（一般情况下）。
- led 指示蓝牙连接状态，闪烁表示没有蓝牙连接，常亮表示蓝牙已连接并打开了端口。
- 底板 3.3V LDO，输入电压为 3.6～6V，未配对时电流约 30mA，配对后约 10mA，输入电压禁止超过 7V。
- 接口电压为 3.3V，可以直接连接各种单片机（如 51、AVR、PIC、ARM、MSP430 等），5V 单片机也可直接连接。
- 空旷地有效距离 10m，超过 10m 也是可能的，但不对此距离的连接质量做保证。
- 配对以后当全双工串口使用，无须了解任何蓝牙协议，但仅支持 8 位数据位、1 位停止位、无奇偶校验的通信格式，这也是最常用的通信格式，不支持其他格式。
- 在未建立蓝牙连接时支持通过 AT 指令设置波特率、名称、配对密码，设置的参数掉电保存。蓝牙连接以后自动切换到透传模式。
- 该链接为从机，从机能与各种带蓝牙功能的计算机、蓝牙主机、大部分带蓝牙的手机、PDA、PSP 等智能终端配对，从机之间不能配对。

（3）单片机开发板。

单片机开发板有很多，从 26 元到一百多元不等，我购买的一块单片机开发板如图 7-35 所示。需要注意的是，一定要看懂单片机开发板电路图。

图 7-35　单片机开发板

2）程序设计

下面介绍查询方式和中断方式。

方法一：查询方式。先建立文件夹 XM42-1，然后建立 XM42-1 工程项目，最后建立源程序文件 XM42-1.c，输入如下源程序：

```
#include<reg52.h>                    //包含 51 单片机寄存器的头文件
unsigned char S;
sbit D0 = P1^0;
sbit D1 = P1^1;
sbit D2 = P1^2;
sbit D3 = P1^3;
/*****************************************************
函数功能：接收一个字节数据。
*****************************************************/
unsigned char Receive(void)
{
unsigned char dat;
while(RI == 0)                       //只要接收中断标志位 RI 没有被置"1"
;                                    //等待，直至接收完毕(RI = 1)
RI = 0;                              //为了接收下一帧数据，需用软件将 RI 清 0
dat = SBUF;                          //将接收缓冲器中的数据存于 dat
return dat;                          //将接收到的数据返回
```

```
}
/ ************************************************************************
函数功能: 主函数。
************************************************************************ /
void main(void)
{
TMOD = 0x20;                    //设置定时器 T1 为工作方式 2
SCON = 0x50;                    //SCON = 0101 0000B,串口工作方式 1,允许接收(REN = 1)
PCON = 0x00;                    //PCON = 0000 0000B,波特率为 9600b/s
TH1 = 0xfd;                     //T1 定时器装初值,波特率为 9600b/s
TL1 = 0xfd;
TR1 = 1;                        //启动定时器 T1
REN = 1;                        //允许接收
while(1)                        //无限循环
{
S = Receive();                  //将接收到的数据送 S
switch(s)                       //判断 S 从串口读取到的数据
{
  case1:                        //开关 1 on
    D0 = 0;                     //LED0 点亮
    break;
  case2:                        //开关 1 off
    D0 = 1;                     //LED0 熄灭
    break;
  case3:                        //开关 2 on
    D1 = 0;                     //LED1 点亮
    break;
  case4:                        //开关 2 off
     D1 = 1;                    //LED1 熄灭
     break;
  case5:                        //开关 3 on
     D2 = 0;                    //LED2 点亮
     break;
  case6:                        //开关 3 off
    D2 = 1;                     //LED2 熄灭
    break;
  case7:                        //开关 4 on
    D3 = 0;                     //LED3 点亮
    break;
  case8:                        //开关 4 off
    D3 = 1;                     //LED3 熄灭
    break;
}
}
}
```

方法二:中断方式。先建立文件夹 XM42-2,然后建立 XM42-2 工程项目,最后建立源程序文件 XM42-2.c,输入如下源程序:

```
#include<reg52.h>                //包含 51 单片机寄存器的头文件
#define uchar unsigned char      //宏定义
```

```
#define uint unsigned int            //宏定义
unsigned char S;
sbit D0 = P1^0;
sbit D1 = P1^1;
sbit D2 = P1^2;
sbit D3 = P1^3;
/*********************************************************************
函数功能: 初始化函数。
*********************************************************************/
void init()                          //初始化子程序
{
        TMOD = 0x20;                 //设置定时器 T1 为工作方式 2
        TH1 = 0xfd;
        TL1 = 0xfd;                  //T1 定时器装初值,波特率为 9600b/s
        TR1 = 1;                     //启动定时器 T1
        REN = 1;                     //允许串口接收
        SM0 = 0;
        SM1 = 1;                     //设置串口工作方式 1
        EA = 1;                      //开总中断
        ES = 1;                      //开串口中断
}
/*********************************************************************
函数功能: 主函数。
*********************************************************************/
void main()                          //主程序
{
        init();                      //调用初始化子程序
        while(1)                     //死循环
        {
            switch(S)                //判断 S 从串口读取到的数据
            {
                case 1:              //开关 1 on
                  D0 = 0;            //LED0 点亮
                  break;
                case 2:              //开关 1 off
                  D0 = 1;            //LED0 熄灭
                  break;
                case 3:              //开关 2 on
                  D1 = 0;            //LED1 点亮
                  break;
                case 4:              //开关 2 off
                  D1 = 1;            //LED1 熄灭
                  break;
                case 5:              //开关 3 on
                  D2 = 0;            //LED2 点亮
                  break;
                case 6:              //开关 3 off
                  D2 = 1;            //LED2 熄灭
                  break;
                case 7:              //开关 4 on
                  D3 = 0;            //LED3 点亮
```

```
                break;
            case 8:         //开关 4 off
                D3 = 1;     //LED3 熄灭
                break;

        }
    }
}
/*******************************************************************************
函数功能：串口中断服务函数。
*******************************************************************************/
void chuan() interrupt 4            //串口中断服务程序
{
    RI = 0;                         //软件清除串口响应
    S = SBUF - 48;                  //读取单片机串口接受的蓝牙模块发送的数据
}
```

3）调试效果

经过 Keil 软件编译通过后，下载到单片机开发板里，运行就可以看到基于手机—蓝牙—单片机控制 LED 灯亮灭效果，如图 7-36 所示。

图 7-36　基于手机—蓝牙—单片机控制 LED 灯亮灭效果

课堂练习：设计基于手机—蓝牙—单片机控制 LED 流水跑马灯亮。

微课 7-24

模块小结

(1) 键盘是单片机系统最常用的输入部件，按键数量比较少时，一般采用独立式键盘，按键数量比较多时，行列式键盘也可采用矩阵式键盘。

(2) LED 数码管显示器是目前单片机系统最常用的输出显示器，它使用方便，显示醒目，一般情况下采用动态扫描驱动方式。所谓动态显示，就是一位一位地轮流点亮显示器的各个位(扫描)。对于显示器的每一位而言，每隔一段时间点亮一次。虽然在同一时间只有一位显示器在工作(点亮)，但由于人眼的视觉暂留效应和发光二极管熄灭时的余晖，我们看到的却是多个字符“同时”显示。

(3) LCD 显示器功耗低，显示信息量大。理解 LCD1602 的指令系统、LCD1602 和单片机 80C51 的接口，初始化 LCD 的方法，显示字符的程序设计方法。不同的 LCD 有不同的编程方法，学会阅读相关文献，参考例程学习使用方法。

(4) D/A、A/D 转换器是单片机测控系统中常用的芯片，它们可以把数字量转换成模拟信号输出到外部设备，或把模拟信号转换成数字信号输入到单片机。D/A 转换器主要由基准电压、模拟电子开关、电阻解码网络和运算放大器组成。从分辨率来说，有 8 位、10 位、16 位之分。位数越多，分辨率越高。DAC0832 是一种 8 位的 D/A 转换器，输出为电流型，如需要转换结果为电压，则需要外接电流-电压转换电路。DAC0832 有 3 种工作方式，改变 ILE、$\overline{WR1}$、$\overline{WR2}$、$\overline{XFER}$的连接方式，可使 DAC0832 工作在单缓冲、双缓冲及直通方式。

(5) A/D 转换器的种类有逐次逼近式、双积分式、计数比较式等。逐次逼近式 ADC 由比较器、D/A 转换器、逐次逼近寄存器和控制逻辑组成，ADC0809 为 8 位 8 通道的 A/D 转换器。ADC0809 片内带有三态输出缓冲区，其数据输出线可与单片机的数据总线直接相连。单片机读取 A/D 转换结果，可采用中断方式或查询方式。

课后练习题

(1) 为什么要消除键盘的机械抖动？有哪些方法？

(2) 独立式键盘和矩阵键盘各有什么特点？分别用在什么场合？

(3) LED 静态显示和动态显示方式各有什么优缺点？

(4) 在用共阳极数码管显示的电路中，如果直接将共阳极数码管换成共阴极数码管，能否正常显示？为什么？应采取什么措施？

(5) 试设计 4 位 LED 动态显示电路。试用定时中断方式在 4 位 LED 数码管上显示"1234"。设单片机每隔 1ms 显示 1 位数码管。

(6) 在 DAC 中，分辨率与转换精度有什么差异？一个 10 位 DAC 的分辨率是多少？

(7) ADC 中的转换结束信号 EOC 起什么作用，如何利用该信号？

(8) DAC0832 与 80C51 单片机接口时有哪些控制信号？作用分别是什么？ADC0809 与 80C51 单片机接口时有哪些控制信号？作用分别是什么？

(9) 使用 DAC0832 时，单缓冲方式如何工作？双缓冲方式如何工作？软件编程有什么区别？

(10) 用单片机内部定时器来控制对模拟信号的采集，如图 7-21 所示，设系统时钟为 6MHz，要求每分钟采集一次模拟信号，写出对 8 路模拟信号采集一遍的程序。

(11) 用 DAC0832 设计一个模拟量输出接口，端口地址为 FEFFH，要求其产生周期为 5ms 的锯齿波。设系统时钟为 6MHz，请编写出相应的程序。

(12) 设计一个 8 路模拟量采集系统，以中断传送方式实现第 4 路 IN4 的模拟量输入信号的一次采集，请编写程序。

(13) 基于 AT89C51 单片机数码管秒表显示，用 AT89C51 单片机控制一组数码管显示秒表，晶振采用 12MHz。要求如下：

a) 用一组数码管模拟秒表显示。

b) 利用程序设计完成此项目。

c) 每 60s 循环一次。

(14) 设计一个独立式按键 S 控制 LED7 的亮灭状态。

(15) 设计一个软件消抖的独立式按键 S 控制 LED7 的亮灭状态。

(16) 设计一个用数码管显示矩阵键盘的按键值。

(17) 设计一个用 LED 数码管循环显示数字 9～0。

(18) 设计一个用数码管显示按键次数。

(19) 设计一个用数码管快速动态扫描显示数字“5678”。

(20) 设计一个用 LCD 显示字符 MY。

(21) 设计一个用 LCD 循环右移显示 My Dream。

(22) 设计一个 5V 直流数字电压表设计。

(23) 设计一个 DAC0832 三角波发生器。

(24) 基于 AT89S52 单片机温度测量及时钟显示设计。

通过 DS18B20 进行温度测量,再由一条 I/O 数据端口与单片机进行通信,最后将结果显示在 1602 液晶显示屏上,实现温度检测的功能,该系统还设有报警功能,当环境的温度超过我们设计的温度,将报警,红灯闪烁,蜂鸣器开始报警,以提醒人们温度过高。

另外,在单片机上编写一个时钟程序,同时在显示器上显示出来,实现时钟显示的功能。

(25) 基于 AT89C51 单片机步进电动机正反转,用 AT89S51 单片机控制步进电动机正反转,晶振采用 12MHz。设计要求如下:

① 开始通电时,步进电动机停止运动。

② 单片机分别接有按键开关 K1、K2、K3,用来控制电动机的转向,要求:按下 K1 时,步进电动机正转;按下 K2 时,步进电动机反转;按下 K3 时,步进电动机停止转动。

③ 正转采用 1 相激磁方式,反转采用 1～2 相激磁方式。

附录 A　51 单片机学习开发实验板介绍

为了配合教材学习和教学,我们开发了一套 51 单片机(STC89C52)学习开发实验板,可实现 60 多个基础项目(或任务)和 30 多个扩展项目的功能,学员通过对开发板的编程实践可以提升单片机开发能力;需要购买开发板的读者请加入“51 单片机学习开发”QQ 群,群号:714434327。

Y51KS-52C 单片机学习开发实验板主要配置(图 A-1):

(1) 8 只 LED 发光二极管,可完成各种组合控制;

(2) 交通灯控制,可完成红、黄、绿灯控制;与独立式按键组合完成交通灯中断控制;

(3) 4 个独立式按键,可完成各种组合控制(电机、继电器、发光二极管、串行通信);

(4) 4×4 矩阵键盘,利用数码管进行显示;

(5) 6 只数码管显示,可完成字符静态和动态显示;

(6) 1602LCD 液晶显示器;

(7) 串转并接口芯片 74LS164,可扩展 8 位接口;

(8) 8 位 A/D、D/A 转换器;

(9) 2 个继电器,可实现弱电控制强电设备(必须在老师指导下完成);

(10) Wi-Fi、蓝牙接口;

(11) 温度、湿度、红外传感器接口;

(12) 1 个蜂鸣器;

(13) 8 路 ULN2003A 驱动器，完成大负载驱动。

图 A-1　Y51KS-52C 单片机学习开发实验板

附录 B　如何学习"单片机原理及应用"这门课程

根据多年的教学经验，我提出了"1 块板＋3 动手"的全新学习方法。"1 块板"是以 51 单片机学习开发实验板为操作设备；"3 动手"是指"实践动手＋模仿动手＋创新动手"。

我在教材中将单片机各部分内容分解成单独的知识点和技能点，把它们融合在各项目(任务)之中并加以组合(60 多个基础项目(或任务)和 20 多个扩展项目)，教材中用 C 语言编写源程序，让初学者在学习 C 语言编程风格的同时，还要学会结合 51 单片机开发实验板(1 块板)硬件控制程序。当初学者"实践动手"完成第一个项目(任务)以后，就能对"神秘"的单片机有一个清楚的认识；继续实践动手，独立完成 2～3 个项目(任务)以后，就能"模仿性动手"修改程序，编出自己的程序(修改一部分程序也算成功，循序渐进最重要)，经过一段时间模仿性动手编程训练，就能够独立"创新动手"编写应用程序了，这将大大提高对 51 单片机的学习兴趣。接下来配合教材，通过实践把所有项目(任务)全部完成，初学者就能初步掌握 51 单片机的原理和工程应用开发方法了。可以说，"1 块板＋3 动手"是学习单片机课程的一条捷径，51 单片机学习开发实验板是打开单片机世界的金钥匙。

参考文献

[1]　杨居义．单片机原理及应用项目教程(基于 C 语言)[M]．北京：清华大学出版社，2014．

[2]　王东锋，王会良，董冠强．单片机 C 语言应用 100 例[M]．北京：电子工业出版社，2009．

[3]　杨居义．单片机案例教程[M]．北京：清华大学出版社，2015．

[4]　杨居义，等．单片机原理与工程应用[M]．北京：清华大学出版社，2009．

[5]　杨居义．单片机课程实例教程[M]．北京：清华大学出版社，2010．

[6]　楼然苗．8051 系列单片机 C 程序设计[M]．北京：北京航空航天大学出版社，2007．

[7] 求是科技.单片机应用技术[M].2版.北京：人民邮电出版社，2008.
[8] 马忠梅.单片机的C语言程序设计[M].4版.北京：北京航空航天出版社，2007.
[9] 张道德.单片机接口技术(C51版)[M].北京：中国水利水电出版社，2007.
[10] 吕凤翥.C语言程序设计[M].北京：清华大学出版社，2006.
[11] 徐爱钧.Keil Cx51 V7.0单片机高级语言编程与μVision2应用实践[M].北京：电子工业出版社，2004.
[12] 江力.单片机原理与应用技术[M].北京：清华大学出版社，2006.
[13] 胡汉才.单片机原理及其接口技术(第2版)[M].北京：清华大学出版社，2006.
[14] 刘守义.单片机应用技术[M].2版.西安：西安电子科技大学出版社，2007.
[15] 李全利，仲伟峰，徐军.单片机原理及应用[M].北京：清华大学出版社，2006.
[16] 何希才.常用集成电路应用实例[M].北京：电子工业出版社，2007.
[17] 陈有卿.通用集成电路应用与实例分析[M].北京：中国电力出版社，2007.
[18] 伟福.Lab6000仿真实验系统使用说明书[M].南京：南京伟福实业有限公司，2006.
[19] 王效华.单片机原理及应用[M].北京：北京交通大学出版社，2007.